教育部高职高专电子信息类专业教学指导委员会规划教材

数字媒体营销

赵智锋　高　斐　主编

黄　为　石　斌　施　华　陈　梅　苏　晨　副主编

人民邮电出版社

北　京

图书在版编目（CIP）数据

数字媒体营销 / 赵智锋，高斐主编. -- 北京：人民邮电出版社，2013.8
教育部高职高专电子信息类专业教学指导委员会规划教材
ISBN 978-7-115-30235-9

Ⅰ. ①数… Ⅱ. ①赵… ②高… Ⅲ. ①数字技术－多媒体技术－市场营销学－高等职业教育－教材 Ⅳ. ①TP37

中国版本图书馆CIP数据核字(2013)第098908号

内 容 提 要

本书以就业为导向，以工作岗位为依托，将目前数字媒体产品营销工作岗位群划分为市场调研、营销导购、商务谈判、策略分析、营销管理五大类岗位群，以数字媒体产品市场为载体，确定每一类岗位的典型工作任务，把营销基本理论知识点分解在力求解决每项任务的完成中来介绍。

本书以基于工作过程的课程理念为指导，以行动导向的项目教学法来组织编写，每一项目按照"项目描述—项目任务—项目知识—项目训练—项目考核"的结构来编写。

本书可供高等职业院校数字媒体专业和市场营销、经济管理等相关专业作为教材使用，也可适合数字媒体产品营销人员培训使用。

◆ 主　　编　赵智锋　高　斐
　　副主编　黄　为　石　斌　施　华　陈　梅　苏　晨
　　责任编辑　韩旭光
　　执行编辑　严世圣
　　责任印制　焦志炜

◆ 人民邮电出版社出版发行　　北京市崇文区夕照寺街 14 号
　　邮编　100061　　电子邮件　315@ptpress.com.cn
　　网址　http://www.ptpress.com.cn
　　三河市潮河印业有限公司印刷

◆ 开本：787×1092　　1/16
　　印张：15　　　　　　　　　　2013 年 8 月第 1 版
　　字数：371 千字　　　　　　　2013 年 8 月河北第 1 次印刷

定价：32.00 元

读者服务热线：(010)67132746　印装质量热线：(010)67129223
反盗版热线：(010)67171154
广告经营许可证：京崇工商广字第 0021 号

前　言

　　数字媒体技术专业作为新兴的多学科交叉专业，旨在培养兼具技术素质和艺术素质的现代设计人才，注重技术素质的培养，可适应新媒体艺术创作、网络多媒体制作、广告、影视动画、大众传媒、房地产业的演示动画片制作与销售工作。"数字媒体营销"作为该专业的素质拓展课程，将为该专业学生顺利迈入工作岗位奠定一定的基础。作为新兴专业的新兴课程，目前市场上很难找到对应的专业教材。本书的编写，将填补这一市场空白。

　　本书以就业为导向，以工作岗位为依托，将目前数字媒体产品营销工作岗位群划分为市场调研、营销导购、商务谈判、策略分析、营销管理五大类岗位群，以数字媒体产品市场为载体，确定每一类岗位的典型工作任务，把营销基本理论知识点，分解在力求解决每项任务的完成中来介绍。

　　本书以基于工作过程的课程理念为指导，主要以行动导向的项目教学法来组织编写，每一项目按照"项目描述—项目任务—项目知识—项目训练—项目考核"的任务驱动式的项目结构来编写。

　　在高林、杨承毅等职业教育专家的指导下，本书的编写中融传统教材的章节优点与项目教学的任务驱动优点于一体，即一部分仍然采用了概述和理论框架的写法进行直叙，便于以项目为载体的部分则以项目来组织教学内容，有选择地继承了新兴的行动导向教材的写法。这也为类似教材的撰写提供了大胆的探索和可行的范例。

　　在教学中，我们建议本课程总学时为 60 学时左右，按照"理论与实践学时为 1∶1"的原则分配学时，倡导理论实践一体化的教学，也可组织一定课时数的集中实践教学。具体的学时由任课教师根据实际情况进行适当安排。

　　本书由武汉铁路职业技术学院赵智锋、北京电子科技职业学院高斐任主编，由武汉科技职业技术学院黄为、武汉语言文化职业技术学院石斌、上海东洲罗顿通信技术有限公司施华、北京电子科技职业技术学院陈梅和苏晨任副主编。由于编者水平、经验有限，编写时间仓促，书中错误与不足之处难免存在，敬请读者予以指正。

编　者
2013 年 2 月

目　录

上篇　基础篇

下篇　应用篇

上篇
基础篇

第一章 概　述

导读

　　本章安排如下内容。首先明确教学目标，即知识目标、能力目标、素质目标。其次重点安排数字媒体营销的概述，即① 数字媒体产品的新时代；② 数字媒体产品的技术发展及应用；③ 数字媒体的分类；④ 数字媒体营销前景。最后安排任务实施和资料链接。

（1）知识目标
- 掌握媒体产品的一般要素和类型。
- 掌握数字媒体的概念、特点和分类。

（2）能力目标
- 了解媒体产品的提供者和消费者。
- 掌握媒体的发展规律、数字媒体技术发展与媒体营销关系。

（3）素质目标
- 培养学生的科技创新意识。
- 培养学生的良好沟通能力。

引 导 案 例

　　《城市画报》以品牌为中心的经营和营销策略与"城市年轻人"的读者定位密切相关。其核心读者为国内大中城市中 25～35 岁的年轻人，这个群体的消费生活越来越倾向于"品牌主导型"：喝咖啡去星巴克、买东西去宜家、健身要去舒适堡……再看看他们打的手机、用的电脑、穿的衣服，几乎无一不跟品牌相关。《城市画报》要让这些喜欢"可口可乐"、"耐克"的年轻人接受，必然也要像"可口可乐"、"耐克"一样树立和巩固自己的品牌优势。它的目标不仅要从国内 8 000 多份杂志中脱颖而出，更希望能使年轻人像买"可口可乐"一样习惯于买"画报"。

　　据悉，《城市画报》目前的期发行量在 30 万左右，年广告收入超过 1 000 万元。

思考

结合此案例讨论：什么是数字媒体？其有哪些特点和类型？

第一节　数字媒体产品的新时代

　　进入 21 世纪，以数字技术、网络技术与文化产业相融合而产生的数字媒体产业在世界各地高速成长，不仅成为各国十分重视的新的经济增长点，同时作为现代信息服务业的一个重要方向，正影响和改变着人们的生活方式和观念。

一、媒体营销市场

狭义上的市场是买卖双方进行商品交换的场所。广义上的市场是指为了买和卖某些商品而与其他厂商和个人相联系的一群厂商和个人。市场的规模即市场的大小，是指购买者的人数。

市场是由各种基本要素组成的有机结构体，正是这些要素之间的相互联系和相互作用，决定了市场的形成，推动着市场的现实运动。

1. 市场主要构成的一般要素

商品、供给、需求作为宏观市场构成的一般或基本要素，通过其代表者——买方和卖方的相互联系，现实地推动着市场的总体运动。市场构成的一般要素具体如表 1-1 所示。

表 1-1　　　　　　　　　　　市场主要构成的一般要素

序号	要素	说明
①	一定量的可供交换的商品	这里的商品既包括有形的物质产品，也包括无形的服务，以及各种商品化了的资源要素，如资金、技术、信息、土地、劳动力等。市场的基本活动是商品交换，所发生的经济联系也是以商品的购买或售卖为内容的。因此，具备一定量的可供交换的商品，是市场存在的物质基础，也是市场的基本构成要素。倘若没有可供交换的商品，市场也就不存在了
②	向市场提供商品的卖方	商品不能自己到市场中去与其他商品交换，而必须由它的所有者——出卖商品的当事人，即卖方带到市场上去进行交换。在市场中，商品所有者把他们的意志——自身的经济利益和经济需要，通过具体的商品交换反映出来。因此，卖方或商品所有者就成为向市场提供一定量商品的代表者，并作为市场供求中的供应方成为基本的市场构成要素
③	商品需求、人格化代表者——买方	卖方向市场提供一定量的商品后，还须寻找到既有需求又具备支付能力的购买者，否则，商品交换仍无法完成，市场也就不复存在。因此，以买方为代表的市场需求是决定商品交换能否实现的基本要素

2. 市场构成的微观要素

从微观即企业角度考察，企业作为某种或某类商品的生产者或经营者，总是具体地面对该商品有购买需求的买方市场。深入了解企业所面临的现实的市场状况，从中选择目标市场并确定进入目标市场的市场营销策略，以及进一步寻求潜在市场，是企业开展市场营销活动的前提。因此，就企业而言，宏观市场只是企业组织市场营销活动的市场环境，更具有直接意义的是微观市场的研究。微观市场的构成包括人口、购买力、购买欲望 3 方面要素。具体如表 1-2 所示。

表 1-2   市场构成的微观要素

序号	要素	说明
①	人口	需求是人的本能，对物质生活资料及精神产品的需求是人类维持生命的基本条件。因此，哪里有人，哪里就有需求，就会形成市场。人口的多少决定着市场容量的大小；人口的状况，影响着市场需求的内容和结构。构成市场的人口因素包括总人口、性别和年龄结构、家庭户数和家庭人口数、民族与宗教信仰、职业和文化程度、地理分布等多种具体因素
②	购买力	购买力是人们支付货币购买商品或劳务的能力。人们的消费需求是通过利用手中的货币购买商品实现的。因此，在人口状况既定的条件下，购买力就成为决定市场容量的重要因素之一。市场的大小，直接取决于购买力的高低。一般情况下，购买力受到人均国民收入、个人收入、社会集团购买力、平均消费水平、消费结构等因素的影响
③	购买欲望	购买欲望指消费者购买商品的愿望、要求和动机。它是把消费者的潜在购买力变为现实购买力的重要条件。倘若仅具备了一定的人口和购买力，而消费者缺乏强烈的购买欲望或动机，商品买卖仍然不能发生，市场也无从现实存在。因此，购买欲望也是市场不可缺少的构成因素

3. 媒体市场的一般要素

媒体市场由媒体产品、媒体产品的提供者和媒体产品的消费者构成。具体如表 1-3 所示。

表 1-3   媒体市场的一般要素

序号	要素	说明
①	媒体产品	媒体产品是指传媒组织能够提供给目标使用者以引起其注意、选择、使用的传播内容与服务的复合体。它是传媒组织与社会系统实现价值交换的手段和载体。媒体产品主要包括内容产品和形式产品
②	媒体产品的提供者	在以创造性为生存基础的传媒产业中，媒体产品的生产和提供者的核心地位是不可动摇的。根据媒体产品的非物质性、过程性和不可分离性，将媒体产品的提供者分为以下几种：一是提供没有经过科技加工的媒体产品的个人；二是提供经过科技加工的媒体产品的个人；三是媒体产品的先天性提供者——场景类产品
③	媒体产品的消费者	媒体产品的消费者是指媒体产品的购买、享用者。其因性别、年龄、教育背景、职业、收入和社会阶层等多种因素，影响着个体对媒体产品的消费态度和消费行为

4. 媒体产品

媒体产品可以划分为两个基本的层面。

第一个层面是具体的消费的媒体产品，例如，报纸上的消息、杂志里的文章、广播电视节目、音乐歌曲、影片和网页等。这类媒体产品本质上就是内容产品，因此，有时也被归为文化产品这个范畴。与传播它们的媒介不同，内容产品是无形的，被不同文化环境下的消费者通过不同的方式欣赏、了解，并消费其中无形的意义、信息或知识等。内容产品也不会伴随着消费而被消耗掉。

第二个层面是指各种媒介形态的具体表现形式，即将内容产品用各种独特的方式进行传播的工具，例如，报纸、杂志、电视、光盘、电影以及网站等。这类媒体产品实质上是信息的有形载体，在一定程度上塑造了内容的表达方式。因此，从载体的角度来看，这类媒体产品是有形的；而从表达方式的角度上来看，它们也具备无形性的特征。

具体的媒体产品根据其刊载的媒介的不同，可分为印刷类、声音类、电视类、电影类、活动类、在线类、互动类等。具体如表1-4所示。

表1-4　　　　　　　　　　　　　　　媒体产品的具体类型

序号	类型	具体形式
①	印刷类	如图书、报纸、杂志（专业类杂志和大众杂志）、宣传册等
②	声音类	如声音CD、广播消息、广播评论、专题报道、其他声音制品等
③	电视类	如电视文献、电视广告、电视新闻、电视剧、体育节目、综艺节目、商业类节目等
④	电影类	如院线电影、广告电影等
⑤	活动类	如展览会、路演、会议等
⑥	在线类	如综合类网站、内容网站、交易网站（电子商务、拍卖、电子商城）等
⑦	互动类	如自动售货终端、计算机辅助的培训（CBT）、电子游戏、使用指导等

制造媒体产品的传媒产业范围也非常广阔，包括很多行业，例如，广播电台、电视台、电影制作工厂、电影院院线、音乐制作公司、报纸出版社、杂志出版社、图书出版社、因特网内容提供者等。此外，随着传播技术的发展，还有很多原属于通信或计算机行业的公司已经或正在融合到传媒业中。

通过对媒体产品进行分类，我们可以看到媒体产品与一般产品而言，具有一些独特之处，具体如表1-5所示。

表1-5　　　　　　　　　　　　　　　媒体产品的特点

序号	特点	说明
①	综合性	媒体产品是综合产品，它们将内容编辑（人力资源，尤其是创造性的人才资源）市场、受众市场和资本市场统合在一起
②	内容性	媒体产品的价值在于它的内容，即它所传递的知识、信息或意义等，是智力产品，新颖性、独创性和差异性是媒体产品的使用价值。因此，与其说传媒业的核心资源是内容，不如说传媒业人力资源——制造和营销内容产品的创造性人才是传媒业生存和发展的基石
③	规模效益性	媒体产品特别体现了规模效益，也就是说开发和生产媒体产品的固定成本较高，而复制的可变成本却很低。随着使用者的增加，每增加一个消费者的供应成本非常低。而媒体产品的总成本则随着供应的增加得到极大的分摊，其结果是单位成本大幅下降，边际收入大幅度提高。这也就是在传媒业大制作商和经销商具有更好的市场空间的根本原因

序号	特点	说明
④	效益递增性	与规模效益相关的是，媒体产品因此具有收益增长迅速的特点，即随着使用者数量的增加，带来的收益成倍增加
⑤	范围效益性	媒体产品也体现了范围效益。传媒产业能够通过多种产品的生产获利，为某个市场生产或创造的传媒产品可以通过对其形式的改变，在另一个市场推出和销售。因此，在传媒业更容易实现这样的目标，即在某种媒体产品中所积累的各种投入，可以在另一些媒体产品中被再次利用
⑥	外部性	媒体产品具有外部性的特征，因此尽管媒体产品可以由追求社会效益的公益组织生产制造，也可以由以追求经济利益为主的私有企业制造，但是媒体产品都将同时体现社会效益和提供企业的经济利益。其外部性可以是正面的，也可以表现为负面的。也就是说，通过消费媒体产品会促使产生各种社会行为，并对社会产生有益或有害作用
⑦	公共性	媒体产品具有公共商品的特征，因此，媒体产品的消费过程具有非排他性和非竞争性的特点。也就是说，一位消费者消费某种媒体产品时，如收听广播，其消费行为不会影响另一位消费者对这个广播节目的消费。这是因为以内容为核心的媒体产品是无形的、非物质的，不会在消费中被消耗
⑧	服务性	媒体产品有服务产品的特征，在生产的过程中需要媒体产品的提供者和消费者两方面的能力的配合，生产过程是开放或者半开放的——消费者可以参与其中，最终为消费者带来的是非物质的结果，即作用或影响，而物质结果只是非物质结果的载体，例如，CD 盘是带来愉悦感觉的载体

二、媒体产品的提供者

根据媒体产品的非物质性、过程性和不可分离性，将媒体产品的提供者分为以下几种：一是提供没有经过科技加工的媒体产品的个人；二是提供经过科技加工的媒体产品的个人；三是媒体产品的先天性提供者——场景类产品。

1. 提供没有经过科技加工的媒体产品的个人

个人提供的、没有经过科技手段加工的媒体产品具有以下特点：①有浓厚的个人色彩，因此非常独特；②由于没有经过科技的加工、录制，因此这样的媒体产品必须在集中的地点和时间生产和消费；③由于集中生产和消费，这类媒体产品能为消费者带来很强的现场感，令消费者获得独一无二的体验。

这类媒体产品的提供者可能是歌手、演员、魔术师、乐器演奏师，他们是这项服务的中心。他们具备某种特殊的能力，大多数情况下是某种知觉能力和表现能力，如作家、演员、歌手和音乐家都对不同的刺激有敏锐的感知能力，而且能用恰如其分的符号将它们还原、呈现出来。

由于每个提供者都有各自的特点，差异很大，因此，这样的媒体产品个人色彩浓厚，是独特的，也因此使某项媒体产品获得成功的主要因素和决定性要素往往是无法复制的。例如，被翻唱的歌曲往往不如原唱那样受欢迎；被重新演绎的舞台表演，即便是同一剧本，也已经被观众当作完全不同的另一媒体产品了。这是因为被消费者所接受的是个人提供者的独特魅力，因此，类似的新产品的提供者由于无法复制那种魅力，而难以进入市场。

这些媒体产品或服务的基础是它们的创造一般需要直接面对受众，而且要引起受众的共鸣。在这类媒体产品中，人力资源所占的比重很大，因此，对于提供此类媒体产品的媒体企业来说，最大的威胁是人力资源的流失，如他们投奔竞争对手或很快失去人气、没有了市场价值。这就导致了通过签约来限制流失的措施的出现，而且由经纪人不断根据市场需求重新包装，并不断宣传此类媒体产品的提供者。就像开个人演唱会，无论歌手为一个人唱，还是为一万个人唱，他付出的努力区别不大，但是售出一张门票和一万张门票的经济收入差别却相当大。因此，个人提供的、没有经过科技手段加工的媒体产品由于提供者人力上的限制，并且出于收益上的考虑，需要生产者与消费者在约定的时间、地点进行生产和消费。这就是这类媒体产品的集中性。当然，这也要求这类媒体产品的生产者能够直接面对受众完成生产和创造过程，并且善于调动消费者的情绪，引起受众的共鸣。

上述媒体产品的提供者和受众必须在同一个地方和同一时间出现，地点和时间大多由提供方决定，产品必须同时向一定数量的人群提供，这样从经济的角度来看，才是有意义的媒体生产和消费行为。此外，集中性的实现还有另外一个要求——受众对这个服务的生产过程没有太大的影响能力。试想，如果有一万名观众观看演唱会，每个人都有点歌的权利，而不是一个固定的节目单，那么演出也无法同时为一万个人举行，必须有一个演唱者或演出的组织者事先制订的节目表，才能使演出顺利进行。也就是说，个人提供的、没有经过科技手段加工媒体产品的集中性体现在有集中的观众和集中的、相对固定的节目。

由于这类媒体产品没有经过科技手段的加工和复制，因此，不可能出现一个版本广泛传播的情况，其复制上的困难、录制上的放弃，使得这类媒体产品的每次提供都是演出者的新的一次表演。因为客观环境的不同、演出者的身体情况和心情的不同，每次演出与前次不可能完全相同；同时，由于每次消费者构成的或大或小的差异，每个消费个体当时的身心状况的不同，以及消费者之间互动、消费者与提供者之间互动的不同，也导致生产的过程和消费的过程都是全新的。因此，这个过程所带来的体验也是不同于此前或此后的，其中总是带有不可预知的新奇和强烈的、独一无二的现场效果。

现场感是一种非常特殊的感觉，无论是观看明星队的比赛还是聆听歌星的现场演唱，观众的情绪都会被现场气氛和所在的群体调动起来，并且融合到其中。叫喊、应和、合唱或挥舞荧光棒都是对被激发的精神能量和热情的释放，这个过程美好、难得、个性化、不可复制、不可转让，而且每个瞬间都是唯一的。这就是为什么我们现在虽然可以买到各种 CD、VCD，但是仍然愿意甚至付出不菲的价格去观看自己喜欢的歌手的现场演出；尽管可以在电视上看到各种节目，仍然愿意到现场观看话剧或歌剧。对媒体产品的消费是一个过程，消费体验是这个过程的产品，以过程中的感觉和消费结束后的记忆的形式出现。

人们将热烈甚至令人落泪的现场气氛（尤其是足球比赛、富有煽动性的摇滚音乐会）与教堂的洗礼相提并论。这样的比较也许并不牵强附会，因为身在其中，人们的确体验着作为某种特定类型的群体的成员，正与某种共同的目的相联系，并且在这个过程中产生出比作为单个个体更有意义的某种精神存在的感觉。法国社会学家涂尔干就是用这样的感觉描绘教堂中的人群的，他认为这是种良性的感觉，因为人们用自己最深厚的渴求与这种成为共同体的感觉联系起来，因此，涂尔干说是一种神圣的感觉。这也是我们在现场中体验到的一种感觉。

鉴于对地点的特殊要求和复制的难度，个人提供的文化娱乐服务缺乏市场化的能力。

2. 提供经过科技加工的媒体产品的个人

科学技术的发展，录制、演播和转播等技能的不断提高，使得复制和录制个人提供的媒体产品成为可能。个人提供的、经过科技手段加工的媒体产品的特点如下：①通过录制和复制，而得以广泛地传播和反复使用；②录制和复制的过程是将相应的媒体产品固定下来的过程，因此，此类产品缺乏变化和现场感；③技术的发展将为媒体产品的传播带来更多的渠道和便利。

个人提供的、经过科技手段加工的媒体产品，是对个人性的媒体产品的改进，其前提是科学技术的发展使录制和复制这些产品成为可能。通过采用科学技术手段对媒体产品进行录制和复制，使得文化娱乐产品或服务的生产和"消费"过程不必同时进行。因此，一个人不再是面对受众直接创造媒体产品，而是先面对外界的技术设备，如录像机、混录机等。产品和服务可以大量复制，因此，这类文化娱乐产品或服务（如唱片、录音带、CD、VCD 等）可以在任意时间和地点被反复享用，因而具备大规模销售的市场化能力。

这类产品的第二个特点，也是这类产品的重要的缺陷，就是缺乏现场的效果。因为在加工的过程中，媒体产品就被固定下来了。缺乏现场感并不意味着消费者的不参与。媒体产品的过程性决定了消费者被动或是主动地消费媒体产品，如被动地点头、击掌，而在读书或玩电子游戏时也需要积极地参与。当然，由于缺乏现场效应，受众在消费加工过的媒体产品或服务时，有很强的自娱自乐色彩。

同时，由于能够在录制和复制之后享用媒体产品，使得媒体产品的提供者或创造者作为版权所有人，虽然仍然拥有对作品的版权，但是对作品的支配权却部分丧失了——复制和录制越是便捷，这部分权利就丧失得越多。受众或其他未被授权的人可以在侵犯版权的情况下对作品进行复制，甚至出版发行，而版权人缺乏足够的能力避免此类事情的发生。因此，当传媒企业经营这类媒体产品的时候，一方面享受着大规模复制和销售所带来的边际利润——因为复制几乎不带来额外的成本，但另一方面也要承担在投入大量资金生产媒体产品后，其复制和销售的权利却被盗版者提前使用的风险。因此，版权的保护是媒体营销过程中所面临的重大挑战。

任何技术的革新都会为媒体产品带来新的销售渠道，如在线出版，因为互联网的出现，使得小说在以纸质书籍的形式出版的同时，也可以在因特网上出版发行，供读者下载或阅读。电视节目同样可以在传统的电视机、计算机、手机或新型电视机上播放。拓展新的传播渠道销售媒体产品，甚至比其原本最"正宗"的销售渠道有更可观的收益，如美国的新影片通过发行和出租录像带的收入，已经远远超过了在影院放映所得的票房收入。因此，对于个人提供的、经过科技手段加工的媒体产品而言，其市场能力和传播能力深受技术"硬件"的影响。

3. 媒体产品的先天性提供者——场景类产品

先天性的媒体产品由一系列的场景构成，具有以下特点：①场景是消费的要素；②由于要先搭建场景，然后组织参观，因此，这类媒体产品的生产过程和消费过程并不是完全统一的；③这类媒体产品的消费同样需要消费者的高度参与，才能获得相应的消费体验。

先天性的媒体产品，如主题公园，是由某些场景组成的，通过建筑或"布景"为人们提供消遣和娱乐，因此，场景是消费的核心。这些场景是将个人的创造力通过外部物质表现出来，例如，迪斯尼乐园的各式小房子、不同形象的童话人物，都是创造力的实物化表现。

场景是事先搭建好的，这类媒体产品的生产过程和消费过程也是不同步的。但是消费时消费者必须亲自到制造现场才能实现消费过程，例如，必须亲身游历迪斯尼乐园，才能感觉到欢乐如同空气般无所不在，并得到预期的享受；使每一个儿童进入童话般的世界，美梦成真；使每个成年人，解脱辛勤工作的劳累，跨越时间的界线，体验到迪斯尼包容了历史、现实和未来，并且充满了浪漫和神奇。因此，这类媒体产品的生产过程和消费过程部分只是不同步，而不是完全的先生产、再消费，其中有部分的生产和消费是同步进行的。例如，在主题公园中服务人员的态度、当天的天气和温度状况、各种形象扮演者的当时表现、主题公园现场的人数多寡、参观者是否友善、参观者对相关主题的了解程度、主题公园里现场演出的质量，都将影响到这类媒体产品的生产和消费。

消费者或是积极参与到一种浸入式的环境之中，以暂时感受远离日常生活的超脱或是通过一定的距离的观察，以实现审美体验或是通过感觉和被动的吸收，以获得某些娱乐；或是积极参与在其面前展开的事件，以收获一些教益。总之，在消费此类媒体产品时，同消费前面提到的两类产品或服务一样，需要受众个体的鉴赏和共鸣。也就是说，在消费场景式媒体产品时，需要调动个人的情绪、体力、脑力和精神上的兴奋，当这几项达到一定的水平时，才可能产生各种感受。因此，在先天的媒体产品中，每个人都是以个性化的方式参与其中，所获得的体验也与其他人完全不同。这就是为什么参观杭州的"宋国城"，了解宋代历史的人和对之知晓不多的人、在阴雨天去的人和在炎热的夏日去的人，会有完全不同的体验和回忆。身临其境的体验是场景与个人当时的心智状态互动的结果。

第二节　数字媒体产品的技术发展及应用

一、媒介的发展规律

技术的不断发展、革新，带动了政治、经济环境的变化，在这些环境的变化之中，媒介和媒体产品也在不断地向前发展，进而导致社会生活、文化习惯等方面的变迁。

通过对人类生活中传播媒介的考察，我们可以看到媒介的发展是在旧媒介的形态变化中产生新媒介的过程。当新媒介产生后，旧媒介并不会消亡，而是新、旧媒介共同发展。因此，媒介研究者一致认为，传播媒介发展的历史是"越来越多"的历史。例如，广播的出现没有使报纸、杂志绝迹，电视的流行也没有终结电影和广播，网络与印刷媒介和电波媒介共存着，动画片也从电视、录像机和网络的发展中获得了广阔的市场，在卓越网或当当网上正在销售许多早已从新华书店下架的"旧"书，但是人们却能从那里更容易地找到所需要的某本书的珍藏版或某本特定的教材。因此，新媒体的出现并非给传统媒体带来威胁，而更可能是提供了更多的机会和分销渠道。

媒介在发展过程中的共同演进，使得人类享受到丰富多彩的传播世界，体验着多种多样的媒介和媒体产品所带来的选择自由和更广泛的参与。就像米切尔·沃尔夫所提到的，通过在线观看华纳兄弟电影公司的《道森的克里人》或全国广播公司（NBC）的《杀人者：街头生涯》这两部轰动性节目的拥趸们能更好地进行互动，因此，其效果是增强了而不是消散了观众的参与度。沃尔夫认为，每种新技术都意味着更新更大的财富之源的发现，无论是盒式录音机的出现还是 CD 光盘的使用，都使成功的明星的收入水平得到了极大的增长，因为新的媒介形式推动了媒体内容在不同平台上的迁移。可以说，无论是影片还是音乐，数十亿美元的收入都完全可以直接归因于此。

此外，媒介在演进中，还表现出融合的特点，文本、数据、音频、画面和视频的聚合，各种各样的技术和媒介形式都融合在一起。尼葛洛庞帝（Nicholas Negroponte）早在 1979 年就画了 3 个相交的圆圈，分别代表"计算机业"、"动画和广播业"以及"印刷和出版业"，如图 1-1 所示。而且，他和美国麻省媒介实验室的同事们认为，正是这样的融合将推动多媒体的出现，即两个或多种传播形式聚合为一种媒介。并且，从趋势上看，这样的融合越来越紧密。

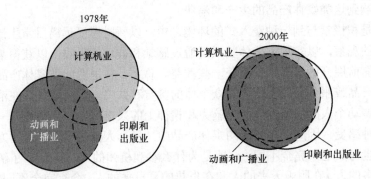

图 1-1　媒介的演进与融合

这样的聚合并没有局限于计算机业与传播业之内。信息技术的革新和发展，使得电信业也加入其中，共同打造最新形式的多媒体，并且形成以数字技术为特征的新媒介。正如毕博管理与技术咨询公司曾经指出的那样，"最终，广播和电信将没有分别。"现在越来越多的家庭通过大容量、先进的宽带网络连接多媒体终端，收听、收看传统的广播电视节目、打电话以及进行其他的诸如网络聊天等互动活动。

数字化是把文字、图像和声音等压缩成相同格式——由 0 和 1 组合成的数字格式，即数字"元数据"，这样的格式能够更方便地存储、管理、重新格式化和重新编辑，并通过传输设施进行传输。数字技术能够使以前相互分离的各类媒体聚合在一起。

以数字技术为基础的新媒介，是多种媒介形式、媒介技术的整合运用。由于网络技术、电信技术和计算机技术在新媒介上的运用，出现了传统的传媒业与电信业和信息技术业的融合与整合，如图 1-2 所示。所带来的结果是，新媒介呈现的特征是多个行业整合后的特点，而非各种特性的机械叠加。

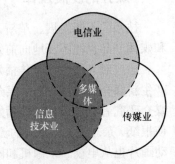

图 1-2　数字媒介的融合

二、数字技术的发展与媒体营销的关系

在我们生活的数字时代，数字技术塑造的新媒介和媒体产品具有一些与传统媒体产品所不同的特质，这些特质也构成了传媒业的新特征。数字技术对传播内容的生产和传输产生了广泛而深远的影响，为媒体产品的营销带来了新的挑战，同时也改变着人们对媒体产品的消费。

第一，新媒介也是多媒体，能将文字、声音、动态或静态的影像组合在一起，并且能够根据需要，在文本、视频和音频之间互相转换或共同呈现。计算机技术、数码摄像机、编辑器和其他设备的使用，大大减少了媒体产品制作的资金和劳动力成本。而计算机和相关应用软件的普及和简便化，也降低了各种特殊效果的制作成本及难度。因此，媒体内容制作方式向两个极端发展：一方面，个人、业余爱好者可以利用个人计算机及相关设备，自己制作音频、视频产品；另一方面，出现了更大型、更专业、更全面的内容提供商。

随着媒体渠道的多样化与分散化，受众（或由于新数字技术为人们在消费媒体产品时带来了更大的自主性，因而也可以称为"用户"）将愿意为好的节目付费。但是要实现这一点，媒体营销要有能力帮助受众从众多的媒体产品供应物中筛选，找到真正符合受众兴趣和需要的内容，并进行过滤、选择和推荐，提供给受众真正想要的，从而提高他们使用媒体产品的效用。无论是有线电视、卫星电视、网络视频、电信传输，还是各种各样的数字化路径，的确都是殊途同归，它们的目的地是相同的，都是"受众起居室的那块屏幕"。因此，在数字化时代，通过媒体营销获取受众的注意力成为更迫切的需要。

第二，由于对传播技术的充分利用，新媒介能使信息在发送者和接收者之间双向运动，也就是说新媒介使传受双方有充足的、多方面的互动。传受双方的互动使受众拥有点播权，因此，在收看时间、习惯、内容等方面自主性大大增强。媒介的高度互动性，使得受众在消费媒体产品时，能够出现同时使用电视、电信、计算机的局面。其代表实例是诸如"超级女声"、"梦想中国"这样的选秀节目。因此，媒体营销所面对的挑战就是如何通过数字技术、使更大量的数据和更多层次的内容可以汇集到一种产品中，这使生产更精良的多媒体和互动产品成为可能。

第三，数字压缩技术增加了电视频道容量，频道不再是稀缺资源，这使得丰富的传播内容和多元化的传播渠道能够满足各类人群的需要，受众对媒体产品有了更多的选择权。因此，以往大众媒体的"广播"性传播形式正不断地向以"窄播"为特征的分众媒体发展，创造力更被重视；而传统的、以集中大量受众为特色，并为广告商所追捧的黄金时段可能会变得更加分散、萎缩，各种数字录影技术更是在不断推动、加速这样的趋势。例如，20世纪80年代，电影票房还是制片公司最主要的收入来源，但到了21世纪，票房收入只占美国大制片公司在美国和国际电影总收入的26%。人们更多的是从付费电影频道、影碟、即时点播、网络上个性化的节目服务中，找到自己想要看的影片。一个通往家庭的、广泛分布的、双向传输的高速数字传播网络，也将很快成为现实。

因此，虽然数字化技术开创了新的市场，为媒体内容提供了更多的分销渠道，而且使媒体产品的生产制造成本大大降低，但是受众所拥有的选择能力、控制能力和便利性，也使他们变得更加挑剔、更容易转移兴趣。这些使节目库的价值得以提升，尤其是那些可以定向提供给窄播市场受众的节目资料。因此，如何吸引小众人群、如何全面地描述受众、如何以科学的标准对受众进行分类、如何精准地抓住目标受众、如何获取目标受众的注意力，这些都是新媒介环境下媒体营销需要解决的关键问题。

第四，在数字时代，传媒业在获取创造性人才和内容方面的竞争将更加激烈。这是因为先进的数字技术代替了传统的模拟技术，对于声音、图像的录制和编辑变得简便易行，而且原本由专业技术工人搭建的各种场景，现在可以通过计算机生成，因此为这些环节所投入的资金、操作设备和技术人员的数量都开始下降。在这些环节上成本的大幅度下降，使得传媒业的进入门槛降低——便携、高清晰度的数字摄像机、采访设备和桌面视频编辑系统破除了进入制作的技术障碍，也将竞争集中在获得创造性的内容和具有创造力的编剧、导演、记者、制作人或明星身上。

传媒业的核心价值体现在创造力资源上，知识产权是这个行业的真正财富。因此，传媒业的营销不只是对销售市场的开拓，也包括对原材料市场——有潜力的人力资源和内容资源的开拓。在对销售市场的开拓中，数字时代传媒业的特别之处，体现在如何创造性地拓展已有媒体产品的市场，例如，对在某些文化或语言背景下已经取得成功的故事的续拍和重拍，或用其他形式加以展现。与此同时，传媒品牌也对市场拓展具有更强的影响力，通过媒体营销建立媒体品牌也变得前所未有地重要。

第五，数字化技术的发展，降低了媒体产品生产制造中各个环节的合作成本。被地域空间隔开的买卖双方的交易费用因此大大减少。例如，一部好莱坞的影片，可能由来自伦敦的创意、汉堡的特效以及东京的后期制作等部分组成；在成片后的交易中，可以通过互联网发行独立版权的电影，这使得制作媒体产品的投资能够被更加经济、更加直接地收回，而不需要更多诸如发行商或展销商的媒体营销介入，同样由于网络发行商提供了搜索引擎、支付代理和征收版权代理等服务，因此，终端消费者即受众也能够更方便地检索到满足他们特定期望的媒体产品，并且以实惠的价格获得它们；即使是在影院或电视台等传统的媒介中放映这些媒体产品，数字技术也大大降低了把影片送到电影院的成本，因为制作电影胶片拷贝非常昂贵，而且如果将数字拷贝通过电子传输，就可以节省许多制作和传输拷贝的成本。数字技术能够使母本得到无限次数的复制，而且质量和清晰度与母本完全相同，不再会有通过模拟介质制造的副本随着不断复制而出现的物理上的那种代损。但是，当传统渠道不再限制媒体产品的传输、在全球范围内不受各种检查机构（如海关）监控发行复本成为可能的时候，传媒业的营销不可避免地要面对的大问题，是如何保护媒体产品的版权、尽可能地减少盗版的危害。

第六，数字技术时代，传媒业的规模经济更容易得以实现。在大量的初始投资制作出第一份产品之后，由于数字压缩技术越来越成熟，而传输所用的带宽不断增加，采用数字化方式就使内容的复制、储存和传播变得非常容易且成本不断下降。随之而来的问题是，传媒企业如何充分利用每份媒体产品的成本将随着更多产品的出售而降低的优势？另外，这些优势也为传媒业内的竞争对手所拥有，随着内容制作和整个传媒业交易成本的降低，激烈的竞争可能会导致利润以低价的形式得以实现。在这样的环境下，如何通过数字化网络的"边际成本递减"特性，实现低成本化生产和呈现小批量创意产品，是媒体营销要面对的新的重大任务。

第七，以网络、卫星等为重要技术基础的新媒介具有全球传播的能力，新媒介是能跨越国家和地域的全球性的媒体。声像、数据产品既可以通过有线卫星网络传输，也可以通过计算机网络传输。这在扩大信息覆盖面、提高信息传递速度的同时，也大幅度地降低了传递成本。当技术为新媒介解决了"怎么说"的问题之后，剩下的就是另一传播问题——"说什么"。数字时代的媒体营销需要考虑更多的问题是，当传播技术跨越了地理障碍、全球成为一个共享的社区之后，如何在媒体产品的内容上超越文化"壁垒"？如何尽量降低文化差异所带来的文化折扣？

可见，数字技术的发展，有效地扩大了传媒业的空间，为媒体营销提供了更为广阔的发展前景，同时也为媒体营销提出了新型问题。这就需要传媒业在这个特殊的行业特征下，研究、探索营销的理念、策略和具体方法，更具体或更准确地说，也是在新媒介这样一个时空背景下更深入地开展媒体营销。

第三节　数字媒体的分类

一、数字媒体的概念

数字媒体是指以二进制数的形式记录、处理、传播、获取过程的信息载体（如图 1-3 所示），这些载体包括数字化的文字、图形、图像、声音、视频影像和动画等感觉媒体，和表示这些感觉媒体的表示媒体（编码）等，通称为逻辑媒体，以及存储、传输、显示逻辑媒体的实物媒体。但通常意义下所称的数字媒体常常指感觉媒体。

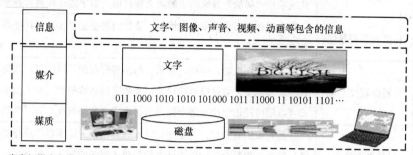

常常把媒介和媒质统称为媒体，因为任何一种形式单方面存在是没有意义的

图 1-3　数字媒体产品的概念示意图

在人类社会中，信息的表现形式是多种多样的，我们把这些表现形式称为媒体（media）。用于计算机记录和传播信息媒体的一个共同的重要特点是信息的最小单元为比特（bit）——"0"或"1"。任何信息在计算机中存储和传播时都可分解为一系列"0"或"1"的排列组合。我们称通过计算机存储、处理和传播的信息媒体为数字媒体（Digital Media）。

比特只是一种存在的状态：开或关、真或假、高或低、黑或白，总之简记为 0 或 1。比特易于复制，可以快速传播和重复使用，不同媒体之间可以相互混合。比特可以用来表现文字、图像、动画、影视、语音及音乐等信息，文本、数据、声音、图像、动画等的融合被称为多媒体（Multimedia）。

我们过去熟悉的媒体几乎都是以模拟的方式进行存储和传播的，而数字媒体却是以比特的形式通过计算机进行存储、处理和传播。交互性能的实现，在模拟域中是相当困难的，而在数字域中却容易得多。因此，具有计算机的"人机交互作用"是数字媒体的一个显著特点。

数字媒体包括用数字化技术生成、制作、管理、传播、运营和消费的文化内容产品及服务，具有高增值、强辐射、低消耗、广就业、软渗透的属性。"文化为体，科技为媒"是数字媒体的精髓。由于数字媒体产业的发展在某种程度上体现了一个国家在信息服务、传统产业升级换代及前沿信息技术研究和集成创新方面的实力和产业水平，因此，数字媒体在世界各地得到了政府的高度重视，各主要国家和地区纷纷制定了支持数字媒体发展的相关政策和发展规划。美国、日本等国都把大力推进数字媒体技术和产业作为经济持续发展的重要战略。在我国，数字媒体技术及产业同样得到了各级部门的高度关注和支持，并成为目前市场投资和开发的热点方向。

二、数字媒体的特点

媒介即信息，媒介技术的进步对社会发展起着重要的推动作用。因此，数字媒体的发展将以传播者为中心转向以受众为中心，数字媒体将成为集公共传播、信息、服务、文化娱乐、交流互动于一体的多媒体信息终端。数字媒体的主要特点如表 1-6 所示。

表 1-6 数字媒体的特点

序号	特点	说明
①	传播者多样化	由于数字方式不像模拟方式需要占用相当大的无线频谱空间，传统模拟方式因频道"稀缺"导致的垄断将会被打破，数字媒体传播者越来越多样
②	传播内容海量化	数字媒体的节目数量大大增加，节目内容更加丰富，使传播的内容更加丰富多彩
③	传播渠道交互化	数字技术在电影、电视、音乐、网游等行业的广泛应用，双向电视、交互式多媒体系统、数字电影的普及，使数字媒体传播形式发生根本性变化。用户可以随时随地自由点播个性化节目，变"被动收视"为"互动点播"
④	受传者个性化	传播对象的细分化，甚至开始以家庭和个人为基本单位进行量身定制和传播，这就使得受众这一传统概念得到越来越细的划分，能在大众传播的基础上进行更分众化、精确化的传播
⑤	传播效果智能化	借助类似于 POS（销售时点系统）的计算机系统，数字媒体能够对观众的收视行为及收视效果进行更为精确的跟踪和分析

数字媒体的个性化传播特性决定其传播对象的细分化，其"个性化"主要表现在表 1-7 所示的几个方面。

表 1-7 "个性化"的体现方面

序号	体现	说明
①	内容个性化	内容供应商将一部分生产内容的功能分出来，进行节目的社会化生产，这不仅使数字媒体的节目数量大大增加，节目内容更加丰富，而且也增加了一些个性化很强的增值业务，使传播的内容更丰富多彩
②	服务个性化	数字媒体的传播，有着高效性、易满足受众个性化需求等符合精确传播特点的信息传播特征。一般以用户的需求为导向，优先推出用户最喜欢的节目频道，争取最高的收视率和订阅率。在取得一定的经济收入和经营专业频道经验的基础上，进一步按照专业频道细分市场大小顺序，逐步推出更多专业节目。树立品牌意识，培养名牌频道，以节目质量取胜，尽最大努力满足受众的个性化需求
③	受众个性化	数字媒体时代，受众即数字媒体的信息接收者或消费者，他们是数字产业链的终端用户，与模拟时代的观众有着明显区别。个性消费的特点表现在受众对数字媒体业务的消费上。用户与前端运营商不再是广泛单纯的广播式关系，而演变成一种密切的信息服务供求关系，数字媒体的服务也不仅限于新闻与娱乐节目服务，而演变成建立在宽带互动基础上的互联网、电信网、广电网的综合服务。用户可以根据自己的个性化需求定制节目，也可以利用数字媒体享受其他的个性化服务
④	形式个性化	数字媒体不再是"点对面"的广播式传播，而是"点对点"的交互式传播。数字媒体的出现，数字技术在电影、电视、音乐、网游等行业的广泛应用，双向电视、交互式多媒体系统、数字电影的普及，使数字媒体传播形式发生根本性变化。三网合一状态下，用户只要打开电视机就可以看到自己喜欢的节目、IPTV 交互式网络点播、进行网上冲浪，享受提供包括语音、数据、图像等综合多媒体的通信业务服务

三、数字媒体的分类

数字媒体可按不同标准进行不同的分类。

按数字媒体处理器分，可分成静止媒体（Still Media）和连续媒体（Continues Media）。静止媒体是指内容不会随着时间而变化的数字媒体，如文本和图片。而连续媒体是指内容随着时间而变化的数字媒体，如音频、视频、虚拟图像等。

按来源属性分，则可分成自然媒体（Natural Media）和合成媒体（Synthetic Media）。其中，自然媒体是指客观世界存在的景物、声音等，经过专门的设备进行数字化和编码处理之后得到的数字媒体，如数码相机拍的照片、数字摄像机拍的影像、MP3 数字音乐、数字电影电视等。合成媒体则指的是以计算机为工具，采用特定符号、语言或算法表示的，是由计算机生成（合成）的文本、音乐、语音、图像和动画等，如用 3 D 制作软件制作出来的动画角色。

按组成元素来分，则又可以分成单一媒体（Single Media）和多媒体（Multi Media）。顾名思义，单一媒体就是指单一信息载体组成的载体；而多媒体则是指多种信息载体的表现形式和传递方式。

数字媒体尽管分类多种多样，但一般常见的表现类型如表 1-8 所示的几种。

表 1-8　　数字媒体的常见类型

序号	类型	说明
①	感觉媒体（Perception）	感觉媒体是指能够直接作用于人的感觉器官，使人产生直接感觉（视、听、嗅、味、触觉）的媒体，如语言、音乐、各种图像、图形、动画、文本等
②	表示媒体（Presentation）	表示媒体是指为了传送感觉媒体而人为研究出来的媒体，借助这一媒体可以更加有效地存储感觉媒体，或者是将感觉媒体从一个地方传送到远处另外一个地方的媒体，如语言编码、电报码、条形码、语音编码、静止和活动图像编码以及文本编码等
③	显示媒体（Display）	显示媒体是显示感觉媒体的设备。显示媒体又分为两类：一类是输入显示媒体，如话筒、摄像机、光笔以及键盘等；另一种为输出显示媒体，如扬声器、显示器以及打印机等，指用于通信中，使电信号和感觉媒体间产生转换用的媒体
④	存储媒体（Storage）	存储表示媒体，也即存放感觉媒体数字化后的代码的媒体称为存储媒体。例如，磁盘、光盘、磁带、纸张等。简而言之，是指用于存放某种媒体的载体
⑤	传输媒体（Transmission）	传输媒体是指传输信号的物理载体，例如，同轴电缆、光纤、双绞线以及电磁波等都是传输媒体

第四节　数字媒体营销前景

一、数字媒体的发展现状

2010 年以来，中国处于后危机时代，与其他国家相比，中国可能是经济回暖最快的国家之一，但是经过这一轮全球金融风暴之后，整个国际经济环境正在发生变化。在这样背景下，数字媒体时代呈现如下发展现状。

1. 媒体数字化进程加速

近 3 年来，在所有的媒体接触率都在下降（只有广播略有上扬）的背景下，网络媒体的接触率却在明显地上升。在今天，互联网对于媒介格局和企业营销传播的影响都是不可估量的，中国网民已经有 3.38 亿的规模，很多的平面媒体为了抓住受众，纷纷建立起自己的网站。向未来看，传统媒体与互联网将会加速融合，报纸开设网络版、报纸杂志与网站合作开设线上发行平台以及广播网络化、电视网络化，都会进一步得到发展。企业必须借助网络的力量与消费者进行更加深入的互动。

数字化的趋势并不意味着所有传统的媒体都要变成互联网媒体，而是要思考数字化对媒体带来的新的帮助和变化，过去早报、都市报、晚报都在比拼新闻的速度，而今天有了网络，传统媒体的新闻已经很难在速度上取胜，Web 2.0 的发展导致每个网民都可能成为新闻的发源地，即时的新闻已经非常普遍。因此，对于传统媒体而言，要学会用数字化的手段获取新闻才能在未来取得成功，如今连美联社这样的传统媒体集团，已经开始利用 Twitter 作为受众发表评论的互动平台，而未来考验传统媒体的还在于编辑队伍对新闻和信息筛选、过滤和解读的能力。例如，卡塔尔的半岛电视台总编辑已经投入更多的精力使用数字化技术来编辑和了解今天的新闻运作，未来有品牌和持续经营的媒体一定是有自己鲜明价值主张的媒体，而这样的媒体才能真正锁定想要的那部分受众群。

2. 小众偏好催生细分媒体的发展

在今天这样一个消费者时间和空间都显得支离破碎的时代，一个媒体已经很难满足所有受众的偏好。所以媒体需要关注新的细分市场，例如，就报纸而言，在很多年以前，可能大家对于很多国际新闻或者国内时事会更关注，但是今天的受众对报纸上"当地生活信息"的关注已经远远大于对"天下信息"的关注。

传统媒体可能需要在内容上有一些调整。过去传统媒体总是讲大众，动不动就讲多少发行量和读者规模，但是在媒体碎片化和受众偏好细分的时代，小众比大众更有价值，不同类型的媒体都会被不同偏好的消费者和受众接受。实实在在地抓住偏好，才发现其实小众也非常好。

3. 受众主动参与传播

受众与媒体的关系，从以往的被动接受发展到了主动控制，然后又发展到了主动卷入。过去媒体是单向的传播，受众处于被动关系；如今受众和媒体的关系已经从被动地接受，到消费者想控制媒体，到消费者主动卷入媒体。这导向一个结果，媒体一定要有对顾客的拉动力。

例如，过去传统户外媒体都是不会动也没有声音的媒体，如今户外的视频媒体开始跟消费者之间有紧密的关系。互联网的发展也说明了：一个媒体只有让受众离不开才是真正好的媒体。中国网民 6 年以来的上网时间翻了一倍，不论是网络应用，还是获取广泛的信息等都呈现出多元化的状态。因此，未来有效的媒体不是要侵入消费者，而是让消费者"浸入"。譬如那些互动模式的新户外媒体正受到越来越多的关注，当你在汽车站台等车，看到一块能够随着你的触摸而变化内容的户外广告牌时，它们会让你的等待也变得有趣起来。

4. 手机媒体市场机会凸显

2009 年 3G "烧"了大量的广告费，但很多人并没有看到未来移动媒体的机会。不过，移动运营商和内容服务商已经做了大量的准备。未来的 1～2 年期间，在手机媒体的机会可能要比在计算机上的机会更大。手机的拥有率远远高于计算机，特别是在大众消费群体和三、四级市场，包括县级和农村的市场。

实际上，移动互联网对高端人群来讲会有重要的影响力，在新生代市场监测机构的中国新富研究（H3）当中发现：过去一年38%的中国新富使用手机上过互联网，同时使用手机从事网上活动的行为非常活跃——移动化是未来媒体发展的重要趋势。

移动化可能不仅仅是手机上网这么简单，未来可以催生更多媒体形式。在国外，很多传统媒体已经开始跟苹果这样的公司合作。例如，在每天上班的时候会发新闻套餐，在路上就可以看到最新的新闻；这个新闻不是网络发布的，是传统媒体发布的。

5. 社会化媒体时代全面到来

人人都是新媒体，人人都想成为主持人，因为我们都有过这样的梦想。网络已经成为消费者即时发布信息的平台，不论是使用即时通信工具还是写博客，还是上 SNS 网站，其人群比例已经达到非常大的规模。

消费者常常为自己是一个媒体而非常自得，但让品牌拥有者们有点紧张。有网友发一个帖子说可口可乐要破产了，第二天可口可乐就必须发表声明说公司还挺得住；前段时间，有人说白岩松自杀了，白岩松就得辟谣，对公众说："我自杀了，我怎么不知道"。

社会化媒体将对未来企业的沟通方式产生巨大影响，这种影响不仅体现在企业与顾客、潜在顾客的交流上，更多的则是对于利益相关者、媒体和意见领袖的影响。

二、数字媒体的营销策略

在新时期里，数字化媒体的表现形式多种多样，在原有市场营销策略的基础上，还可探索和尝试一些新的营销策略和方法，如表 1-9 所示。

表 1-9　　　　　　　　　　　　新时期数字媒体的营销策略

序号	策略	说明
①	马甲互动营销	除了 SNS 社交网站建立企业公共主页，同时要鼓励员工注册多个实名制马甲用户，因为社会化网络媒体信息提供和传递者是用户。如果我们以用户角色去和用户做交流，可以真实收集用户的市场反应，并且可以给用户良好的导向性
②	活动事件营销	定制策划用户互动活动事件，活动内容要注重参与性和传递性。我们可以制定一些激励措施。如分享使用产品经验或者意见，同时邀请朋友一起来分享。分享者和被邀请分享者有机会一起获得旅游机会
③	权威知识营销	专业权威信息对用户有很大吸引力，但由于行业的不同，大众消费性行业和高科技行业权威知识信息关注度比较高，前者是因为跟大家生活相关，后者是对科技知识的兴趣
④	行业话题营销	如我们的营销对象是职业女性，我们发起 2012 夏季最美 OL 职业装或者 2012 夏季流行女装 4 大时髦点等话题投票或者信息分享，内容主题一定结合时事热点关键字。内容也要丰富和多样化，最好图文并茂
⑤	视频分享营销	视频较于文字和图片更有趣味性，表现方式更为丰富。视频内容要新颖，主题要明确，容易产生共鸣。如怀旧、搞笑。又如七喜广告视频和《征途 2》的微电影《玩大的》

续表

序号	策略	说明
⑥	兴趣群组营销	创建或者加入一些同产品相关性或者比较活跃的群组，邀请网友讨论相关话题，如说最近产品发布，组织大家一起评测和讨论，包括使用经验和总结的交流
⑦	第三方软件营销	SNS 提供相关第三方软件 API，并且第三方软件已经成为 SNS 用户比较活跃的地方。如果公司策划好一个软件或者游戏主题，这样带来用户黏性比较大，比如说做服装的企业，可以提供一款在线搭配的第三方软件给 SNS 用户

三、后数字时代媒体营销趋势

我们发现一个重要的趋势正逐渐显现，那就是传统沟通领域品牌建设的基本原则在数字化营销领域的重要性，已经和数字化领域的创新同样重要。在 21 世纪的第 2 个 10 年中，数字化媒体营销仍然需要有创意、吸引力以及相关性，预言将会出现如下新趋势。

1. 在线展示——闪亮和新颖的形式，一开始会极具吸引力

在 2010 年，广告主们尝试了更新的、更大的在线展示广告形式。起初，这些形式也很夺目，因为它们与众不同且有冲击力，但绝对不要忽视那些提高知名度之外的品牌建设要素。这些形式的广告可能被认为太具侵入性，而使得浏览者对广告中的品牌以及广告所在的网站产生不好的印象。无疑，一些广告主和代理机构将更谨慎地运用这些广告形式，并从之前的经验中学习和改进。未来的几年将会是这些更大的在线展示广告的"适者生存"时期。它们会产生变体，其中一些会消失，同时新的版本又将出现，如此反复。大多数新形式广告在短期内将有出色表现。数字化营销公司 Dynamic Logic 之前的研究报告发现：在线视频广告首次出现时，它们在品牌影响上表现出众；但在视频广告出现后的 2 年内，由于新奇性的失效，平均的视频广告表现也下降了。我们预测这是大多数新兴的、大个的广告形式以及它们的"进化后裔"所共有的命运。

2. 病毒式视频——从艺术创想走向科学分析

在线视频的浏览量正在持续上升，广告主们也越来越把病毒视频观看数量作为他们活动吸引受众的一个标志。相应地，病毒视频的科学分析也正走向成熟：YouTube 增强了视频分析技术，而像 Visible Measures 和 Unruly Media 等公司也提供跨多种在线视频平台的病毒式营销监测服务。

在 2010 年的病毒式活动的计划案中，这些服务有助于引入一种更科学的评估方法。广告主已不再仅仅抱有试试看的心态，将视频呈现在网络上，然后期望受众前去观看；而是倾向于在病毒式营销的策略上投资更多。这样的转变将使得广告主开始推广他们的视频：通过线上有影响力的人，Facebook 视频分享软件以及利用面向特定目标群体的付费放置等方式来扩大病毒式营销的影响；另一方面，在投放视频之前，广告主们将更加精明地开发或选择最具有病毒传播潜力的广告。Millward Brown 的 Link™广告前测发展出的新指标可以用来帮助广告主在这个阶段做出决策——最近的一项验证研究已经找出关键的创意评估指标，能够解释不同效果病毒视频之间的绝大部分差异。

然而，在病毒式传播的领域里，很多视频都只有很少的受众，传播的空白还很大。成为

2011 年的 T-Mobile 舞蹈 2 或依云（Evian）的旱冰宝宝 3（如图 1-4 所示）是许多营销管理人员的计划目标。

图 1-4 旱冰宝宝

3. 游戏接入移动的社交平台

2010 年为游戏带来无限商机。随着 Xbox 假日捆绑销售装的推出，我们看到了游戏机能通过控制台连接到 Twitter 和 Facebook，从而变得更具社交性。如神秘海域 2（Uncharted 2）内嵌 Twitter 连接功能，能支持玩家在游戏中访问 Twitter，与好友分享游戏过程。我们预想这些功能特性会被更多游戏应用。微软的全身动作感应器 Project Natal5 支持玩家用真实的身体动作而不用控制器来玩游戏，这种方式带来了更多的互动性，由任天堂（Nintendo）创造的游戏模式也得到了进一步拓展。

随着现代战争 2（Modern Warfare 2）的盛大推出，游戏的影响范围已经非常广泛，然而社交元素的加入将使得游戏的影响力成倍增长。同时，那些允许用户与其他玩家互动的移动电话游戏，如 iPhone 的涂鸦跳跃（Doodle Jump），也使游戏变得大众化。在中国，开心网也从计算机延伸到了手机上，有"强迫症"的网络菜农们如今可以使用移动电话实现随时随地偷菜、种菜了。

或许能够超越游戏类别限制的最有前景的构想就是 OnLive——一种游戏点播服务。它只用网络浏览器而不需要特定游戏机，就能使玩家在电视或计算机上玩游戏机游戏或在线游戏。

Dynamic Logic 的研究显示游戏在提升品牌各项指标上有非常显著的作用。由于游戏和品牌间相互作用的深入，以及游戏的迅速扩张，我们认为更多的广告商会进入这个营销领域。其中，一些广告商已经意识到游戏的品牌影响力。例如，在 2010 年秋季，迪斯尼将推出任天堂 Wii 控制台上的传奇米奇（Epic Mickey）游戏，如图 1-5 所示。这款游戏正成为这个受人喜爱的全球品牌重新定位的首要沟通媒介。与此同时，评估在这些游戏上投资回报的品牌研究也会相应增长。

图 1-5 传奇米奇

4. 移动电话准备攫取互联网的份额

根据移动电话营销协会的数据显示，仅在美国，移动电话营销上的总花费就将从 2009 年的 17 亿美元上升到 2010 年的 21.6 亿美元。而谷歌花费 7 亿 5 千万美元收购移动电话广告网络 Admob，更表明了 2010 年对移动电话而言将会是意义非凡的一年。我们期望在移动电话领域看到更多整合发展。

伴随着苹果的 iPhone，谷歌 Android 平台和 RIM 黑莓（BlackBerry）手机的推出，智能电话对消费者的吸引力大增，同时用户用手机连接因特网的费用在降低（如图 1-6 所示），我们有理由相信移动电话互联网使用人数将增加。仅就 iPhone 来看，已经在全世界卖出 5 700 万部，这是技术史上最快的技术吸收转化速度。下一代移动电话浏览器将增加对创新技术的使用，这将为移动电话提供一个更具"应用"感觉的移动电话网络。

尽管基于互联网的移动电话发展迅速，但使用者仍然是相对很小的一部分人。然而，这小部分受众对于一些品牌而言却格外具有吸引力——我们已经看到许多面向这一群体营销的成功案例。移动电话能够通过网站站点、电话型号、人口学和地点来定位特定人群，这些对广告主而言都很有用。另外，Dynamic Logic 标准化广告有效性数据表明：在改进品牌指标上，移动电话比互联网好 2～5 倍，这种差距依旧存在。

综上所述，在移动电话上的投资也许会开始取代之前投在互联网上的花费。由于它是一个新兴媒体，仍会有一些消费者对移动电话广告持抵触态度，因此，我们期望广告主先采用软销售的方法，在这个领域中提供有用的内容，而不是急切地运用强行传送销售信息的办法。

5. 我来了。在这里

通过使用带有 GPS 定位系统的移动电话设备，关于新技术发展能自动将营销信息直接发送给消费者的预言得以实现。我们很能够理解消费者不愿将他们所在的位置随意地告知别人（如图 1-7 所示），或者不愿被一些未经他们允许就显示在手机上的信息所打扰。因此，在具 GPS 功能的设备数量继续上升的同时，我们发现有许多新的方案被创造出来，它们的目的是使营销信息的地理位置定位变得更加可操作（在过道里、在商店内或在附近）。

图 1-6 手机连接因特网

图 1-7 手机定位

各种服务，如移动电话应用程序贝多（Bedo），都具备社交媒体的元素，可以允许用户将其地理位置告知他的朋友网络，以及其他在他们各自城市中的用户。这种自愿暴露的社交元素使得营销人员能够进入一个互动性很强的用户网络中，并且在消费者自报的地理位置基础上向他们提供特别的促销活动信息。贝多、FourSquare 以及其他混合了地理位置和社交网络元素的应用程序在 2010 年后有显著增加。

ComScore 报告其移动电话样本库中 11% 的样本正在使用他们手机上的地图或引导方向的应用程序，人数同比增长 41%，并且很可能悄然抢占单一功能 GPS 设备的市场份额。这些应用程序最终获得的回报如何仍待研究，但正是通过用户自愿暴露位置的行为，建立在地理位置定位基础上的广告推广活动才得以实现。

即使消费者不愿将他们的地理位置与品牌分享，品牌也总是可以把自己的地理位置与消费者分享。本着这种精神，市场营销人员将把地理位置作为他们商业活动的一个特征，如同在澳大利亚的李维斯（Levi's）Twitter推广活动所展现的。

6. 搜索技术持续发展，但可能是静悄悄地进行

由于营销预算仍处在重压之下，而搜索得益于在短期投资回报率上的可测量性，必将会有一番作为。它的角色就像互联网营销这架引擎的汽油。在2010年，搜索对用户而言变得更加相关且更有效率。必应（Bing）的诞生使得这场在主要搜索引擎间地竞争变得更加惨烈，搜索引擎们将发展并试用各种新功能特性，如垂直搜索以及与更多视觉元素结合。谷歌可能也会采用必应便利的光标停留后显示"页面上的更多信息"的功能特性。但绝大多数消费者将仍旧更倾向一种简单的体验，因此较复杂的新功能特性将仅被很小一部分用户使用。

社交媒体将从两方面影响搜索。首先，由于用户使用的谷歌和必应搜索结果中包括Twitter和Facebook的更新，或者使用Twitter搜索作为一个独立的应用程序，因此，搜索结果将越来越具有实时性。其次，随着谷歌社交搜索的出现，搜索和社交的结合变得具体化，用户能够从社交搜索功能中看到自己网上社交圈中朋友公布的消息。

主要的搜索服务供应商，包括谷歌、MSN和雅虎都非常关注手机.mobi的搜索域名。旅游休闲产业的品牌将尤其关注这个新发展，因为这种发展与它们的目标消费群体的行为非常吻合。能迅速地更新移动电话上的应用程序，例如，地图搜索和谷歌的图片搜索，将鼓励更多消费者在手机上进行搜索。

我们期望看到探究搜索和展示广告之间相互作用的研究继续进行。两者间的相互影响关系已被很好建立，但我们期待出现一些实验方法来增加广告主们对搜索的品牌关联功能和展示广告的搜索影响的认识，然后尝试为自己的品牌优化这些关系。

7. 回归现实，开始认识到在线视频并非"万灵药"

在线视频内容将不仅仅通过个人计算机观赏，而且可以通过游戏控制台（如Xbox360）以及移动电话设备（如iPhone）来收看。这个领域的发展将在很大程度上由各大主角如Hulu和YouTube之间的竞争所驱动。Hulu——广告支持的优质内容网站获得了快速的增长，有些分析家估算它占到了所有在线视频花费的20%。YouTube仍然拥有更多数量的观众，并且正越来越多地结合来自供应商如MGM、BBC、CBS及狮门（Lionsgate）提供的优质的、较长时段的视频内容。

而在中国，有两个趋势值得注意。一是，互联网电视的出现使得电视与计算机屏幕结合在一起。TCL于2009年3月推出了新一代"MiTV"互联网电视，不仅能够下载网络影视资源，共享计算机里的照片、电影等，还设置了开放升级系统。二是，国有资本进入在线视频市场。随着中国网络电视台（CNTV）的正式开播，其直播、点播和分享并举的策略，无疑使得在线视频市场的竞争更加激烈，优酷、土豆、PPLive等民营资本作为这个领域的主角将迎来CNTV等国有资本的强力挑战。

YouTube也逐步加入简短的（15秒）前置贴片广告（pre-rolls）和可跳过的视频广告。对后一种视频广告的研究表明内容创意对在线视频成功所起的作用更胜于电视。互联网空间中，视频内容面临着吸引用户注意力的挑战，因此，增强广告创意的质量变得更加重要，这也将使得更多精明的广告主们在花费巨额投入之前，对他们的互联网广告创意进行前测。

Dynamic Logic 已发现由于"新奇性"的消失,互联网视频的效用可能会逐渐减弱;同时,广告主们也意识到互联网平台本身无法确保成功。当运用得当,很好地与品牌结合并具有趣味性的内容时,视频广告可能非常有效。为了保持影响力以及进一步地增加受众的投入程度,广告主们将继续在标准前置贴片广告外尝试其他互动形式——1/3 可以点击浮层,扩展广告,交互式伴随横幅广告,视频内的交互元素,以及其他各种形式。广告主们需要确定并不仅仅因为技术可行而把这些技术用于广告,只有当与品牌或传递的信息相关时,技术才是有效的。

8. 品牌开始借力社交图表

如果说在 21 世纪头 10 年的后半段社交网络迎来了自己的时代,那么在 21 世纪第 2 个 10 年的前期将会看到"社交图表"(Social Graph)的兴起(如图 1-8 所示)——那种关注你、你的朋友以及你朋友的朋友的细分网络。每个人都有一个社交图表——事实上社交网络的每一个节点都能建立一个社交图表。由于消费者从"目标网"转向"社交网",通过社交网络而非某个具体的站点来获取信息,我们将看到如 Facebook 和 Google 也开始更积极地运用社交图表的数据。Facebook 的新功能特性"再连接"就是一项对社交图表数据的运用。

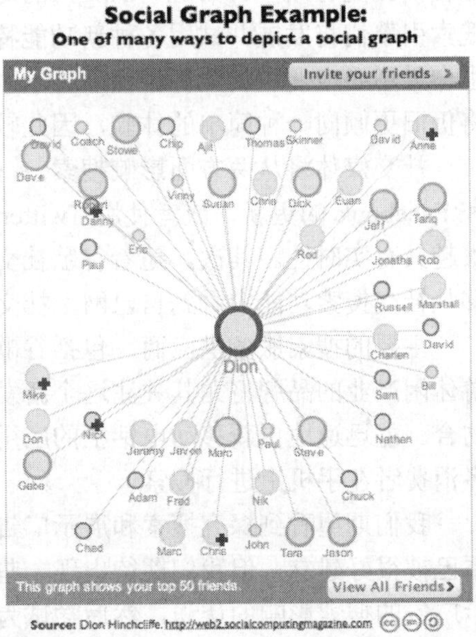

图 1-8 Social Graph

社交图表需要两种工具支持。在服务商端,要求有一系列算法——这些公式能利用你的图表来判定什么样的信息和联系是最重视的,从而使服务商可以预测可能会喜欢什么样的信息(当然包括喜欢什么样的产品和营销沟通信息)。在用户端,需要有一些过滤器——能更有效地将人群和信息进行分组以便最大限度地利用社交网络。算法和过滤器的效用都在迅速地提高,并且这些将成为社交媒体持续改进的重大影响因素。

在 2010 年以后,品牌如何变得更社交化,以便接近这些不同细分网络的需求将被大大提升。日益增多的证据证明社交媒体的投资回报率完全值得为其付出。

9. 由对隐私的担心而催生的整合趋势

我们正处于由数字技术推动变动的时代中,信息在平行交换的同时,也在自上而下和自下而上地流动着。这意味着消费者与其他人交谈的行为也被囊括在形塑品牌的有影响力的沟通环节中。

参与这种消费者之间的沟通方式有着独特的规则。如果营销管理人员和市场研究人员希望能够融入那些由消费者自发产生的丰富的、准确的和及时的信息中,那么他们就必须跳出传统范式的束缚。

由于关注消费者隐私和用户控制对于理解消费者行为越来越重要,所以"设计确保隐私"(Privacy By Design)运动在未来的一年中仍将继续展开。隐私元素需要整合到消费者产生的平台中。这自然会成为各方都将加入的领土争夺战,如市场研究公司和社交网络供应商,由此社交网络平台和第三方数据收集之间将实现无缝对接。

我们也将看到一个持续的媒体集中过程。监管制度的扩展意味着形成全球统一的隐私标准框架将至关重要。全球性的框架将在不同平台中更一致地运用提醒和消费者同意的原则。这将带来更强的透明性，但也将给数据收集和处理带来额外费用。

10.　数据整合使泛媒体（Tradigital）洞察得以实现

近两年间，数字营销变得日益复杂，营销人员希望得到更多指导，关于在哪些网站登广告，投放多大广告的答案，以及从展示到客户管理再到社会关系网络和移动电话，哪些工具可以利用。更进一步地，随着传统媒体和数字媒体之间界限逐渐模糊，"数字式"管理变为"泛媒体式"管理。媒体消费模式加速了界限的模糊，例如可以延时看电视，可以在网络上看电视；杂志提供印刷和数字形式结合的内容；而在线的活动会影响到线上和线下的销售目标。

这意味着数据整合仍然会是核心挑战，未来将要求一个能连接多种数据方案的研究平台，这也预示着一种传递营销信息的整合技术。

任务实施

一、活动准备

将学生分小组，以小组为单位，讨论数字媒体的概念、分类、特点及媒体市场的构成等。

二、活动实施

每个小组分别查找一个关于数字媒体的案例，进行小组讨论，列举案例中数字媒体的表现形式和特点。

三、技能训练

（1）什么是数字媒体？其有哪些特点和类型？

（2）媒体市场由哪些要素构成？有哪些新的发展趋势？

资料链接

1．http://ec.sina.com.cn/ec/2010-09-03/1333.html 数字媒体营销案例分析

2．http://finance.ifeng.com/news/industry/20110610/4134539.shtml 腾讯的数字媒体新触点营销

3．http://finance.qq.com/a/20080415/002559.htm 数字媒体时代的营销新思维

4．http://b2b.toocle.com/detail--5877975.html 中国电子商务研究中心

第二章　营销策略

导读
　　本章安排如下内容。首先明确教学目标，即知识目标、能力目标、素质目标。其次重点安排营销策略，即① 产品策略；② 价格策略；③ 分销策略；④ 促销策略。最后安排任务实施和资料链接。

（1）知识目标
- 掌握产品的层次和组合策略。
- 掌握产品定价一般方法和定价策略。
- 掌握分销渠道的功能和分类。
- 掌握促销的策略和方法。

（2）能力目标
- 能够适当地提出新产品开发的建议。
- 能够给产品进行定价和调价。
- 能够组织开展促销活动。

（3）素质目标
- 培养学生的团队协作意识。
- 培养学生的良好沟通能力。

引 导 案 例

　　海信集团根据前期的市场定位和市场细分，以促销的总体策略为指导，齐心协力制订了与 4 大节日捆绑营销的海信环保电视 4 连环策划方案，活动分为 4 个连环。

　　第一环是 6·1 国际儿童节，组织以海信环保电视保护儿童身体健康为主题的活动。由各分公司出面，以海信集团名义与当地少年宫文艺演出队共同组织少儿联欢会。表演内容包括歌舞、乐器、讲故事、诗歌朗诵等。中间穿插以 "海信环保电视" 为主题的有奖猜谜活动和趣味小游戏，邀请台下观众现场参与。活动地点选择在广场、文化宫和人流量较大的商场外空地搭建小舞台。

　　第二环是 6·5 世界环保日，在各地形象商场门口举办了海信环保电视卡拉 OK 大奖赛。邀请当地演艺人士、摇滚乐队及现场歌迷上台表演，参与者有奖，表现突出者还可获得意外大奖 —— 海信环保电视一台。其间穿插海信环保电视产品知识介绍和有奖问答，背板内容统一为 "海信电视 —— 中国 001 号环保彩电向世界环境日献礼"。

　　第三环是 6·6 世界爱眼日，在各地商场门口或有条件的社区举办以 "海信环保电视，保护您的眼睛" 为主题的现场咨询活动。由各地分公司评选出的优秀促销员担当海信环保电视护眼大使，身着统一制服，现场为顾客解答有关看电视、用眼卫生的问题。

第四环是 6·20 父亲节，在各地广场或老年活动中心或有条件的社区，举办以"海信环保电视，献给老年人的爱"为主题的文娱活动。由分公司根据当地实际情况、市民爱好，选择具体的活动形式（如京剧票友演唱、老年卡拉 OK 等）。

这 4 场活动开展期间，市场检查部的十几位专员马不停蹄地奔赴各地督导、审核，确保每一细节都实施到位。这 4 次活动开展得相当好，竞争对手根本就反应不过来，毫无招架之力，海信一时人气达到了前所未有的状态。

活动全部结束后，企划组又进行了一次活动效果调查，结果显示，经销商与消费者对海信环保电视的认知度从活动前的 42% 上升到 67%，偏好度从 16% 上升到 38%。与节日捆绑，或许算得上是促销的一个捷径。

【思考】

结合此案例讨论：什么是促销？海信集团是怎样开展促销活动的？如果你是海信的促销专员，你将如何规划将促销与产品、价格、分销等策略联系起来并取得良好的效果？

第一节 产 品 策 略

产品是企业开展市场营销活动的物质基础。产品策略是现代企业营销组合中的一个重要因素。产品策略直接影响和决定其他市场营销组合，对企业的市场营销的成败关系重大。在现代市场经济条件下，每个企业都应致力于产品质量的提高和产品结构的优化组合。随着产品生命周期的发展变化，灵活地调整市场营销方案，及时用新产品代替衰落的老产品，从而更好地满足市场需要，取得最佳经济效益。

［导入案例］ **华龙面：从农村进军城市**

今麦郎是华龙方便面进军城市市场的新品牌。在城市，消费者对面的质感、口感、心理感受尤为看重。因此，我们认为今麦郎应该尊重城市消费者的口味，实现产品技术升级，坚决区别于原来农村市场的产品。

在华龙展示的一大堆面粉证书以及专业人员对各类面粉做的细致介绍中，市场策划人员发现，筋道是北方人对好面的最高评价，具有不易被拉断、不易煮烂的特点，因此今麦郎一定要用最好的面粉，将筋道发挥到极致。但通过调查，筋道属于北方方言，在北方极为通俗，但不便于全国推广，不能展示今麦郎全国品牌的简明大气。为了更好地感受高品质方便面的口感、质感，市场专家决定"以身试面"。随后几天，他天天吃方便面，买各类高质方便面吃。最后发现，越是经煮、经泡的方便面，质量就越好，卖得也越好，而这一切都是由面的韧性决定的。因此，韧性成为消费者购买方便面的一大标准。在反复的试验中发现，"弹"最能给人高品质感，最能表现面的韧性，华龙最后提出了"弹面"的概念。消费者，尤其是青少年，对弹面都非常感兴趣，他们认为"弹面"一定比其他面质量更好，而且吃弹面，应该比吃一般的方便面更有趣，能够从中获得娱乐快感。"弹面"在获得调查认可的基础上，获准诞生。

一、产品概念

产品是指能够提供给市场进行交换，被人们使用或消费，并能够满足人们某种欲望或需要的任何东西。例如，联想计算机、海尔洗衣机、音乐会、海边度假、心理咨询、美容美发等这些都是产品。它既包括有形的劳动产品，也包括无形的服务类产品，同时还包括那些随同产品出售所包含的附加服务。

现代营销学的产品概念是一个多方面的概念。产品不仅仅是指有形的产品，从广义上说，产品包括有形物品、服务、人员、地方、组织、构思，或者这些实体的组合。服务产品包括可供出售的行为、利益和满意度等。与此同时，整体产品还是一个包含多层次的产品概念，不仅具有广泛的外延，而且具有深刻的内涵。这就是我们下面将要展开的产品层次。因此，产品不单单是指一组有形的物质。消费者倾向于把产品看做是满足他们需要的复杂利益集合。在开发产品时，营销人员首先必须找出将要满足消费者需要的核心利益，然后设计出实际产品和找到扩大产品外延的方法，并能关注和把握满足这一产品需求的未来发展变化，以便能不断创造出满足消费者要求的一系列利益组合。

本效用必须通过某些形式才能实现，因此，市场经营人员应该首先着眼于对顾客能产生什么样的实际利益，以便更完善地满足顾客的需要；第二层从这点出发，去寻求实际利益得以实现的形式，进行产品设计；第三层是指购买产品同时所提供的服务或利益，叫做附加产品或者外延产品，包括运送安装、培训维修、信贷保证、售后服务等。3 个层次合起来构成一个完整的整体产品。

1. 产品的 3 层次论

现代市场营销学的产品观，不再单纯是某种具体的物品或某项具体的服务，而是内涵和外延统一的整体，是一种整体产品观念。表 2-1 所示的是产品 3 层次概念。

表 2-1   **产品的 3 层次概念**

序号	层次	内容
①	核心产品	核心产品指产品的使用价值，即向购买者提供的基本效用或利益。顾客购买某种产品，并不是为了获得这种产品本身，而是为了满足某种需要。例如，消费者购买洗衣机并不是要买到装有电动机、定时开关、洗衣桶的一个箱子，而是为了用这种装置代替人洗衣物，满足减轻家务劳动的需要；同样，人们购买照相机也不是为了获得一个装有一些机械的黑色匣子，而是为了满足其留念、回忆、报导等的需要。这就是说，用户购买产品的目的主要是为了购买产品的使用价值。核心产品是产品的最基本层次，是满足顾客的基本效用
②	形式产品	形式产品指产品的形体和外在表现，即核心产品得以实现的形式。因为核心产品只是一个抽象的概念，企业的设计和生产人员必须将核心产品转变为有形的东西才能卖给顾客，在这一层次上的产品就是形式产品，即满足顾客要求的各种具体产品形式。如产品的外观设计、式样、商标、包装等产品的外观形式（如图 2-1 所示）能满足消费者心理上和精神上某种要求的愿望。随着生活水平的提高和精神生活的丰富，人们将对产品的形式不断提出新的要求，在市场上，款式新颖、色泽宜人、包装精良的产品，往往能够吸引顾客的购买兴趣
③	附加产品	附加产品指产品售前、售中、售后为顾客提供的各种服务。如产品知识介绍、使用、安装、技术指导以及送货上门、维修服务等。附加产品是引起消费者购买欲望的有力促销措施

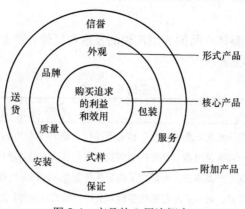

图 2-1 产品的 3 层次概念

2. 产品层次的具体因素

整体产品的 3 个层次又包含以下 10 大具体的因素，如表 2-2 所示。

表 2-2　　　　　　　　　　　　产品层次的具体因素

序号	因素	内容
①	产品的效用	产品的效用指产品能够满足消费者需要的使用价值或功能
②	产品的质量	产品的质量指产品的物理、化学性能和技术经济性能等。产品质量的好坏是衡量产品的使用价值和功能大小的主要标志
③	产品的特点	产品的特点指产品与同类产品相比所具有的与众不同的优点。它是产品有无竞争力的重要因素
④	产品的形状	产品的形状包括产品的体积大小以及产品的结构、造型和花式等。它是产品是否符合消费者的要求、有无吸引力的重要因素
⑤	产品的包装	产品的包装不仅有利于产品实体的保存和养护，而且有利于促进销售。不同的市场对产品包装的要求不同。要针对不同产品、不同质量要求和购买者的喜好不同，分别选用不同的包装
⑥	产品的商标	产品的商标和厂牌是区别不同生产者和经营者的不同产品的标志。它代表着生产者和经营者的信誉，是企业的无形财富
⑦	产品的保证	产品的保证指企业对购买者购买产品时的许诺。例如，质量保证、实行三包（包修、包退、包换）等。产品保证的情况一旦发生，企业必须立即兑现
⑧	产品的运送	产品的运送指由销售企业免费或收少量运费为用户运送所购买的产品。尤其将一些大中型高档产品送货上门，最受顾客的欢迎
⑨	产品的安装	产品的安装指企业帮助顾客安装调试。特别对于一些包含重要特殊技术的专用仪器和设备等产品的安装，企业应当义不容辞地承担此项工作
⑩	产品的维修	产品的维修指对产品的维护、保养和修理。生产和经营企业，应为产品的使用过程和正常运行服务，并保证维修配件的供应，建立维修点，定期或不定期地巡回维修

3. 产品的 5 层次论

产品的 5 层次论是从整体产品的 3 层次说的发展和延伸。产品开发者需要从 5 个层次来研究产品和服务，如表 2-3 所示。

表 2-3　　　　　　　　　　　产品的 5 层次论

序号	特点	内容
①	核心产品	购买者真正想买什么？核心产品位于整个产品中心，它是指消费者在购买一样产品或一项服务时所寻找的能够解决问题的核心利益。用户购买某个产品，并不是为了占有这个产品本身，而是为了满足某种需要。人们买电视机，最根本的是为了看到喜欢的节目，而不是占有那些塑料和金属构成的零部件。如人们购买洗衣机并不是为了获得装有某些机械、电器零部件的一个箱子，而是为了这种装置能代替人力洗衣服，从而满足减轻家务劳动的需要。正是基于这一点的认识，某著名化妆品厂家精辟地提出："在工厂里，我们生产化妆品；在商店里，我们出售希望。"应该充分认识到，一个妇女买口红，她买的远不只是口红的颜色。作为提供者，在设计产品时，营销人员首先必须确定产品将带给消费者的核心利益是什么
②	形式产品	形式产品就是如何将核心利益转化为基本产品，提供者围绕核心产品制造实际产品。实际产品可有 5 大特征：质量水平、特色、款式、品牌名称以及包装。即便提供的产品是某种服务，也同样具有类似的特征。例如，计算机是泛指延伸人脑计算能力的一类产品，而戴尔计算机便是一件实际产品。它的名称、零部件、式样、特色包装和其他的特征，经过精心地组合，形成了它的核心利益——优质的计算机
③	期望产品	期望产品即购买者购买产品时，通常期望得到和默认的一系列基本属性和条件。如购买食品时，期望它卫生；投宿时，期望它干净。由于一般旅馆均能满足旅客的这些最低期望，所以旅客在选择投宿哪家旅馆时，常常不是考虑哪家旅馆能提供期望产品，而是考虑哪家旅馆就近和方便
④	附加产品	附加产品指提供者提供产品时增加的附加服务和利益，也是购买者购买产品时希望得到的附加服务和利益。例如，由于客户购买计算机并不仅仅是购买计算工具，而是购买解决问题的服务，美国 IBM 公司立即向客户提供一整套体系，不仅包括硬件，也包括软件及使用和维修等一系列附加服务，正是这种系统销售的概念，帮助 IBM 公司在竞争中占据了领先的位置。附加产品的概念来源于对顾客消费需要的深入认识。由于购买者之所以购买某项产品是为了满足某种需要，因此他们购买时，希望能得到和满足该项需要有关的一切事物。认识到这一点就不难理解，只有向顾客提供具有更多实际利益、能更完美地满足其需要的附加产品，才能在竞争中获胜
⑤	潜在产品	潜在产品指现在产品可能发展的前景，包括现有产品的所有延伸和演进部分，最终可能发展成为未来产品的潜在状态的产品。如彩色电视机可发展为录放机、计算机的终端机等

今天的竞争，主要是发生在产品的附加层次，尤其是在经济发达国家。以往的竞争主要是产品本身的竞争，而现在的竞争已不在于生产和销售什么产品，而在于提供什么样的附加

利益和服务，尤其是超越厂房而延伸出去的一系列附加服务。

二、产品组合

1. 产品组合决策

产品组合（也称为产品搭配）是指一个企业提供给市场的全部产品线和产品项目组合。

产品线是指密切相关的一组系列产品。之所以构成一条产品线，是由于在产品功能的相似性、替代性、配套性等方面能提供给同一顾客群；或是同一销售渠道或类似的价格。有时，每条产品线还包括几条亚产品线。例如，某企业的产品组合包括日用品、服装和化妆品这样3 条产品线，其中，化妆品又可细分为口红、眼线笔、粉饼等。每条产品线和亚产品线有许多单独的产品项目。

产品项目是指企业生产和销售的各产品类别中的某一特定产品，也就是通常所说的某一产品的具体品名和型号。

企业的产品组合有 4 个必须把握的概念，即产品组合的宽度、长度、深度和相关性，如表 2-4 所示。

表 2-4 产品组合决策

序号	概念	内容
①	产品组合的宽度	产品组合的宽度是指该企业拥有多少条不同的产品线数目。拥有的产品线越多，其产品组合就越宽，产品线越少，其组合就越窄
②	产品组合的长度	产品组合的长度是指产品组合中所有产品项目的总和。用这个总和除以产品线的数目，就得到该组合的平均长度
③	产品组合的深度	产品组合的深度是指产品线上每种产品的种类数目。例如，某品牌香水有 3 种规格和 2 种配方，那么它的深度为 6。通过计算每种品牌的种类数目，我们能得出该公司产品组合的平均深度
④	产品组合的相关性	产品组合的相关性是指各类生产线在最终的用途、生产条件、销售渠道或其他方面相互联系的紧密程度。公司的产品线只要是通过同一种销售渠道的消费品，就具有相关性。但是如果产品线对不同的购买者起不同的作用，则就缺乏相关性

这 4 个产品组合要素为企业的产品战略提供了决策依据，企业可以从几个方面拓展业务。它可以增加新产品线，扩大产品组合的宽度。也可以增加每种产品的种类从而加深其产品组合，并且企业可以根据自己的市场发展规划，决定加强或减弱产品线的相互关联性。

2. 产品线决策

产品组合建立在产品线和产品项目基础之上，所以不得不面临关于产品线的问题。

企业通常采用产品线扩展和产品线填补这样两种方法来系统地增加产品线的长度。如果一个企业已超出它现有的范围来增加其产品线长度时，就叫做产品线扩展。企业可从上、从下或从上、下两个方向扩展产品线，如表 2-5 所示。

表 2-5 产品线决策

序号	策略	方法
①	向下扩展	许多企业最初定位于市场的较高端，随后将其产品线向下扩展。向下扩展的原因是企业发现市场低端的增长率较快。它还可以通过增加低端的产品来堵住市场的漏洞以防止其他新的竞争者进入，或者用来抵挡竞争对手在较高端的进攻。如施乐向小型复印机市场扩展的原因就是如此
②	向上扩展	有些在市场较低端的企业或许想向上扩展产品线。他们通常是被较高端的增长率和高利润所吸引，有时是因为他们想成为拥有完整产品线的全线制造商，有时则是为了增加他们现有产品的信誉
③	上下扩展	处于市场中区的企业可能会决定将他们的产品线向两个方面同时扩展。日本丰田公司的汽车产品线就是应用了这种方法。它一方面推出凌志品牌进入较高端市场，另一方面则在中国推出威驰，以满足较低端市场
④	产品线填补	与产品线扩展相对应的是产品线填补，即在现有的产品线范围内增加新的产品项目。采取产品线填补方法的原因通常是为了取得超额的利润；同时也尽力满足经销商保持或增加营业额的要求；另一方面还可以充分利用过剩生产力，争取成为完整的全面产品线的领导企业，堵塞市场漏洞以防止新的竞争者。例如，索尼填补它的随身听产品线，既增加了太阳能和防水随身听，又增加了可在慢跑、打网球或进行其他运动时用的超轻型随身听。由此而巩固了它在随身听产品线方面的霸主位置

3. 产品的分类

制订营销计划之前，企业需要知道应该向潜在客户提供哪种产品。通常我们把产品分成两大类：消费性产品和组织用品。消费性产品主要是为了家庭或个人消费，组织用品是为了再转售，或为了生产其他产品，或为企业提供服务。因此，这两种产品的区分标准就是这些产品被谁使用和如何被使用。

消费性产品分类如表 2-6 所示。

表 2-6 消费性产品分类

序号	分类	概念	策略
①	便利品	便利品是消费者不需要收集额外信息即可进行购买的一种有形产品。购买便利品时，消费者认为只需要比较价格和品质所带来的利益就可以了，不值得花费太多的时间和精力。消费者认可其中一种品牌，并且购买那些最方便购买的品牌。便利品包括多种食品、便宜糖果、非处方药品、牙膏、灯泡、电池等	便利品通常价格较低，体积不大，且不受流行趋势的影响。一般来说，消费者会经常购买的就是一些便利品，但这并不是必要前提 便利品应该方便消费者的购买，因此，制造商应该实施广泛而快速的分销。不过，大部分零售商店仅销售少部分的便利商品，如果制造商直接销售给零售商可能就不具备经济效益，因此，便利品制造商常常需要依靠批发商把商品转售给零售商店

序号	分类	概念	策略
②	选购品	消费者愿意比较数家商店所售同一产品的质量、价格和样式后才购买的有形产品称为选购品。常见的选购品有流行时装、家具、耐用家电和汽车。只要消费者认为值得继续搜寻，就会持续搜寻和比较相关产品。如果选购品质量、性能、价格具备优势，那就相当于为消费者节省了不少金钱	选购品的购买习惯将影响制造商和中间商的分销策略和促销策略。由于消费者习惯搜寻产品，制造商需要数家零售店让消费者搜寻比较。为便于消费者进行比较，制造商一般会在销售竞争产品附近的销售据点陈列商品，这样，百货公司和零售商店会集结在邻近地区扎堆开店
③	特殊品	消费者对产品具有强烈的品牌偏好，愿意投入相当多时间和精力寻找想要的品牌，这类产品就称为特殊品。也就是说，消费者宁愿放弃现有替代品而寻找所要的品牌商品。常见的特殊品有高价位西装、音响设备、健康食品、摄影器材、以及新汽车和部分家电用品。有些消费者把汽车行业的宝马、相机行业的尼康等看做是特殊品	由于消费者偏好特定品牌，且愿意花费相当精力去搜寻产品，因此，制造商只需选择几家零售点就可以了。一般而言，制造商直接与零售商打交道。零售商对制造商相当重要，如果每个地区仅设一家零售店就更为重要了。零售商非常重视这类产品的销售机会，愿意配合制造商的有关政策（如广告宣传策略）。另外，由于品牌对消费者很重要，因此，制造商与零售商会投入大量的广告。通常，制造商会负担零售商的部分广告支出，而且零售商店名称常常会出现在制造商的广告中
④	潜在需要产品	除上述 3 类产品之外，还有一类比较特殊的产品类别称为潜在需要产品，这类产品与上述 3 类产品不同。所谓潜在需要产品就是消费者尚未知道或目前还不需要的新产品	例如，互动式电影就是消费者目前不太了解的一种产品，这种电影可以让观众通过电子媒介自行挑选决定部分剧情和结局。目前不需要的产品包括尚未去世亲人的墓碑和夏天购买雪地行驶的轮胎。企业如果销售潜在需要产品将会面对非常困难的广告与销售工作，甚至无法销售。让消费者了解、熟悉这类产品可能就是营销的突破口

组织用品分类如表 2-7 所示。

表 2-7　　　　　　　　　　　　组织用品分类

序号	分类	概念	策略
①	原材料	无须加工生产就可成为另一个有形产品一部分的组织用品称为原材料。原材料包括：一是天然原料，如土地、林产品、水产品、矿产品等；二是农产品，如棉花、水果、家畜和动物产品（如鸡蛋和牛奶）	这两种原材料产品的差异较大，通常需要采用不同的营销方式。天然原料供应来源有限，短期内能大量增产，而且只有几家大型制造厂商。另外，这些产品多属于期货形态，可以细分等级，大都是高度标准化产品。以煤为例，可以根据硬度和硫磺含量区分等级 农产品与天然原料不同。农产品的供应大都可由生产者控制，但供应量无法迅速扩大或缩小。另外，农产品容易腐烂，且每年产量不一。农产品大都是标准化产品，通常需要细分产品等级。另外，和产品单价相比，农产品的运输成本可能较高。农产品生产者大多规模小，生产者数量众多，距离市场较远

续表

序号	分类	概念	策略
②	制造材料与零件	加工后才能成为有形产品一部分的组织用品就是制造材料与零件	由于需要经过加工，这些制造材料与制造零件不同于原材料。制造材料加工后其物理、化学性能会发生改变，例如，生铁加工后变成钢铁，纱纺变成布匹，面粉变成面包。制造零件是改变产品形式而组成成品，常见的制造零件有衣服拉链、计算机芯片等
③	装置设备	对企业重要、价格昂贵，且使用寿命长的生产设备称为装置设备，如大型发电机组、厂房、火车柴油发动机、钢铁熔炉等。装置设备有别于其他组织用品，主要在于这种产品直接影响企业生产和提供服务的规模。新增 12 张新办公桌不会影响航空公司的航空作业，但如果新增 12 架波音 757 飞机就大不一样了。因此，飞机对航空公司来说是装置设备，而办公桌不是	装置设备的价格一般都很高。一般而言，装置设备会根据买方的规格要求进行定制，而且售前和售后服务非常重要，例如，电梯需要安装、保养和维修服务。装置设备大都由制造商直接向组织用户推销，不用中间商参与。装置设备大都属于技术性产品，需要高度专业、培训优良的销售人员进行推销
④	附属设备	具有相当价值、用于企业营运作业的有形产品称为附属设备（Accessory Equipment）	这类组织用品不会成为最终产品的一部分，也不会影响企业营运规模。附属设备的使用年限比装置设备短，但比作业物料要长，例如，零售店的终端 POS 机、装卸机、小型电力工厂、办公桌等
⑤	作业物料	单价低、产品使用期限短，主要用于企业内部运作，但不成为产品一部分的组织用品称为作业物料	例如，润滑油、铅笔文具。采购者希望轻易购得作业物料，故在组织市场中作业物料可视为便利品

三、产品生命周期

1. 产品生命周期的概念

任何生物体都有一个出生、发展和衰亡的过程，产品也是如此，每一种产品都是一个研制、生产、投放市场和被市场淘汰的过程。因此，我们把一种产品从投放市场开始一直到被市场淘汰为止的整个阶段，称为该产品的生命周期。产品生命周期分为导入期、成长期、成熟期、衰退期 4 个阶段。具体如表 2-8 所示。

表 2-8 产品生命周期阶段

序号	阶段	含义	说明
①	导入期	在产品生命周期的导入期，企业采用全方位营销计划推出新产品。企业经历了各种产品开发阶段，包括创意评估、开发产品原型和市场测试。产品可能是完全创新的产品，如 MP3、优盘，也有可能是因知名度、独特的特色而创造出的新产品类别，如数码相机	全新产品一般没有什么直接竞争者。不过，假如该产品前景很好，许多企业将快速进入这一行业。由于消费者不熟悉创新产品或其特色，企业促销活动的诉求主要是刺激市场对整体产品类别的需求，而不只是针对某一品牌。导入期是风险最大、成本最高的一个阶段，因为这一阶段需要投入大量资金开发市场，让尽可能多的消费者接受产品。很多新产品尚没有足够的消费者购买便在这一阶段就夭折了
②	成长期	在成长期，销售量与利润快速增长。竞争者开始进入市场，如果盈利前景特别好，就会引来一大群竞争者。在成长期的最后阶段，因竞争剧烈而导致利润开始下降	企业即使努力提升销售量，这一阶段的市场占有率和价格还是会逐渐下降。高科技产品（如微处理器）的价格将会大幅下滑，即使行业仍持续增长。柯达公司的高层主管曾表示："关键是市场增长速度比企业价格下滑速度还快。"
③	成熟期	在成熟期的初期，销售量持续增长，但增长速度逐渐减缓。销售量不再增长时，制造商和中间商两者的利润则开始下滑，主要原因是激烈的价格竞争	为了实现产品差异化，有些企业扩张产品线增加新产品，有些企业则致力于新的改良产品。对于追随市场领导品牌的其他产品来说，这一阶段的压力最大。在成熟期的后期，成本高或无差异优势、利润微薄的厂商因没有足够的消费者或利润将会选择退出市场
④	衰退期	对大部分产品来说，衰退期是不可避免的，原因如下：一是市场开发出较佳或较便宜产品来填补相同需求。微处理器让很多替代产品梦想成真，如掌上电脑（取代计算尺）、电子游戏机（将棋盘游戏推向衰退期）。二是产品需求消失，大部分原因是替代产品成功上市。当录音带和 CD 取代了唱片后，市场就不再需要唱片机了。三是大家对某一产品感到厌倦（如衣服样式），该产品就会在市场上消失	如果难以再次提升销售量或利润，大部分竞争者会在衰退期退出市场。不过，仍有些企业得以开发出利于市场需求的产品，并在衰退期保持一定的成功

产品生命周期各阶段的特点比较如表 2-9 所示。

表2-9 产品生命周期各阶段的特点比较

项目 特点 时期	销售增长率	生产厂家	销售额	利润额	商品形式	商品工艺	商品技术	工人技术
投入期	不稳定	少	小	微或亏	不定型	不成熟	先进	不熟练
成长期	>10%	增加	增加	增加	改进	成熟	先进	提高
成熟期	<10%	多	大	大	定型	成熟	一般	熟练
衰退期	<0	减少	减少	小	定型	成熟	落后	熟练

2. 产品生命周期各阶段的营销策略

在产品投入期可采用的营销策略如表2-10所示。

表2-10 产品投入期的营销策略

序号	策略	特点	适用范围
①	高价格、高促销策略	这种策略又称快速掠取策略，企业以高价格与高促销水平将新产品推向市场。采取该策略的目的是：通过高价位，尽可能快地收回投资；以大量的促销活动加速产品的市场渗透率，并以此建立市场品牌偏好，抵御来自竞争者的威胁	采取这种策略的适用条件：潜在市场中大多数消费者对该种新产品缺乏了解；了解该产品后，消费者能够并且愿意出高价购买；企业面临潜在竞争者的威胁，急需大造声势，赢得消费者。该类产品有较大的市场需求，有相当的优越性，能诱发消费者产生购买欲望
②	高价格低促销策略	这种策略又称缓慢掠取策略。企业以高价格与低促销水平将新产品推向市场。采用该种策略的目的是为了获得尽可能高的利润回报，同时又降低了营销成本	采取这种策略的适用条件：市场容量相对有限，消费者相对稳定；产品知名度高，消费者愿出高价购买；竞争威胁小。适用于该策略的产品，通常其价格的弹性不大，且市场供不应求，消费者选择余地小
③	低价格高促销策略	这种策略又称快速渗透策略。企业以低价格与高促销水平将新产品推向市场。采用该策略可以使产品迅速地攻占市场，并使其市场占有率最大化	采用这种策略的适用条件：市场容量大；潜在消费者对该新产品不熟悉，消费者对新产品价格非常敏感，竞争威胁大；企业可以通过大批量销售降低单位产品成本
④	低价格低促销策略	这种策略又称缓慢渗透策略。企业以低价格与低促销水平将新产品推向市场。采用这一策略既可以加速提高企业产品的市场占有率，同时通过促销成本的降低提高企业的净利润回报	采用这种策略的适用条件：市场容量大；产品知名度高，消费者熟悉该产品；多数消费者对价格十分敏感；竞争威胁大。一般适用于价格需求弹性大、替代产品较多的产品

在产品成长期，应采取扩张性策略和渗透性策略，使产品迅速得到普及，扩大市场占有率，并持续保持销售量增长的好势头。其要点如表 2-11 所示。

表 2-11　　　　　　　　　　　产品成长期策略要点

序号	要点	内容
①	改进产品	提高产品质量，并改进产品的性能、色彩、式样及包装等，增强产品的竞争力
②	加强宣传	广告宣传要从介绍产品转为宣传产品特色，树立产品形象，争取创立名牌，使消费者产生偏爱
③	细分市场	努力开拓新市场，深入了解消费者需求，进一步进行市场细分，争取更多的消费者
④	调整价格	在扩大生产的基础上，对价格较高的产品应选择适当时机降低价格，以应付竞争对手的进入。如前期价格较低的产品，也可以适当提高产品价格，以提高产品的市场形象

在产品成熟期，其特点：销售增长率缓慢，渐趋下降，形成过剩生产力，竞争也较激烈。一些缺乏竞争能力的企业也会被淘汰，新加入的竞争者则较少，此阶段一般选择进攻性策略。尽量延长这一阶段的时间，或促使产品生命周期出现再度循环，以获得更多的利润收益。在这一阶段，企业应当努力延长成熟期，在竞争中确保市场占有率。这期间可供企业选择的策略有表 2-12 所示的 3 种。

表 2-12　　　　　　　　　　　产品成熟期的营销策略

序号	策略	目的	途径
①	改革产品	这种策略是通过产品本身的改变来满足人们不同需求，从而吸引有不同需求的顾客	品质改善，其目的是增强产品功能及各项技术指标
			特性改善，其目的在于增加产品的独特性
			式样改善，其目的在于增强产品外观上的美感
②	改革市场	这种策略是要拓展新的消费者群	开辟新的细分市场，寻找新的消费者
			加强品牌地位，争取竞争者的市场
			发掘产品的新用途，延长产品成熟期，开拓新的市场
			通过促销努力来激励消费者增加其产品的使用率或使用量，从深度和广度上开拓新的市场，有可能使产品从成熟期转化为一个新的成长期
③	改变营销手段	其目的是加强营销力度	如调整产品价格，改变产品包装，加强售后服务，扩展销售网点，增加广告费用和推销人员等

在产品衰退期，必须认真研究产品市场上的真实地位，然后决定是继续经营下去，还是放弃经营。企业应有计划、稳步地撤退老产品，同时有目的有步骤地开发新产品。其主要策略如表 2-13 所示。

表 2-13　　　　　　　　　　　　　产品衰退期的营销策略

序号	策略	说明
①	持续经营策略	由于众多竞争者纷纷退出市场，经营者减少，处于有利地位的企业可以暂不退出市场，保持产品传统特色，用原有的价格、渠道和促销手段，继续在原有市场上销售
②	集中营销策略	企业简化产品线，缩小经营范围，把企业的人力、物力、财力集中起来，生产最有利的产品，利用最有利的渠道，在最有利的细分市场销售，以取得较多的利润
③	榨取营销策略	在一定时期内，不主动放弃疲软产品的生产，而是大幅度地降低促销费用，强制地降低成本。这样在短期内虽然销售有所下降，但由于成本下降，企业仍能保持一定的利润
④	放弃营销策略	一般来说，企业继续保留衰退产品的代价是巨大的，若经过准确判断，产品无法再给企业带来预期的利润，就应采取放弃营销策略。如果企业决定放弃经营某种产品而退出市场时，也必须采取积极措施，慎重地做好善后工作。一是决定放弃经营的方法，如可将老的生产设备和营销力量转让给其他部门或企业，使企业在转移经营的过程中得到一定的收入；二是决定放弃的时间，可以是快速退出市场，也可以有计划地逐渐退出市场
⑤	转移营销策略	地理、文化、经济的差异会导致市场需求的巨大差异，在一个市场上处于衰退期的产品在另一个市场上很可能处于产品生命周期的引入期、成长期或是成熟期，企业可以根据市场需求的差异适时地进行产品的市场转移。如 20 世纪 70 年代末期，日本企业在国内市场上处于衰退期的黑白电视机引入我国，就该产品而言，我国当时正处于引入期，此举获得了成功，使该产品进入新的一轮生命周期循环，企业也获得了巨大的利润

产品生命周期各阶段的特性、目标和战略如表 2-14 所示。

表 2-14　　　　　　　　　产品生命周期各阶段的特性、目标和战略

时期		引入期	成长期	成熟期	衰退期
特性	销售	低销售	销售快速上升	销售高峰	销售衰退
	成本	按每一顾客计算的高成本	按每一顾客计算的平均成本	按每一顾客计算的低成本	按每一顾客计算的低成本
	利润	亏损	利润上升	高利润	利润衰退
	顾客	创新者	早期采用者	中间多数	落后者
	竞争者	极少	逐渐增加	数量稳定、开始衰退	数量衰退
营销目标		创造产品知名度和适用度	最大限度占有市场份额	保护市场份额获取最大利润	对该品牌削减支出

续表

时　期		引入期	成长期	成熟期	衰退期
战略	产品	提供一个基本产品	提供产品的扩展品、服务担保	品牌及式样的多样性	逐渐淘汰疲软项目
	价格	成本加成定价	市场渗透定价	较量或击败市场竞争者定价	削价
	分销	选择性分销	建立密集广泛的分销	建立更密集广泛的分销	逐渐淘汰无赢利的分销网点
	广告	在早期采用者和经销商中建立产品的知名度	在大量市场中建立知名度和兴趣	强调品牌的区别和利益	减少到保持坚定忠诚者需求的水平
	促销	大力加强销售促进以吸引试用	充分利用有大量消费者需求的有利条件适当减少促销	增强对品牌转换的鼓励	减少到最低水平

四、新产品的开发

1. 新产品的概念

这里所说的新产品，是就企业而言的新产品，是指企业向市场提供的较之原有产品具有较大差别的产品，这些新产品应具备表 2-15 所示的几个特点。

表 2-15　　　　　　　　　　　　　　新产品的特点

序号	特点	说明
①	新原理和结构	新产品应具有新的原理、新的结构，或是改进了原有产品的原理与结构。例如，在普通伞基础上推出的自动、半自动伞就可列入新产品
②	新元件和材料	新产品采用了新的元件和材料，并优于原产品，使新产品的性能超过了原有产品。例如，某些产品中用塑料代替木材，玻璃代替某些钢材，半导体收音机代替电子管收音机、电子表代替机械表等。这些都是新产品，具有先进性
③	新功能和作用	新产品有新的实用功能。例如，日历手表比一般计时手表增加了功能。家用换气扇与电风扇原理相同，由于结构的改变增加了新的功能，也可视为新产品

正确理解新产品的含义，应从表 2-16 所示的角度来理解。

表 2-16 新产品的含义

序号	角度	说明
①	产品整体概念角度	可以说，新产品并不一定是新发明的产品。固然，市场上出现的前所未有的崭新的产品是新产品。例如，一百多年以前出现的汽车，五十多年以前出现的黑白电视机等。但是，这种新产品并不是经常出现的。有些产品在形态或功能方面略有改变，人们也习惯于把它看做新产品。例如，每年出现新型号的汽车，就是汽车市场经常出现的新产品。由此可见，新产品的"新"，具有相对意义
②	市场与顾客的角度	有些产品尽管在世界上早已出现，但从来没有在某个地区出售过，那么对这个地区市场来说，它就是新产品。这样一种关于新产品的理解，对于出口销售是具有重要意义的
③	生产和销售的角度	凡是本企业从来没有生产和销售过的产品，而标上本企业的招牌或商标的，也可以说是新产品

2. 新产品的种类

新产品可分为表 2-17 所示的几类。

表 2-17 新产品的种类

序号	分类	说明
①	全新新产品	这是指采用新原理、新结构、新技术、新材料制造的前所未有的产品。这类新产品都是科学技术的重大发明和创造，可以说是世界范围的新产品，代表了科学技术发展史上的新突破。例如，电话、飞机、打字机、盘尼西林（青霉素）、电子计算机等发明，就被视为 1860～1960 年间世界公认的最重要的一部分新产品。像这类产品是极为难得的，因为一项科学技术的发明，从理论到技术，从实验室到工业生产，要花费很长的时间、巨大的人力和财力，绝大多数企业都不容易提供这种全新的新产品。全新产品与老产品比较是一种完全的质变
②	换代新产品	换代新产品也称部分新产品，指在原有产品的基础上，部分采用新技术、新材料制成的性能有显著提高的新产品。例如，电子计算机从问世以来到现在，已经经历了电子管、晶体管、集成电路、大规模或超大规模集成电路和具有人工智能的计算机的 5 代发展历程。每一代计算机与它的前一代比较，都属于换代新产品。再如，普通自行车发展到变速自行车；普通电熨斗发展到自动调温或自动喷水蒸汽的电熨斗；普通缝纫机发展到电动缝纫机等，也都是换代新产品。这类新产品在市场上比全新产品多，中小企业由于技术力量和其他力量薄弱，对产品的更新换代投入也较少。多数换代新产品与老产品比较是一种部分的质变

续表

序号	分类	说明
③	改进新产品	改进新产品指对现有产品在质量、结构、品种、材料等方面做出改进的产品。它主要包括质量提高、用途增加、式样更新、材料易取或更便宜。如普通牙膏改为药物牙膏、普通卷烟改为过滤嘴卷烟以及新款式的服装等。这些新产品经常在市场上出现，满足各种消费者的不同需要。但应注意，一种产品只是在花色、外观、表面装饰、包装装潢等方面的改进和提高不属于新产品。改进新产品与老产品比较是一种量变
④	企业新产品	企业新产品是企业模仿市场上正在销售产品的性能、工艺而生产的产品。这类产品就整个市场来说，已不是新产品，但对企业来说，设备是新的，工艺是新的，生产的产品也与原来的产品不同，所以它仍然是企业的新产品。开发企业新产品，对于我国的许多企业很适用，企业可以有计划地引进和仿制国外的新产品，能大大缩短和国际先进水平之间的差距。应注意的是，在引进和仿制的时候，应符合专利法等法律法规的要求

3. 新产品的开发流程

开发新产品需要一个复杂的流程，一般要经过激发创意、评估创意、经营分析、开发产品原型、市场测试、商品化等阶段。具体如表 2-18 所示。

表 2-18　　　　　　　　　　　　　新产品的开发流程

序号	流程	说明
①	激发创意	新产品开发开始于创意。企业应该设计、营造一个可以刺激企业内部创意的环境。根据一项研究，80% 的企业认为客户是新产品创意的最佳来源。越来越多的制造厂商鼓励甚至要求供应商构思创意。在特许经营体系中，很多业主经营者的创意变成热卖商品，例如，麦当劳的巨无霸汉堡包就是连锁经营业主的创意
②	评估创意	有了新产品创意之后，企业需要予以评估，并决定哪些新产品创意值得进一步深入研究。通常，评估小组是靠经验与直觉而不是市场或竞争资料来评估各种新创意
③	经营分析	针对需要深入研究的新产品创意，企业应该制订具体的经营计划书。企业需要：一是确认产品的特色；二是预估市场需求量、竞争情况和产品的赢利能力；三是制订产品的开发计划；四是分派研究产品可行性的工作职责
④	开发产品原型	如果经营分析结果是可行，那么，企业将着手新产品原型地开发。以有形产品为例，需少量生产测试模型来确定产品规格，进行技术评估进而决定是否生产。例如，企业可能制造出新的移动电话原型，但无法进行大批量生产；或无法在控制成本下让企业既可刺激销售又可赢利。另外，实验室可测试产品的使用状况，如苹果计算机公司对新计算机机型进行压力测试

续表

序号	流程	说明
⑤	市场测试	原型开发阶段是内部测试，市场测试涉及实际的市场客户，例如，新产品分送给社区样本群众使用（消费性产品），或企业的客户试用（组织用品）。试用后，请使用者评估产品。这一阶段可以试销，即在限定区域内试售产品。分析试销的结果，特别是总销售量和客户重复采购的情况。根据测试结果，企业修正产品设计和生产计划。之后，企业决定是否推出产品
⑥	商品化	企业制订全面的批量生产计划和营销计划，并贯彻执行。到这一阶段，企业实际已完成新产品开发的全过程。不过，一旦制造产品并上市销售，外部竞争环境将是新产品命运的主要决定因素

五、产品品牌策略

1. 品牌的含义

品牌俗称牌子，是制造商或经销商加在商品上的标志。据美国市场营销协会对品牌的定义"品牌是一种名称、术语、标记、符号、象征、设计或其组合，用以识别一个或一群出售者的产品或服务，使之与其他竞争者相区别"。品牌是一个包含许多名词的综合名词，具有广泛的意义。它包括品牌名称、品牌标志、商标等。所有品牌名称、品牌标志、商标都可以成为品牌或品牌的一部分。其中，品牌名称是指品牌的可读部分，如"海尔"、"联想"、"娃哈哈"；品牌标志是指品牌中的图案、符号、标记、设计等无法读音的部分，如"海尔兄弟的造型"、"娃哈哈快乐娃娃造型"；商标是一个法律名词，是经过注册登记，受法律保护的品牌或品牌的一部分。

从根本上说，品牌是用于区别其他商品。而它之所以能进行"区别"是因为通过品牌，出售者向购买者长期提供一组特定的特点、利益和服务。好的品牌传达了质量保证。它是企业与目标顾客进行沟通的利器。

一个品牌能表达出 6 层含义，如表 2-19 所示。

表 2-19　　　　　　　　　　品牌的 6 层含义

序号	含义	说明
①	属性	一个品牌给人带来基于产品的特定属性。如"蒙牛"表现出自然的、无污染、制造优良的属性
②	利益	属性要转换成功能和情感利益。如属性"无污染"有利于身体健康，使用安全放心
③	价值	品牌能体现该制造商的价值感。如"蒙牛"体现了高品质、安全、威信
④	文化	品牌象征一定的文化。如"可口可乐"象征自由、快乐、奔放、进取的美国文化
⑤	个性	品牌代表了一定的个性。如"可口可乐"象征自由、热情、积极，"百事可乐"象征年轻、活力、时尚
⑥	使用者	品牌还体现其一定的使用者。如"可口可乐"、"百事可乐"在中国的消费者主要是都市青年男女

基于品牌含义的最基础的部分是它所表达的属性和利益，这是与目标顾客沟通的直接因

素。而一个品牌最持久的内涵应是它的价值、文化和个性。这是从深层次打动目标顾客以创造顾客忠诚的关键。因此，一个企业如果仅仅把品牌看做商品的名字，那是没有领会品牌的关键内容，品牌是能够表达多种意义的综合体。正因为此，品牌才成为企业与目标顾客进行沟通并征服他们的营销利器。所以，企业对品牌建设的关键是要开发正面联系品牌的内涵，尤其是开发与目标顾客个性、价值观相符的品牌价值、品牌文化和品牌个性。

品牌作为企业与目标顾客进行沟通的营销利器，将其营销力进行量化就可得到品牌资产价值。其大小取决于消费者对该品牌的反映，具体来说是 3 个相互联系、层层递进的量：知名度、美誉度、忠诚度。测量品牌资产价值的一种方法是，该品牌溢价乘以它与其他品牌相比多增加的销售数量。

高价值的品牌资产给企业带来以下竞争优势：一是降低企业的营销成本；二是强化了企业对中间商的控制；三是企业商品可比竞争产品卖更高的价，给企业带来溢价收入；四是企业更容易开展品牌扩展；五是给企业提供某些竞争保护。某些分析家认为品牌比企业的特定产品活得更长久、更容易，他们认为品牌是一家企业的主要的更长久的无形资产。每一个强有力的品牌实际上代表了一组忠诚顾客。因此，品牌资产实际上是顾客资产。

综上所述，品牌不仅仅是制造商或经销商加在商品上的标志，而且它能表达出售者向购买者长期提供的一组特定的特点、利益和服务，是企业与目标顾客进行沟通的利器。高价值的品牌资产给企业带来竞争优势，是一个企业主要的、更长久的资产。

2. 品牌策略

企业在市场营销活动中对品牌的决策有以下几方面，如图 2-2 所示。

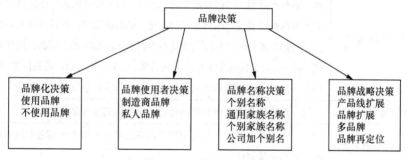

图 2-2　品牌策略一览表

（1）品牌化决策

品牌化决策即使用或不使用品牌的决策。无非存在两种情况，如表 2-20 所示。

表 2-20　品牌化决策的情形

序号	情形	说明
①	使用品牌	品牌决策的第一个决策是企业是否一定要给产品标上品牌名称。在历史上许多产品不用品牌，生产者或中间商把产品直接从桶、箱子等容器中取出来销售。今天，品牌化的发展是如此迅速，以致很少有产品不用品牌。米、油、盐、酱被包装在有特色的制造商的包装物内。尽管建立品牌要付出许多成本，但由于品牌可以增强企业的竞争力，越来越多的产品使用品牌
②	不使用品牌	首先，某些产品本身性质决定不能在制造过程形成一定特性，不易与其他同类产品相区别。如电、自来水等，就没有必要使用品牌。其次，企业为了降低营销成本也可以不使用品牌

（2）品牌使用者决策

制造商在使用品牌方面有几种选择。推出产品可能属于制造商品牌（亦称为全国品牌），也可以用分销商品牌即私人品牌或许可品牌。虽然在市场上制造商品牌占据支配地位，一些大型零售商和批发商正积极开发他们自己的品牌。私人品牌将有更快地发展，如在英国最大的食品连锁店桑宝利的仓库里50%是私人品牌。制造商品牌面临更大的压力，一些营销评论家推测，除强有力的制造商品牌以外，私人品牌最终将击败制造商品牌。

（3）品牌名称决策

使用品牌的企业必须选择品牌名称。这里有4种策略，如表2-21所示。

表2-21　　　　　　　　　　　　品牌名称决策策略

序号	策略	说明
①	个别名称	采用这一策略的企业，不同的产品使用不同的品牌。如宝洁公司洗发用品。这一策略的主要优点：一是便于企业产品分类，高、中、低档以及功能不同的各类产品并存于市场，以更好满足顾客的不同需要；二是企业的声誉与众多品牌相联扩大企业产品阵容，有利于提高企业声誉及企业整体在市场竞争中的安全感；三是每种产品采用不同的品牌能激励企业内部各品牌之间的创优竞争。这一策略的不利之处主要是各品牌相对独立，增大了市场推广费用和推广难度
②	通用家族名称	采用这一策略的企业对所有产品使用相同的家族品牌名称。如娃哈哈集团公司旗下各种产品都用"娃哈哈"这一品牌。这一策略的最突出的优势在于不仅可以大大节约推广费用，而且可以利用统一的品牌建立广告传播体系，使目标顾客产生强烈的、深刻的印象。尤其是利用已成功的品牌推出新品，能使新产品较快地打开市场，大大提高新品推广的成功率。但这一策略对产品线的扩展有较大限制，而且不同产品间的影响较大，增大企业整体在市场竞争中的风险
③	个别家族名称	这一策略是企业对所有产品使用不同类别的家族品牌名称
④	公司加个别名称	这一策略是企业对产品采用将公司商品名称和单个产品名称相结合的方法以确定产品品牌名称

当企业决定它的品牌名称策略后就要确定品牌名称。要让品牌名称成为与顾客沟通的有效工具，必须注意做到表2-22所示的几点。

表2-22　　　　　　　　　　　　品牌名称决策注意事项

序号	注意事项	说明
①	适应性	产品命名应与它的性质相适应。它应该使人们联想到产品的作用、颜色、利益。如"美加净"、"健力宝"、"雪碧"、"奔驰"、"飘柔"
②	简明性	产品命名应简短顺口、明确易懂。简短顺口是为了便于记忆和称呼，明确易懂是为了便于理解和传播。一般来说品名字数宜少不宜多
③	独特性	产品命名应标新立异，与众不同，如"柯达"、"海飞丝"。能给顾客留下深刻的印象，以便能牢牢记住
④	艺术性	产品命名应符合人的审美情趣，给人以美感，寓意含蓄，可以使人产生愉悦的心情，从而对商品产生偏爱。如"可口可乐"、"飘柔"

序号	注意事项	说明
⑤	合法性	产品命名应符合商标法的规定。品名与商标密切相关，企业确定品名时一定要注意，凡是商标法规定禁用的文字、图形不能用做品牌
⑥	随俗性	产品命名要符合目标顾客的文化特点和民族特点。我国各民族各地区文化习俗有很大差异。尤其随着国际市场的打开，世界各国文化习惯差异更大。企业在给产品命名时一定要了解目标顾客的文化习俗，做到投其所好。如"sprite"在中国市场为"雪碧"

（4）品牌战略决策

企业在进行品牌战略决策时可有以下几种选择：产品线扩展、品牌扩展、多品牌、品牌再定位，如表 2-23 所示。

表 2-23　　　　　　　　　　　　　　品牌战略决策策略

序号	策略	说明
①	产品线扩展	产品线扩展是企业在同样的品牌名称下面，在相同的产品种类中引进新的项目。如新口味、形式、包装及增加成分形成新的产品。产品线扩展最有利的一面是新产品的存活率高，某些营销主管认为产品线扩展是建立一项业务的最好方法。当然它也有风险，就是可能使品牌名称丧失其特定意义，陷入"产品线扩展陷阱"
②	品牌扩展	品牌扩展是指企业用现有品牌名称推出其他类目的新产品。如维珍品牌被用以企业所涉及的航空、铁路、金融服务、电影和饮料等几十项互不相干的领域。品牌战略延伸具有许多优点，索尼把它的名字用于它的大多数新产品中，使每种新品立即建立了高质量的认识。扩大了品牌的市场占有率，更好地满足客户多样化的需求。同时，品牌延伸一样也有风险。倘若新产品推广失败就会损害企业其他产品形象。同时，滥用品牌名称就会使它失去在消费者心目中的特写地位。当消费者不再把品牌名与一种特定产品联系起来时，品牌稀释就产生了。冲淡了品牌对消费者的影响力
③	多品牌	多品牌是指企业在相同产品类目中引进其他品牌。例如，宝洁公司产品在洗发液中就有飘柔、海飞丝、潘婷、沙宣等多个品牌。这一策略的优点显而易见：为不同顾客提供不同性能的产品以更好地满足顾客；更多地占领分销商货架，形成强大的产品阵容，增强产品整体的竞争力。引进多品牌的陷阱是，每个品牌仅仅占领很小的市场份额，这可能毫无利润；企业把资源分配与过多的品牌，降低资源的使用效率。理想的方法是，企业的多个品牌间不是相互残杀，而是蚕食竞争者品牌
④	品牌再定位	品牌再定位即改变品牌在市场上的初始定位。一般来说，如果竞争者的品牌定位接近本企业，导致企业市场份额不断下降；或者消费者偏好发生转移，形成具有新型偏好的顾客群，企业就有必要进行品牌再定位。企业进行品牌再定位，要认真考虑两个因素：一是再定位成本高低，再定位离原定位的距离越远，品牌形象变化越大，所需费用就越高；二是再定位后的收益大小。它取决于新的定位所能吸引的顾客数量、目标顾客群的购买力以及竞争者的数量和实力等因素

3. 商标策略

（1）商标的概念和作用

商标是商品的标志，是品牌的一部分。它代表商品一定的质量、性能和特点，一般由文字、图形、符号、标记或它们的组合而构成。商标注册登记后受到法律保护，在法律范围内他人不得使用。

商标具有表 2-24 所示的几个作用。

表 2-24　　　　　　　　　　　　　　　商标的作用

序号	策略	说明
①	识别作用	商标发挥识别作用。使消费者易于区别不同企业的产品或品牌
②	保护作用	商标发挥保护作用。实行商标制度可以避免鱼目混珠，维护企业正当权益，保护企业信誉
③	监督作用	商标发挥监督作用。商标便于消费者对企业产品进行评价和监督
④	促销作用	商标发挥促销作用。有了商标便于消费者识别，易于迅速传播产品信息，从而有助于企业营销工作的开展

（2）商标策略

商标能发挥多种作用，是销售推广的重要工具。企业在营销工作中应重视运用商标策略。通常企业使用的商标策略有表 2-25 所示的几种。

表 2-25　　　　　　　　　　　　　　　商标策略

序号	策略	说明
①	同一商标策略	同一商标策略即企业的不同的产品均采用同一个商标。使用这种策略目的是，强调所有产品的质量一致性、可信性。它便于把全部产品使用共同的分销渠道、共同的促销策略，降低了推广成本；同时，由于消费者对商标已熟悉，所以易于接受新产品；而且多种产品有效组合提高产品的整体市场竞争力，扩大销售。但是若某种产品发生问题会严重影响企业的整体形象，企业经营风险很大。所以采用该策略必须具有较高的经营管理水平、过硬的技术支撑，产品质量稳定，对已有荣誉的名牌商标具有成熟的管理经验和方法
②	区别商标策略	区别商标策略即企业的不同的产品和品种采用完全不同的商标。与同一商标策略比较而言，这种策略有利于更充分地挖掘并满足顾客不同需要。具体来讲其优点是：能严格区别不同产品的特点、质量、档次；有明显的价格差异，有利于企业合理布局产品价格组合，以实现利润最大化；因为各产品的商标不同，所以当某种产品发生问题时对企业的整体形象影响不大，降低了企业经营风险；商标易于创新。但是，由于这种策略采用的商标多，变化快，不易记忆，不易比较，市场推广费用高且推广力分散，增加了营销费用和难度。采用该策略必须具有较高的经营管理水平和雄厚的资源

序号	策略	说明
③	创新商标策略	随着市场竞争的日益激烈，产品的生命周期大大缩短，开拓新产品成为企业生存和发展的首要条件。因此，企业对陈旧落后的商标要适时更新，采用新的造型、新的元素、使商标更有时代特色，树立企业新形象，吸引消费者。例如，"联想"商标在短短的经营生涯中，随着时代地变化以及企业战略的发展变化而更新，树立企业新形象，更好地激起消费者的共鸣。商标的创新方法主要有两种：一是巨变，即完全舍弃旧商标采用重新设计的全新商标。这种方法需要大量费用支持且风险较大。二是渐变，即缓慢地逐渐地改变原有商标，尽量使新旧商标在图案、符号、造型接近，形象上一脉相通。这种方法既有利于利用原有商标的市场信誉，又能节约商标创新费用，风险低，故而被企业普遍采用。但是，新商标设计受原商标约束较大，创新程度不高

六、产品包装策略

1. 产品包装的概念

包装是指利用包装材料或容器，采用一定的技术，对物品进行的一系列操作活动。这有两层含义：一是指产品的外部包扎和容器，即包装材料；二是指对产品进行外部包装的操作过程，即包装方法。在实际工作中，两方面往往难以分开，故统称为产品包装。

绝大多数物质产品从生产领域向消费领域转移的过程中都要适当地包装。包装构成物质产品的一个重要部分，有人称包装是产品的外观质量。包装是商品流通中不可缺少的条件。包装的主要作用：保护物品、提高物流效率、促进销售、方便消费等。

2. 产品包装的分类

商品包装按不同标准可分为不同类型，按作用分可分为运输包装和销售包装，如表2-26所示。

表 2-26　　　　　　　　　　产品包装按作用分类

序号	分类	说明
①	运输包装	运输包装，又称工业包装，是指为了适应储存、搬运过程需要而进行的包装。常见的有箱装、袋装、桶装及其防潮防震装置。运输包装的主要作用是为了提高物流效率
②	销售包装	销售包装，又称商业包装，指便于刺激、携带和方便使用的包装。这类包装要美观大方，反映产品特色，有刺激性，起到"5秒钟广告"的作用；信息丰富，注明厂名、商标、品名、规格、容量、用途、用法及注意事项等，便于消费者选购和使用。销售包装的主要目的是为了促进销售

产品包装按结构可分为件装、内装和外装，如表2-27所示。

表 2-27   产品包装按结构分类

序号	分类	说明
①	件装	件装即主体包装,是产品的直接容器,从产品出厂到使用终结一直与产品紧密结合。件装应根据产品的物理、化学性质和用途选用包装材料和包装方法。某些有销售包装性质的件装(如酒瓶)还应按销售包装设计
②	内装	内装是介于件装和外装之间的包装
③	外装	外装是产品外部的包扎物,主要指适应运输需要而进行的产品包扎

包装按包装技术可分为防水、防湿、防虫包装,缓冲包装,真空包装等。按产品类别可分为一般产品、危险产品、精密产品包装等。

3. 产品包装的营销作用

产品包装是为了保护产品数量与质量完整性而必需的一道工序,由于产品的包装直接影响到产品的价值,因而对大多数产品来说,包装是产品运输、储存、销售的必要条件。包装已成为强有力的营销手段,设计良好的包装能为消费者创造方便价值,为生产者创造促销价值。具体而言,包装的营销作用有表 2-28 所示的几方面。

表 2-28   产品包装的营销作用

序号	营销作用	说明
①	保护产品	这是产品包装的基本作用。产品在从生产领域向消费领域的转移中一般要经过运输、储存、装卸、销售等环节,产品在运输中会遇到震动、挤压、碰撞、冲击、风吹、日晒、雨淋等损害;在储存时也会受到温度、湿度、虫蛀、鼠咬等损害。合理地包装就能保护产品在流通中不受自然环境和外力的影响,不致损坏、散失、变质,保证其使用价值不变
②	提高物流效率	包装对小件产品起到集中的作用。包装物上有关产品的鲜明标记便于装卸、搬运、堆码,利于简化产品交接手续,提高工作效率;外包装的体积、长、宽、高尺寸、重量与运输工具的容积、载重量相匹配对提高运输效率和节约运费都有重要意义
③	美化产品	精美的包装不仅体现了商品特性和外观的统一,而且能对商品进行"打扮",使消费者得到艺术享受,产生美好联想,激发对商品的需求。有许多商品本身并不能使人产生美感,但经过设计精良的包装就能使人产生美好联想,激发对商品的需求。如瓶装的"雪碧"、罐装的"可口可乐"、瓶装的"五粮液"等
④	识别产品	市场上日益繁多的商品,有些产品特色很相似,只有通过合适的包装才能突出本企业商品特色,使消费者易于识别。金宝汤料公司估计平均每个购买者一年中看到它的熟悉的红与白标志颜色 76 次,这等于创造了广告费价值 2 600 万美元
⑤	定位产品	包装是消费者接触商品的最直接的途径。通过包装设计,为消费者提供判断商品特色、性能、档次的有利依据,使消费者心中留下对商品的特定认识
⑥	促销作用	设计合理的包装可以美化产品、有利于消费者识别产品、为企业产品进行市场定位,发挥"5 秒钟广告"作用,激发消费者对企业商品的兴趣,诱发购买动机,是促销的重要工具

4. 产品包装的要求

为了充分发挥产品包装在商品流通和消费中的作用，包装应做到如表 2-29 所示的基本要求。

表 2-29 产品包装的基本要求

序号	包装要求	说明
①	包装要素整合	完整的包装要具备下列要素：合理的形状和结构；鲜明的图案和色彩；醒目的商标和标签。良好的包装设计不仅要根据产品的不同性质和特征选用相应的包装材料和包装技术。如包装材料、包装方法、必须和产品的理化性能相适应。而且要确定形状、图案、商标等的整体效果
②	突出品牌形象	包装设计要能体现商品特色，突出品牌形象。包装设计要符合消费者心理，必须与定价、广告等营销要素相协调
③	方便顾客消费	包装设计要为顾客提供方便价值。为了满足顾客的不同需要，包装的容量、规格、形状应多种多样，方便消费者消费或使用

5. 产品包装策略

企业要充分发挥包装的营销作用就要科学地进行包装设计，应根据商品特点采用适当的包装策略，常用的包装策略有如表 2-30 所示的几种。

表 2-30 产品包装策略

序号	策略	说明
①	无包装策略	无包装策略即对商品不进行包装，是一种特殊的包装策略。对一些便利品、生活日用品，若消费者对商品价格很敏感，无包装可以降低经营成本从而降低售价，有利于扩大销售。例如，农贸市场中的水果、蔬菜等
②	类似包装策略	类似包装策略即企业的所有产品或某一产品线上的所有产品的包装，在材料、式样、文字、图案等方面都有很多相似之处，采用类似包装。类似包装策略有利于扩大产品销售，节省推广、宣传费用
③	等级包装策略	等级包装策略主要有 3 种。第一种是按产品档次决定其包装，即高档产品采用精美包装，以突出其优质优价形象；而低档产品采用简单包装，以突出其经济实惠形象。第二种是按顾客购买目的对同一产品采用不同包装，如顾客购买是为了馈赠亲友，则应用礼盒包装；是为了自用，则应包装的简单朴素。第三种是按顾客使用情况对同一产品使用不同包装。例如，很多日化用品采用容量不一的多种包装
④	系列包装策略	系列包装策略即将相关性强的一系列产品都纳入一个包装中。这种组合包装既可以使顾客方便携带和使用，又能使企业通过捆绑销售扩大销售降低营销费用。例如，针线盒、医药箱、一些化妆品的组合包装等
⑤	复用包装策略	复用包装策略即在商品使用后，包装物可退回生产者继续使用，或消费者将它另作别用。这种包装本身就是一件商品。这种策略一方面能降低包装成本，另一方面能刺激顾客购买

序号	策略	说明
⑥	附赠品包装策略	附赠品包装策略就是在产品包装中附赠奖品，以提高对顾客的吸引力。例如，在休闲食品中附赠画片，在一盒玩具中附赠画册等。通过恰当的包装设计可以很好地吸引消费者并刺激重复购买。例如，一些儿童为了集齐一套画片而反复购买产品
⑦	绿色包装策略	绿色包装策略又称生态包装策略，指包装材料使用可再生、再循环材料，包装废弃物容易被处理及对生态环境有益的包装。采用这种包装策略易于被消费者认同，从而有利于企业产品的销售

第二节 价格策略

价格是市场营销组合中最活跃的因素，也是企业可控因素中最难以确定的因素。价格的高低，直接影响着消费者的购买行为，也关系到生产经营者赢利目标的实现。因此，价格成为市场问题的核心。

企业产品的结果是影响市场需求和购买行为的主要因素之一，也直接关系到企业的收益。企业产品的价格制定得恰当，会促进产品的销售，提高市场占有率，增加企业的赢利；而价格定得过高，会制约需求，影响销售；定得过低，会影响企业的经济效益。因此，定价策略是企业市场适应小组合策略的一个重要的组成部分。

一、价格及其影响因素

1. 价格的概念

对于生产者来说，商品的价值是其在生产这个商品时所耗费的社会必要劳动时间。因此，用一定量的货币来表示这些凝结在商品中的价值就是商品的价格。在通常情况下，企业的生产（包括经营）成本一般由工资、利息、租金和正常利润4个部分构成，因此，商品在市场上的价格只等于这4部分之和时，企业才会满意；但对消费者而言，商品的价值等于他们从商品中获得的满足。如果所付的价格能够使他们觉得预期的要求得到满足，他们便认为商品"值"那么多，否则就是"不值"或"不合算"。因此，价格是外在的、具体的和确定的量，而价值是内在的、模糊的和不确定的量。

可见，价格是商品价值的货币表现。这一概念包含3层涵义：第一，商品的价格与其价值是正比关系；第二，商品的价格与货币的价值是反比关系；第三，商品的价格与其价值总是不相等的，但会围绕着价值上下波动。

2. 价格与市场供求

商品的价格是市场上调节供求关系的"一只看不见的手"。当一种商品供不应求时，价格就要上升，从而促进供给地扩大，减少需求的增加；供过于求时，价格又会下降，从而促进增加需求，减少供给。由于价格同供求关系的这种因果关系，在市场上一种商品价格的涨落又成为企业了解供求状况的信息。

价格的涨落必然影响商品供给和需求的数量。因此，它成为企业营销手段，当商品供过于求或同行竞争激烈时，便降低价格，以减少供给，扩大销售；反之，当供不应求或需提高商品品位时，便提高价格，以增加供给，控制需求。

3. 差价与比价

在市场上，同样的商品最终只能有一个价格。当一种商品同时有数家企业共同生产（或经营）时，不管最初彼此的价格有何不同，最后总会趋向一致，如果谁的价格过高，它的商品就会售不出去，价格过低又会遭受不必要的损失。很多商品虽然有差别，但是在消费或生产、流通过程中有关联，因此彼此的价格会互相影响。比如在替代品之间，两种商品的价格须有一个合适的比例，如果一种商品的价格过高，其市场份额就会成为另一种商品取代；在相关商品之间，一种商品价格过高也会影响另一种商品的销售量。这时，相关商品的价格之间需要形成较为稳定的比例，我们称之为比价。

有些商品在生产过程中会改变形态，产生增值，在流通过程中经过一系列转变又会增加附加效用。因此，当商品停留在不同环节时，其价格会因其价值和效用的不同而形成差异，后一道环节的价格总比前一道环节的价格要高，以体现其增加的价值和效用。我们把同一种商品在不同环节价格上的差异称为差价，差价对于商品的转卖或流通有重要的意义。

4. 影响价格的因素

（1）内部因素

影响企业定价的内部因素包括：定价目标、营销组合、产品成本、产品差异性和企业的销售能力，如表 2-31 所示。

表 2-31　　　　　　　　　影响企业定价的内部因素

序号	因素		说明
①	定价目标	企业的定价目标规定了其定价的水平和目的。某一个产品的定价目标最终取决于企业的经营目标。一般说来，企业定价目标越清晰，价格越容易确定。而价格的设定，又都影响到利润、销售收入以及市场占有率的实现，因此，确定定价目标，是制定价格的前提	在定价之前，企业必须对产品总战略做出决策。定价战略在很大程度上取决于市场定位决策
			企业可以寻找附加目标。企业对它的目标越清楚，就越容易制定价格
			如果市场对企业的能力要求很高，竞争很激烈，消费者的欲望又不断地变化，此时企业往往把生存作为自己的主要目标
			许多企业把现期利润最大化作为他们的定价目的。为了成为市场份额的领导者，这些企业把价格尽可能地定低
			企业或许会决定取得产品质量领导地位。这一般要求制定较高的价格来补偿较高的性能质量以及市场调研和开发成本
			企业还可以用价格来实现其他许多具体目标。它可以定低价格以防止竞争者进入市场，或者定价与竞争者保持一致以稳定市场。定价可以保持转售商的忠诚和支持，或者防止政府干预。价格还可以临时调低，来刺激对商品的需求或吸引更多的顾客走进零售商店。一种产品的定价可能有助于企业产品系列中其他产品的销售

续表

序号	因素		说明
②	营销组合	价格只是企业用来实现营销目标的营销组合工具中的一种。价格决策必须和产品设计、销售和促销决策相配合，才能形成一个连续有效的营销方案。对其他营销组合变量所做的决策会影响定价决策	企业经常先制定定价策略，然后再依据制定的价格来决策其他营销组合。许多企业采用一种叫做目标成本设定（Target Costing）的有效战略武器来支持这一价格定位战略。通常的价格制定程序是，先设计一种新产品，然后决定它的成本，最后问："我们能够卖多少钱？"目标成本设定则完全反过来做：先设定目标成本，然后再往回走
			一些企业则没有着重强调价格，而是采用其他营销工具进行非价格定位。经常的情况是，最好的战略并不是制定最低的价格，而是使市场营销提供差异化，从而能够设定更高的价格
③	产品成本	成本核算是定价行为的基础。企业要保证生产经营活动，就必须通过市场销售收回成本，并在此基础上形成赢利。产品成本是企业制定价格时的最低界限，即所谓的成本价格。成本是企业能够为其产品设定的底价	固定成本（也称为企业日常管理费）指那些不随生产或销售水平变化的成本。例如，企业必须支付每月的租金、暖气费、利息、管理人员的薪金，以及其他开支
			可变成本直接随生产水平发生变化，如每台计算机产品都包括计算机芯片、电线、塑料、包装及其他投入成本。每台计算机上，这些成本都趋向于一致。它们被叫做可变成本，是因为其总量会随着生产的计算机数而变化
			总成本是指在任何生产水平下固定成本和可变成本之和。管理部门希望制定的价格至少能够补偿在既定生产水平下的生产总成本
④	产品差异性	所谓产品差异性是指产品具有独特的个性，拥有竞争者不具备的特殊优点，从而与竞争者形成差异。产品差异性不仅指实体本身，而且包括产品设计、商标品牌、款式和销售服务方式的特点。拥有差异性的产品，其定价灵活性较大，可以使企业在行业中获得较高的利润	一方面，产品差异性容易培养重视的顾客，使顾客产生对品牌的偏爱，而接受企业定价
			另一方面，产品差异性可抗衡替代品的冲击，使价格敏感性相对减弱
⑤	销售能力	销售能力对产品定价有着很大的影响	一方面，企业销售能力差，对中间商依赖程度大，那么企业最终价格决定权所受的约束就大
			另一方面，企业独立开展促销活动的能力强，对中间商依赖程度小，那么企业对最终价格的决定所受约束就小

（2）外部因素

影响企业定价的外部因素主要包括市场和需求的性质、政府力量和竞争者力量，如表2-32

所示。

表 2-32　　　　　　　　　　　　影响企业定价的外部因素

序号	因素	说明	
①	市场性质	与成本决定价格的下限相反，市场和需求决定价格的上限。消费者和工业购买者都会在产品或服务的价格与拥有产品和服务的利益之间，做一番权衡比较。因此，在设定价格之前，营销人员必须理解产品价格与产品需求之间的关系 销售者定价的自由程度随不同的市场类型发生变化。经济学家现有 4 种市场类型，每一种类型都提出了一种不同的定价挑战	在完全竞争的情况下，市场由众多进行均质商品交易，如小麦、铜、金融证券等的购买者和销售者组成。没有哪个购买者或销售者有能力来影响现行市场价格。销售者无法将价格定得高于现行价格，因为购买者能以现行价格买到产品，而且要多少就有多少。在这些市场中的销售者没有必要在营销战略上花许多时间
			在垄断竞争情况下，市场由众多按照系列价格而不是单一市场价格进行交易的购买者和销售者组成。系列价格产生的原因是购买者看到销售者产品之间的差异，并且愿意为这些差异支付不同的价格。在垄断竞争市场中，企业较少受到竞争者营销策略的影响
			在寡头市场情况下，市场是由几个对彼此的定价和营销策略高度敏感的销售者组成。产品可能均质（钢、铝）或非均质（汽车、计算机）。市场中销售者很少，因为新的销售者很难进入。每个销售者对竞争者的战略和行动都很警觉
			在完全垄断的情况下，市场只存在一个销售者。该销售者可以是政府垄断者（如美国邮政管理局），或私人受控垄断者（如能源公司），或私人非控垄断者（如在开发尼龙时期的杜邦公司）。这 3 种情况下的定价各不相同。政府垄断者可以有各种定价目标。对于受控的垄断者，政府允许企业设定"公平收益率"，并允许企业维持或在必要时候扩展经营。非控垄断者可以自由设定价格，只要市场承受得住即可
②	消费者需求	消费者对企业产品定价的影响可以从实际支付能力、需求强度、需求层次 3 个方面反映出来	实际支付能力。企业的产品定价应充分考虑消费者愿意并且能够支付的价格水平下，它决定企业产品在市场中的价格上限
			需求强度，指消费者想获得某种商品的欲望程度。消费者对某一产品的需求强度大，则其价格的敏感性差，反之亦然
			需求层次。不同需求层次的消费者对同一产品的需求强度不同，因而对其价格的敏感性亦有所差异，一般来讲，高需求层次的消费者对价格的敏感性较低，反之亦然。而对于高需求层次的市场定位，则应采取高价格定价策略与之相适应
③	政府力量	在当今市场经济舞台上，政府扮演着越来越重要的角色。作为国家与消费者利益的维护者和代表者，政府力量渗透到企业市场行为的每一个角落。在企业定价方面的政府干预，表现为一系列的经济法规，如西方国家的《反托拉斯法》、《反倾销法》和谢尔曼法等，在不同方面和不同程度上制约着企业的定价行为。这种制约具体地表现在企业的定价种类、价格水平等几个方面。因此，企业的价格政策必须遵循政府的经济法规	

序号	因素	说明
④	竞争者力量	企业的定价无疑要考虑竞争者的定价水平，在市场经济中，企业间的竞争日趋激烈，竞争方式多种多样。其中，最原始、最残酷的就是价格竞争。竞争的结果可能是整个行业平均利润的降低。尽管如此，处于竞争优势的企业往往拥有较大的定价自由，而处于竞争优势的企业则更多地采用追随性价格政策，所以，企业产品的定价无时不受到其竞争者的影响和制约

二、企业的一般定价方法

定价方法是指企业在特定的定价目标指导下，依据对影响价格形成各因素的具体研究，运用价格决策理论对产品价格进行测算的具体方法。定价方法的选择和确定是否合理，关系到企业定价目标能否实现和定价决策的最终成效。

制定价格应综合考虑成本、供求和竞争 3 个基本因素。但在实际定价时，往往又侧重于某一因素，于是便形成了成本导向定价法、需求导向定价法和竞争导向定价法 3 种类型的基本定价方法。

1. 成本导向定价法

成本导向定价法，是以企业的生产或经营成本作为制定价格依据的一种基本定价方法。按照成本定价的性质不同，又可分为表 2-33 所示的几种。

表 2-33　　　　　　　　　　成本导向定价法策略

序号	策略	概念	计算公式	适用范围
①	完全成本定价法	完全成本定价法，是指以产品的全部生产成本为基础，加上一定数额或比率的利润和税金制定价格的方法。生产企业的完全成本是单位产品生产成本与销售费用之和；经营企业的完全成本则是进价与流通费用之和 价格中的利润一般以利润率计算。利润率有以成本和销售为基数计算的两种方法，因而销售价格也有外加法和内扣法两种计算方法	外加法 $$产品价格 = \frac{完全成本 \times (1+成本利润率)}{1-税率}$$ 内扣法 $$产品价格 = \frac{完全成本}{1-销价利润率-税率}$$	完全成本定价法具有计算简便，能保证企业生产经营的产品成本得到补偿，并取得合理利润的优点。其主要适用于正常生产、合理经营的企业以及供求大体平衡、成本相对稳定的产品。但这种定价方法缺乏对市场竞争和供求变化的适应能力，同时还有成本和利税重复计算，定价的主观随意性较大的缺点

续表

序号	策略	概念	计算公式	适用范围
②	目标成本定价法	目标成本定价法，是指以期望达到的目标成本为依据，加上一定的目标利润和应纳税金来制定价格的方法 目标成本是企业在充分考虑到未来生产经营主客观条件变化的基础上，为实现企业定价目标，谋求长远和总体利益而拟定的一种"预期成本"，一般都低于定价时的实际成本	$产品价格=\dfrac{目标成本\times(1+目标利润率)}{1-税率}$ 其中： $目标成本=\dfrac{固定成本}{目标产量}+单位产品变动成本$ $目标成本率=\dfrac{要求提供的总利润}{目标成本\times目标产量}\times100\%$	目标成本定价法适用于经济实力雄厚，生产和经营有发展前途的企业，尤其适宜于新产品的定价。采用目标定价法，能保证企业按期收回投资，并能获得预期利润，计算也比较方便。但产品价格根据预计产量推算，并非一定能保证销量也同步达到预期目标。因此，企业必须结合自身实力、产品特点和市场供求等方面的因素加以调整
③	变动成本定价法	变动成本定价法，又称边际贡献定价法，是指在变动成本的基础上，加上预期的贡献计算价格的定价方法 所谓边际贡献，就是销售收入减去变动成本后的余额。单位产品的销售收入在补偿其变动成本之后，首先用于补偿固定成本费用	价格=单位变动成本+边际贡献	变动成本定价法通常使用于以下两种情况：一是当市场上产品供过于求，企业产品滞销积压时，用变动成本为基础定价，可大大降低售价，对付短期价格竞争；另一种情况是，当订货不足，企业生产能力过剩时，与其让厂房和机器设备闲置，不如利用低于总成本但高于变动成本的低价来扩大销售，同时也能减少固定成本的亏损

2. 需求导向定价法

需求导向定价法，是以消费者对产品价格的接受能力和需求程度为依据制定价格的方法。它不是以企业的生产成本为定价的依据，而是在预计市场能够容纳目标产销量的需求价格限度内，确定消费者价格、经营者价格和生产价格。具体可以分为表 2-34 所示的几种方法。

表2-34　　　　　　　　　　　需求导向定价法策略

序号	策略	概念	说明	特点
①	可销价格倒推法	可销价格倒推法，又称反向定价法，是指企业根据产品的市场需求状况，通过价格预测和试销、评估，先确定消费者可以接受和理解的零售价格，然后推倒批发价格和出厂价格的定价方法	其计算公式为：出厂价格 = 市场可销零售价格×（1-批零差价率）×（1-销进差率）。采用可销价格推倒法的关键在于如何正确测定市场可销零售价格水平。测定的标准主要有：产品的市场供求情况及其变动趋势；产品的需求函数和需求价格弹性；消费者愿意接受的价格水平；与同类产品的比价关系	按可销价格倒推法定价，具有促进技术进步，节约原料消耗，强化市场导向意识，提高竞争能力等优点，符合按社会需要组织生产的客观要求
②	理解价值定价法	所谓理解价值，即消费者对某种产品价值的主观评判，它与产品的实际价值往往会发生一定的偏离。理解价值定价法，是指企业以消费者对产品价值的理解为定价依据，运用各种营销策略和手段，影响消费者对产品价值的认知，形成对企业有利的价值观念，再根据产品在消费者心目中的价值地位来指定价格的一种方法	有些营销学家认为,把买方的价值判断与卖方的成本费用相比较,定价时应侧重考虑前者。因为消费者购买产品时,总会在同类产品之间进行比较,选择那些既能满足消费需要,又符合其技术标准的产品。消费者对产品价值的理解不同,会形成不同的价格限度。如果价格刚好定在这一限度内,就会促进消费者购买	定价时应对产品进行市场定位，研究该产品在不同消费者心目中的价格标准，以及在不同的价格水平上的销售量，并做出恰当的判断，进而有针对性地运用市场营销组合中的非价格因素影响消费者，使之形成一定的价值观念，提高他们接受价格的限度。然后企业拟订一个可销价格，并估算在此价格水平下产品的销量、成本和赢利状况，从而确定可行的实际价格
③	需求差异定价法	需求差异定价法，是指根据消费者对同种产品或老物的不同需求强度，制定不同的价格和收费的方法。价格之间的差异以消费者需求差异为基础	其主要形式有：一是以不同的消费者群体为基础的差别价格；二是以不同的产品式样为基础的差别定价；三是以不同地域位置为基础的差别定价；四是以不同时间为基础的差别定价	按需求差异定价法制定的价格，一般应具有以下条件：① 市场能够根据需求强度的不同加以细分，而且需求差异较为明显；② 细分后的市场之间无法相互流通；③ 在高价市场中用低价竞争的可能性不大，企业能够垄断所生产经营的产品或劳务；④ 市场细分后所增加的管理费用应小于实行需求差异定价所得到的额外收入；⑤ 不会因价格差异而引起消费者的反感

3. 竞争导向定价法

竞争导向定价法，是以市场上竞争对手的价格作为制定企业同类产品价格主要依据的方法。这种方法适宜于市场竞争激烈、供求变化不大的产品。它具有在价格上排斥对手，扩大市场占有率，迫使企业在竞争中努力推广新技术的优点。一般可以分为表 2-35 所示的几种具体方法。

表 2-35   竞争导向定价法策略

序号	策略	概念	特点	适用范围
①	随行就市定价法	随行就市定价法，即与本行业同类产品价格水平保持一致的定价方法	随行就市成为一种较为稳妥的定价方法。它既可避免挑起价格竞争，与同行业和平共处，减少市场风险，又可补偿平均成本，从而获得适度利润，而且易为消费者接受	这种"随大流"的定价方法，主要使用于需求弹性较小或供求基本平衡的产品。这是一种较为流行的定价方法，尤其为中小企业所普遍采用
②	竞争价格定价法	竞争价格定价法，即根据本企业产品的实际情况及与竞争对手的产品的差异状况来确定价格	定价时，首先，将市场上竞争产品价格与企业估算价格进行比较，分为高于、等于、低于 3 种价格层次；其次，将本企业产品的性能、质量、成本、产量等与竞争企业进行比较，分析造成价格差异的原因；再次，根据以上综合指标确定本企业产品的特色、优势及市场地位，在此基础上，按定价所要达到的目标，确定产品价格；最后，跟踪竞争产品的价格变化，及时分析原因，相应调整本企业的产品价格	这是一种主动竞争的定价方法，一般为实力雄厚或产品独具特色的企业所采用
③	投标竞争法	投标竞争法，即在投标交易中，投标方根据招标方的规定和要求进行报价的方法	企业的投标价格必须是招标单位所愿意接受的价格水平。在竞争投标的条件下，投标价格的确定，首先，要根据企业的主客观条件，正确地估算完成指标任务所需要的成本；其次，要根据企业的主客观条件，正确地估算完成指标任务所需要的成本；再次，要对竞争对手的可能报价水平进行分析预测，判断本企业中标的机会，即中标概率	一般有密封投标和公开投标这两种形式，主要使用于提供成套设备、承包建筑工程、设计项目、开发矿产资源或大宗商品订货等

三、定价策略

定价策略，是指企业在特定的情况下，依据确定的定价目标，所采取的定价方针和价格对策。它是指导企业正确定价的一个行动准则，也是直接为实现定价目标服务的。由于企业生产经营的产品和销售渠道以及所处的市场状况等条件各不相同，所以，应采取不同的定价策略。

1. 新产品定价策略

新产品定价合理与否，关系到其能否及时打开销路、占领市场和获得预期利润的问题，对于新产品以后的发展具有十分重要的意义。新产品定价策略有表 2-36 所示的 3 种。

表 2-36　　　　　　　　　　　新产品定价策略

序号	策略	概念	特点	适用范围
①	取脂定价策略	取脂定价，又称"撇油"定价，意为提取精华，快速取得利润。这是一种高价策略，即在新产品投放市场的初期，利用消费者求新、求奇的心理动机和竞争对手较少的有利条件，以高价销售，在短期内获得尽可能多的利润。以后随着产量的扩大，成本的下降，竞争对手的增多，再逐步地降低价格	这种策略的优点是：能够在短期内获得较高的利润，尽快收回投资，并掌握降低价格的主动权。缺点是风险大，容易吸引竞争者加入，若产品不为消费者接受，会导致产品积压，造成亏损	采用取脂定价策略，必须具备 4 个基本条件：一是产品的质量和形象必须能够支持产品的高价格，并且有足够的购买者想要这个价格的产品；二是产品必须新颖，具有较明显的质量、性能优势，并且有较大的市场需求量；三是产品必须具有特色，在短期内竞争者无法仿制或推出类似产品；四是生产较少数量产品的成本不能够高到抵消设定高价格所取得的好处
②	渗透定价策略	渗透定价，也称"别进来"定价。这是一种低价策略，即在新产品上市初期，将产品价格定得低于人们的预期价格，给消费者以物美价廉的感觉，借此打开销路，占领市场	这种策略的优点是：有利于吸引顾客，增强产品的竞争能力，使竞争者不敢贸然进入；有利于迅速打开产品销路，开拓市场。缺点是：低价利微，收回投资的时间较长，在产品生命周期和需求弹性预测不准的条件下，具有一定的风险性	渗透定价适用于资金实力雄厚、生产能力强、在扩大生产以后有降低成本潜力的企业，或者新技术已经公开，竞争者纷纷效仿生产和需求弹性很大，市场上已有代用品的中、高档消费品
③	满意定价策略	满意定价，又称"均匀"定价。这是一种中价策略，即在新产品刚进入市场的阶段，将价格定在介于高价和低价之间，力求使买卖双方均感满意	这种策略既可以避免取脂定价因高价而带来的风险，又可消除渗透定价因低价而引起的企业生产经营困难，因而既能使企业获取适当的平均利润，又能兼顾消费者利益	满意定价策略适用于需求价格弹性较小的日用生活必需品和主要的生产资料

2. 折扣定价策略

折扣定价策略，也称差别价格策略，是指企业根据产品的销售对象、成交数量、交货时间、付款条件、取货地点以及买卖双方负担的经济责任等方面不同，给予不同价格折扣的一种策略。常用的折扣定价策略有表 2-37 所示的几种。

表 2-37 折扣定价策略

序号	策略	概念	特点	适用范围
①	现金折扣	现金折扣，也称付款期限折扣，即对现金交易或按约定日期提取付款的顾客给予不同价格折扣	其折扣率的高低，一般由买方提前付款期间利息率的多少、提前付款期限的长短和经营风险的大小来决定	它是为鼓励买方提前付清货款而采用的一种减价策略，目的是为了加速资金周转，降低销售费用和经营风险
②	批量折扣	批量折扣，即根据购买数量多少而给予不同程度的价格折扣	一般来说，购买的数量或金额越大，给予的折扣也越大。批量折扣有一次折扣和累计折扣两种形式	它是为了鼓励买方批量购买或集中购买一家企业的产品而采用的一种减价策略 一次折扣适用于能够大量交易的单项产品，用于鼓励买方大批量购买 累计折扣适用于单位价值较小，花色品牌复杂，不宜一次大量进货的产品，以及大型机器设备和耐用消费品
③	交易折扣	交易折扣，也称功能性折扣，是指企业根据交易对象在产品流通中的不同地位和功能，以及承担的职责给予不同的价格优惠	对买方企业实行何种价格折扣，是以其在产品流通中发挥何种作用为依据的	为鼓励各类经营企业的积极性，各种折扣和差价应补偿其必要的流通费用，并提供合理利润
④	季节折扣	季节折扣，是指企业对于购买非应季产品或劳务的用户的一种价格优惠	目的在于鼓励买方在淡季提前定购和储存产品，使企业生产保持相对稳定，也减少因存货所造成的资金占用负担和仓储费用	一些产品常年生产、季节消费，宜采用此策略

3. 心理定价策略

心理定价策略，是指销售企业根据消费者的心理特点，迎合消费者的某些心理需要而采取的一种定价策略。这种策略主要适用于零售环节。常用的心理定价策略主要有表 2-38 所示的几种。

表 2-38　　　　　　　　　　　　心理定价策略

序号	策略	概念	特点	适用范围
①	尾数定价策略	尾数定价，也称零头定价或缺额定价，即给产品定一个零头数结尾的非整数价格	大多数消费者购买产品时，尤其是购买一般的日用消费品时，乐于接受尾数价格，如 0.99 元、9.98 元等。消费者会认为这种价格经过精确计算，购买不会吃亏，从而产生信任感。同时，价格虽离整数仅相差几分或几角钱，但给人一种低一位的感觉，符合消费者求廉的心理愿望	这种策略通常适用于基本生活用品
②	整数定价策略	整数定价与尾数定价正好相反，企业有意将产品价格定为整数，以显示产品具有一定质量	对于价格较贵的高档产品，顾客对质量较为重视，往往把价格高低当做衡量产品质量的标准之一，所谓"一分价钱一分货"的感觉，从而有利于销售	整数定价多用于价格较贵的耐用品或礼品，以及消费者不太了解的产品
③	声望定价策略	声望定价即针对消费者"便宜无好货"、"价高质必优"的心理，对在消费者心目中享有一定声望，具有较高信誉的产品制定高价	不少高级名牌产品和稀缺产品，在消费者心目中享有极高的声望和地位，价格越高，心理满足的程度也越高	声望定价策略多用于豪华轿车、高档手表、名牌时装、名人字画、珠宝古董等
④	习惯定价策略	有些产品在长期的市场交换过程中已经形成了为消费者所适应的价格，称为习惯价格	对消费者已经习惯了的价格，不宜轻易变动。降低价格会使消费者怀疑产品质量是否有问题。提高价格会使消费者产生不满情绪，导致购买的转移，在不得不需要提价时，应采取改换包装或品牌等措施，减少抵触心理，并引导消费者逐步形成新的习惯价格	习惯定价策略多用于消费者已经习以为常的产品
⑤	招徕定价策略	这是适应消费者"求廉"的心理，将产品价格定得低于一般市价，个别的甚至低于成本，以吸引顾客、扩大销售的一种定价策略	采用这种策略，虽然几种低价产品不赚钱，甚至亏本，但从总的经济效益看，由于低价产品带动了其他产品的销售，企业还是有利可图的	招徕定价策略多用于总体产品中作为广告效应的个别产品

4. 差别定价策略

差别定价也称为价格歧视，它是指企业以两种或两种以上不反映成本比例差异的价格来销售某种产品或服务。差别定价主要有表 2-39 所示的一些形式。

表 2-39　　　　　　　　　　　　　　新产品定价法策略

序号	策略	概念	举例说明
①	因顾客而异的差别定价	即企业将同一种产品或劳务以不同价格出售给不同的顾客	如电力部门对工商企业和居民用电分别制定了不同的价格。又如，由于消费者的商品知识、讨价还价能力及需求强度存在差异，商家可能将同样的服装以不同的价格卖给不同的消费者
②	因产品式样而异的差别定价	产品式样不同，价格也不同，但是价格的差异与它们间的成本差异不成比例	如某超市里"喜之郎"果冻布丁散装价格为每千克 15 元，但装在塑料玩具小背包或塑料玩具坦克里，600 克就卖了 13 元和 18 元
③	因地点而异的差别定价	企业为处于不同位置的产品或劳务分别制定不同的价格，即使它们的成本费用没有任何差异	如剧院里的前座和后座的价格就有所不同
④	因时间而异的差别价格	企业为不同季节、不同日期甚至同一天内不同时间的产品或劳务制定不同的价格	如长途电话在不同的时间段收费不同，旅游业在淡季和旺季的收费也有所不同。洛杉矶至纽约的经济舱往返票最便宜时仅 250 美元，最贵时达 1 500 美元以上

　　企业实行差别定价应该具备一定的条件：① 市场必须是能够细分的，并且各个细分市场要具备不同的需求强度；② 以低价购买产品的顾客不可能将产品用高价转卖出去；③ 竞争者不可能在企业以较高价格销售产品的市场上以低价倾销产品；④ 细分市场和控制市场的费用不超过因实行差别定价所获得的额外收入；⑤ 实行的差别定价不会引起顾客的反感；⑥ 差别定价的形式不违法。我国的《价格法》规定，"提供相同商品或服务，对具有同等交易条件的其他经营者实行价格歧视"属于不正当的价格行为。

四、调价策略

　　一种产品价格确定以后，并非是固定不变的。随着市场环境地变化，企业常需要根据生产成本、市场供求和竞争状况对产品价格做出调整，通过降低价格或提高价格，使本企业的产品在市场上保持较理想的销售状态。

　　价格调整的方式，主要有调高价格和调低价格两种。

1. 调高价格

　　价格具有刚性，从长期来看，价格有不断上升的趋势。但在短期内，提高价格常会引起消费者和中间商的不满而拒绝或减少购买和进货，甚至本企业的销售人员都反对。一般只有在某些特殊情况下采用此策略。但是，成功的提价会极大地促进利润的增长。例如，如果企业的边际利润是销售额的 3％，提价 1％不至于影响销售量的话，利润就增加 33％。调高价格的原因如表 2-40 所示。

表2-40

调高价格的原因

序号	原因	说明
①	成本上升	主要原因就是通货膨胀或原材料价格上涨引起企业成本增加。企业无法自我消化增加的成本，只能通过提高售价才能维持正常的生产经营活动。成本上升使利润减少，这使企业经常反复提价
②	产品畅销	产品供不应求，暂时无法满足市场需求。通过提高价格，可将产品卖给需求强度最大的顾客；也可以对顾客实行产品配额，或者双管齐下
③	环境原因	政策、法规限制消费或淘汰产品的税率提高也是调高价格的一个不可忽视的因素。出于保护环境和合理使用稀缺资源的需要，政府对某些产品采用经济手段调控致使价格上升

企业可以用许多方法来提高价格，与增长的成本保持一致。调高价格的方法通常包括明调与暗调两种形式。明调即公开涨价，在将涨价的情况传递给顾客时，企业应避免形成价格欺骗的形象。企业必须用与顾客的交流活动来支持价格上涨，告诉顾客为什么价格将会被提高。企业销售人员应该帮助顾客找到节省的办法。暗调则是通过取消折扣、在产品线中增加高价产品、实行服务收费、减少产品的不必要的功能等手段来实现，这种办法十分隐蔽，几乎不露痕迹。

只要有可能，企业应该考虑采用其他的办法来弥补增加的成本和满足增加的需求，而不用提高价格的办法。例如，可以缩小产品而不提高价格，这是糖果生产商们经常采用的办法。或者可以用较便宜的配料来替代，或者除去某些产品特色、包装或服务。或者可以"拆散"产品和服务，去除和分散本应是一部分的定价因素。例如，IBM现在提供的计算机系统培训和咨询服务是一项单独定价的服务。

2. 调低价格

对企业来说，降低价格往往出于被迫无奈，但在下列情况下，必须考虑降价。具体如表2-41所示。

表2-41

调低价格的原因

序号	条件	说明
①	产品供过于求，生产能力过剩	这时企业需要扩大业务，然而增加销售力量、改进产品、努力推销或采取其他可能的措施都难以达到目的。企业会放弃"追随主导者"的定价方法，即设定与主要竞争者相同的价格，采用攻击性减价的方法来提高销售量
②	市场竞争激烈，产品市场占有率下降	竞争者实力强大，占有明显优势，消费者偏好发生转移，本企业产品销量不断减少
③	生产成本下降，为挤占竞争对手市场	这是一种主动降价行为，可能导致同行业内竞争加剧。条件是，必须比竞争对手有更强的实力。不管企业是从低于竞争者的成本开始，还是从夺取市场份额的希望出发，都会通过销售量的扩大进一步降低成本
④	企业转产，老产品清仓处理	在新产品上市之前，及时清理积压存货

3. 顾客对企业调价反应

顾客对企业调价反应，将直接影响产品的销售，对此企业应该高度关注，进行分析预测，制定相应的策略。

（1）顾客对企业降价的反应

顾客对企业降价做出的反应是多种多样的，有利的反应是认为企业生产成本降低了，或企业让利于顾客。不利的反应有：这是过时的产品，很快会被新产品所代替；这种产品存在某些缺陷；该产品出现了供过于求；企业资金周转出现困难，可能难以经营下去；产品的价格还将继续下跌。

（2）顾客对企业提价的反应

当企业提价时顾客也会做出各种反应，有利的反应会认为产品的质量提高，价格自然提高；或认为这种产品畅销，供不应求，因此提高了售价，而且价格可能继续上升，不及时购买就可能买不到；该产品正在流行等。不利的反应是认为企业是想通过提价获取更多的利润。顾客还可能做出对企业无害的反应，如认为提价是通货膨胀的自然结果。

由于不同的产品的需求价格弹性存在差异，因此，不同产品的价格调整对顾客的影响是不同的。另外，顾客不但关心产品的买价，还关心产品的使用、维修费用。如果企业能够用较高的价格将产品销售出去。如一般的分体空调使用3～5年后都要加注氟利昂，而海信集团投资100万美元引进氟检测装置，保证了空调器终身不用加注氟利昂。这就降低了空调昂贵的维修使用费，使企业的产品能以较高的价格出售。

4. 竞争者对企业调价的反应

在异质的产品市场上，企业和竞争者都可以通过对产品差异的垄断来控制产品价格，因此，企业调价的自由度和竞争者做出反应的自由度都很大。顾客做出购买决策时也不只是考虑价格因素，还要更多地考虑各种非价格因素，如产品的质量、款式、顾客服务等，这些因素也减少了顾客对较小的价格差异的敏感性。

在通过质量的市场上，竞争者对企业调价的反应是很重要的。当产品供不应求的时候，竞争者一般都会追随企业的提价，因为这对大家都有好处，产品都能够在较高的价位上全部销售出去，即使有企业不提价也不会影响到企业产品的销售。当企业由于通货膨胀导致成本上升提高时，只要有一个竞争者因为能在企业内部全部或部分地消化增加的成本，或认为提价不会使自己得到好处，因而不提价或提价幅度较小，那么企业和追随者提价的企业产品销售都将受到影响，可能不得不降价。企业降价时，然后竞争者不降价，企业产品的销量会上升，市场占有率也会提高。当然，竞争者也可能采取非价格的手段来应付企业降价，但更多的情况是，竞争者会追随企业降价期间进入新一轮价格竞争。当企业是因为成本低于竞争者而降价时，企业拥有一定的竞争优势，拥有更多的降价空间，竞争者追随降价对损失的承受能力低于企业，这时企业有能力发动进一步降价，在这种情况下，竞争者反应的影响作用相对减弱。但缺乏低成本为依托的降价，在竞争者追随降价后，企业间又恢复原来的竞争格局。谁也不能从降价中得到好处，这是当前市场上价格竞争最常见的结局。因此，要准确地分析、预测竞争者对企业调价的可能反应。指定相应的策略，而不是随意地进行价格的调整，是非常必要的。当企业只面对一个主要竞争者时，企业可以从两方面来预测竞争者对企业调价做出的可能反应。

① 假设竞争者用以前做出过的既定模式来做出反应。在这种情况下，竞争者的反应是容易做出预测的。

② 假设竞争者将企业的每次调价都看成挑战，并根据当时自身的利益做出反应。在这种情况下，企业必须确定竞争者的自身利益所在，调查竞争者当前的财务状况、生产能力和销售情况、顾客忠诚情况及经营目标。如果竞争者以维持和提高市场占有率为目标，它会在企业提价时保持价格不变，在企业降价时也追随降价；如果竞争者以当期最大利润为目标，那么企业提高价格时提价，在企业降价时可能不降价，而采用加强顾客服务等非价格手段来进行竞争。

竞争者可能做出的反应，与竞争者对企业调价目的的判断有关。因此，企业在搜集竞争者资料时，也要注意搜集竞争者对企业调价的看法。

当企业面对的是几个竞争者的时候，就必须对每个竞争者的可能反应做出估计。如果他们的反应类似，那么只需要对其中一个典型的进行分析即可。而各个竞争者由于在生产规模、市场份额和经营战略等方面存在差异，做出的反应也各不相同时，企业就应该对他们分别进行分析。一般地，如果某些竞争者会追随企业调价，那么可以认为其他竞争者也会这样做。

5. 企业对竞争者调价的对策

在异质市场上，对于竞争者的调价，企业做出反应的自由度很大。而在同质产品市场上，企业如果认为提价有好处，也可以跟进；如果企业不提价，那么竞争者的价格最终也会降下来。而如果竞争者降价，企业也只能降价。否则顾客会转而去购买竞争者价格较低的产品。

（1）了解竞争者的调价的相关信息

面对竞争者的调价，企业在做出反应前，应对下列问题进行调查和分析研究：① 为什么竞争者要调价？② 竞争者的调价是长期的还是临时的措施？③ 如果企业对此不做出反应，会对企业的市场占有率和利润产生什么影响？④ 其他企业对竞争者的调价是否会做出反应？这又会对企业产生什么影响？⑤ 对企业可能做出的每一种反应，竞争者和其他企业又会有什么反应？

（2）企业的应对策略

企业总是经常受到其他企业以争夺市场占有率为目的而发动的挑衅性降价的攻击。当竞争者的产品质量、性能等方面与企业的产品没有差异时，竞争者产品的低价有利于其市场份额的扩大。在这种时候，企业可以选择的对策主要如下。① 维持原来的价格。如果企业认为降价会导致企业利润大幅减少，或认为企业顾客的忠实度会使竞争者市场份额的增加极为有限时，可能采取这一策略。但如果由于竞争者市场份额增加而出现其竞争信心增强、企业顾客忠实度减弱、企业员工士气动摇等情况，那么这一策略可能会使企业陷入困境。② 维持原价并采用非价格手段（如改进产品、增加服务）进行反攻。③ 追随降价，并维护产品所提供的价值，如果企业不降价将会导致市场份额大幅度下降，而要恢复原有的市场份额将付出更大代价，企业应该采取这个策略。④ 提价并提出新品牌来围攻竞争对手的降价品牌。这将贬低竞争对手降价品牌的市场定位，提升企业原有的品牌定位，也是一种有效的价格竞争手段。⑤ 推出更廉价的产品进行竞争。企业可以在市场占有率正在下降时，在对价格很敏感的细分市场上采取这种策略。

竞争者发动的价格竞争通常是经过周密策划的，留给企业做出反应的时间很短。因此，企业应该建立有效的营销信息系统，加强对竞争者的有关信息的搜集，以便对竞争者可能的调价行动做出正确的预测，同时，还应建立应付价格竞争的反应决策模式，以便缩短反应决策时间。

【议一议】

商家的心理战

1．只降2美分

一个炎热的夏天，美国的一家日用杂货品商店购进了一批单人凉席，定价每令1元。本来，这样炎热的天气，凉席会很快销售一空的，但结果购买并不踊跃。商店只得降价销售，但由于进价过高，每令凉席只能降价2美分，奇怪的是，顾客马上纷至沓来，凉席再也不愁销不出去了。这位老板在有了这个惊喜的发现后，马上照葫芦画瓢，大量进货，居然每试不爽。

2．每件6美元

美国西部有一家商店特别引人注目，店门前挂着一块醒目的招牌："本店各式服装一律每件6美元。"店内陈列的商品品种繁多，从内衣到外套应有尽有。因此，自开业以来，该店的生意十分红火。

3．自动降价

美国的波士顿市中心有一家"法林联合百货公司"，在其商场地下室门口挂着"法林地下自动降价商店"的招牌。走进之后，你会发现货架上的每一件商品除了标明售价以外，还标着该件商品第一次上架的时间，旁边的告示栏里说明，该件商品按上架陈列时间自动降价，陈列时间越长，价格越低。比如某种商品陈列了13天还没有售出，就自动降低20%，又过6天，降价50%，再过6天，降价75%。如果该件产品标价为500元，到第13天只能卖400元，到第19天只能卖250元，到第25天时只能卖125元。到第25天后，再过6天仍无人购买，就把该件商品从货架上取下来送到慈善机构去了。

问题：（1）价格与销售之间是一个什么样的关系？

（2）如何使降价取得最好的促销效果？

第三节　分　销　策　略

一、分销渠道概念

1．分销渠道的定义

菲利普·科特勒的最新著作提出：分销渠道是促使产品或服务顺利地被使用或消费的一整套相互依存的组织。营销渠道也称贸易渠道或营销渠道。

科特勒认为，严格地讲，市场营销渠道和分销渠道是两个不同的概念。他说："一条市场营销渠道是指那些配合起来生产、分销和消费某一生产者的某些货物或劳务的一整套所有企业和个人。"这就是说，一条市场营销渠道包括某种产品的供销过程中所有的企业和个人，如资源供应商、生产者、商人中间商、代理中间商、辅助商（又译作"便利交换和实体分销者"，如运输企业、公共货栈、广告代理商、市场研究机构等）以及最后消费者或用户等。现在营销渠道和分销渠道两个概念大多混用。

2．分销渠道的基本流程

分销渠道成员的活动主要包括实物、所有权、促销、谈判、资金、风险、订货和付款等。成员的上述活动在运行中形成各种不同种类的流程，这些流程将渠道中各类组织机构贯穿起来。最主要的流程包括：实物流、所有权流、促销流、谈判流、资金流、风险流、订货流、

数字媒体营销

付款流及市场信息流。具体如表 2-42 所示。

表 2-42 分销渠道的基本流程

序号	流程	内容
①	实物流	实物流即指实体产品及劳务从制造商转移到最终消费者和用户的过程。例如，汽车厂商在汽车成品出厂后，必须根据代理商的订单或工厂直接供应。在这一过程中，至少用到以上的运输方式，如铁路运输、公路运输、水路运输等
②	所有权流	所有权流指货物所有权从一个分销员手中到另一个分销员手中的转移过程。在前例中，汽车所有权经由代理商的协助而由制造商转移到顾客手中
③	促销流	促销流指广告、人员推销、宣传报道、促销等活动由一个渠道成员对另一个渠道成员施加影响的过程。促销流从制造商流向代理商称为贸易促销，直接流向最终顾客则称为最终使用者促销。所有的渠道成员都有对顾客促销的职责，既可以采用广告、公共关系和销售促进等针对大量受众的促销方法，也可以采用针对个人的促销方法
④	谈判流	谈判流指在分销渠道中，产品实体和所有权在各成员间每转移一次就必须进行一次谈判，这些谈判也构成一个流程
⑤	资金流	资金流指在分销渠道各成员间伴随所有权转移所形成的资金交付流程。如信用卡单位就能为消费者买汽车提供信用。再如，在顾客通过银行或其他金融机构向代理商支付账单，代理商扣除佣金后再付给制造商。此外，还需付给运输企业及仓库
⑥	风险流	风险流指各种风险在分销渠道各成员之间转移与预防消亡的过程。这里的风险包括产品过时、报废或由于失火、洪水、季节性灾害、经济不景气、竞争加剧、需求萎缩、产品认同率下降及返修率过高等因素造成的风险
⑦	订货流	订货流指渠道成员定期向其供应商发出订货命令。订货有时是由顾客直接发出，也可能是某成员为保持适量库存以应付潜在需求或为减少因未来价格可能上升而导致的费用成本增加而发出的
⑧	市场信息流	市场信息流指在分销渠道中，各营销中间机构相互传递信息的过程。通常渠道中每一相邻的机构会进行双向的信息交流，而互不相邻的机构间也会有各自的信息流程

以上流程中最为重要的是实物流、所有权流、付款流和市场信息流。不同的流程的流向也有很大区别，像实物流、所有权流、促销流在渠道中的流向是从制造商指向最终消费者或用户；付款流、信息流和订货流则是从消费者或用户指向制造商；而资金流、谈判流及风险流则是双向的，因为一旦不同成员之间达成交易，其谈判、风险承担及资金往来均是双向的。分销渠道中，由于成员所承担的功能与职责不同，因而其所对应的流程也不尽相同。

3. 分销渠道功能

营销渠道的主要功能是将产品（服务）分销给消费者。在这一过程中，需要各方的共同努力，完成产品的一系列价值创造的活动，形成产品的形式效用、所有权效用、时间效用和地点效用。分销渠道的主要功能如表 2-43 所示。

表 2-43   分销渠道的主要功能

序号	功能	说明
①	市场调研	分析和传递有关顾客、行情、竞争者及其他市场营销环境信息
②	寻求	寻求买者与卖者"双寻"过程中的矛盾，寻找潜在顾客，为不同细分市场客户提供便利的营销服务
③	产品分类	解决厂商产品（服务）种类与消费者需要之间的矛盾，按买方要求整理供应品，如按产品相关性分类组合，改变包装大小、分级等
④	促销	传递与供应品相关的各类信息，与顾客充分沟通并吸引顾客
⑤	洽谈	在供销双方达成产品价格和其他条件的协议，实现所有权或持有权转移
⑥	物流	组织供应品的运输和储备，保证正常供货
⑦	财务	融资、收付货款，将信用延至消费者
⑧	风险	在执行营销任务过程中承担相关风险

4. 分销渠道类型

（1）传统分销渠道类型

传统分销渠道是指由独立的生产者、批发商、零售商和消费者组成的营销渠道。这种渠道的每一个成员均是独立的，他们都为追求自身利益最大化而与其他成员短期合作或展开激烈竞争，没有一个渠道成员能够完全或基本控制其他成员。

传统分销渠道按照不同标准有不同的分类。按照商品在流转过程中是否经过中间商，分销渠道分为直接渠道和间接渠道，如表 2-44 所示。

表 2-44   分销渠道的分类

分类	概念	优点	缺点
直接渠道	直接渠道是指商品在从生产领域向消费领域转移过程中不经过任何中间商，而是由生产商直接把商品卖给消费者或最终用户的营销渠道。如上门推销、邮购销售、制造商设立自销门市部、沿街设摊等都属于直接渠道	生产者同顾客直接接触，有助于生产者及时、准确和全面地了解顾客意见和要求；没有中间商插手其间，从而能够减少商品处在流通领域里的时间，使产品及时进入消费领域；生产者和购买者直接见面，从而可以按照购买者的要求提供各种服务	增加了销售机构、人员和设施，从而增大了销售费用；并且也会增加管理难度
间接渠道	间接渠道是指商品从生产领域向消费领域转移过程中经过若干中间商的分销渠道	由于中间商具有集中、平衡和扩散的功能，因此，当中间商介入后，可以减少交易次数和简化营销渠道；可以减少生产企业的资金占用，加快资金周转；中间商具有丰富的营销知识和经验，与顾客有着广泛而密切的联系，最了解顾客需求状况，因此，通过中间商更有利于促销销售，增强企业的销售能力	中间商介入过多，就会减缓商品流通速度，延缓商品上市时间；并且每经过一道中间商，就要分割一部分利润，从而会抬高商品价格和降低竞争优势

根据商品在流通过程中所经过环节或层次的多少，营销渠道分为短渠道和长渠道。具体如表 2-45 所示。

表 2-45　　　　　　　　　　　　　　　分销渠道的分类

分类	概念	优点	缺点
短渠道	短渠道是指商品在从生产领域向消费领域转移过程中仅仅利用一道中间商的营销渠道，其基本形式是：生产者—零售商—消费者；生产者—批发商—产业用户，生产者—代理商—消费者或产业用户	可以加快商品流转速度，从而使产品迅速进入市场；可以减少中间商分割利润，从而维持相对较低的销售价格；有助于生产者和中间商建立直接、密切的合作关系	不利于产品在大范围内大批量销售，从而会影响其销售量
长渠道	长渠道是指商品在从生产领域向消费领域转移过程中利用两道以上中间商的营销渠道，其基本形式有：生产者—批发商—零售商—消费者或用户；生产者—代理商—零售商—消费者或用户；生产者—代理商—批发商—零售商—消费者或用户	可以减少生产企业的资金占用、交易成本和其他营销费用；有助于生产企业开拓市场，从而扩大商品销售量	会减慢商品流通速度，从而延缓商品上市时间；并且由于各个不同环节的中间商都要分割利润，从而会抬高商品售价

根据营销渠道中每一层次中间商数目的多少，营销渠道分为窄渠道和宽渠道，如表 2-46 所示。

表 2-46　　　　　　　　　　　　　　　分销渠道的分类

分类	概念	优点	缺点
窄渠道	窄渠道是指商品在从生产领域向消费领域转移过程中使用较少数目同种类型中间商的营销渠道	有助于密切厂商之间的关系；有助于生产企业控制营销渠道	市场营销面较小，从而会影响商品销售量
宽渠道	宽渠道是指商品在从生产领域向消费领域转移过程中同时使用较多数目同种类型中间商的营销渠道	方便消费者购买，从而扩大商品的销售量；促进中间商竞争，从而提高销售效率	不利于密切厂商之间的关系，并且生产企业几乎要承担全部推广费用

根据营销渠道宽窄不同，营销渠道具体又可分为广泛营销、选择营销、独家营销 3 种类型，如表 2-47 所示。

表 2-47　　　　　　　　　　　　　　　分销渠道的分类

分类	概念	优点	缺点
广泛营销	广泛营销又称密集营销，是指生产企业在每一道环节上都同时利用很多个中间商来销售其产品的营销渠道。消费品中的便利品和工业品的通用机具等多采用这种营销渠道	便于购买者及时和就近购买	生产企业几乎要承担全部推广费用

续表

分类	概念	优点	缺点
选择营销	选择营销是指生产企业在每一道环节上都只利用少数几家经过精心挑选的、最合适的中间商来销售其产品。这种营销方式适用于所有产品，消费品中的选购品、特殊品和工业品中的零部件等更适用于这种方式	容易密切生产企业与中间商的关系；中间商会主动开展一些推广活动；有利于生产厂家对中间商进行控制	精心挑选中间商的难度较大
独家营销	独家营销是指生产企业在某一地区仅选择某一家中间商销售其产品的营销渠道。独家营销通常由厂商双方签订书面协议，协议规定中间商不得再经营其他同类产品，而制造商不得再在本地区委托其他中间商销售其产品或自销。一些产品或名牌产品多采用这种营销方式	有利于密切生产企业与中间商的关系；易于控制零售商价格；在广告和其他推广方面能够得到中间商的合作；销售、运输、结算等手续简便，可以减少销售费用；排斥竞争者利用此渠道；鼓励中间商提高推销效率，加强对顾客服务等	生产企业在某一地区仅依赖某一家中间商销售其产品，可能会因销售力量不足而失去顾客；生产者过分依赖中间商，具有较大的风险性；合适的中间商不易物色等

（2）现代分销渠道类型

传统分销渠道是由制造商、批发商和零售商组成的松散网络，渠道上的各个成员各自为政、各行其是，他们为了获取利润而在市场上讨价还价、激烈竞争。这虽然保持了各个企业的独立性，但由于缺乏共同目标，内部矛盾较多，基础很脆弱，并影响整体效益。第二次世界大战结束后，特别是 20 世纪 70 年代以来，分销渠道出现了联合化的趋势：一方面，一些大企业为了控制和占领市场，采取前向一体化或后向一体化的经营方式，从而出现了垂直渠道系统；另一方面，一些中小企业纷纷组织起来，搞联合经营，从而出现了水平式渠道系统。具体如表 2-48 所示。

表 2-48　　　　　　　　　　　分销渠道的分类

分类	概念	说明
垂直渠道系统	垂直渠道系统是指由制造商、批发商和零售商组成的统一联合体，在一个系统内渠道成员之间采取不同程度的一体化经营或联合经营	垂直渠道系统的组建往往始于某一企业对相邻流通环节上的企业的接管或控股，这种渠道系统既可以由生产者支配，也可以由批发商或零售商支配。由于这种支配力的存在，从而可以使整个渠道系统形成专业管理的集中计划网络，具有一致的目标性、规模性和更高的效益，避免独立成员追求各自目标而引起的冲突
水平渠道系统	水平渠道系统是指两家或两家以上独立公司通过某种形式的合作，共同开发新的市场机会而形成的渠道系统，目的是通过联合发挥资源协同作用和回避风险	一些公司因资本、技术、营销资源不足而无力单独开拓市场机会，或不愿冒险，或者看到其他公司合作可以带来更大的效益，从而愿意组成水平渠道系统。他们可以暂时或永久合作，也可以联合建立新的经营单位。水平渠道系统可以发挥协同效应，实现优势互补；能够节省成本，避免重复建设；可以共享市场，实现互惠互利

二、分销渠道的选择与管理

1. 影响渠道选择的因素

（1）产品因素

影响分销渠道的产品因素主要有产品价值大小、体积与重量、时尚性、技术性和售后服务、产品数量、替代性、产品生命周期、产品组合状态、产品单位、易逝性等，如表 2-49 所示。

表 2-49   **影响分销渠道的产品因素**

序号	因素	内容
①	价值大小	一般而言，商品单个价值越小，营销渠道越多，路线越长。反之，单价越高，路线越短，渠道越少
②	体积与重量	体积过大或过重的商品应选择直接或中间商较少的间接渠道
③	时尚性	对式样、款式变化快的商品，应多利用直接营销渠道，避免不必要的损失
④	技术性和售后服务	具有高度技术性或需要经常服务与保养的商品，营销渠道要短
⑤	产品数量	产品数量大往往要通过中间商销售，以扩大销售面
⑥	替代性	高度可替代的产品最好利用直接营销渠道或利用直接销售队伍。反之，不可替代的产品可以通过间接渠道销售
⑦	产品生命周期	导入期：产品需要很高的客户教育，只需要通过向渠道发布新产品公告即可；成长期：在成长阶段，公司的经营目标是最大的市场份额。最有效的方法通常是尽可能地使用更多的渠道，渠道呈网状结构，各种渠道开始相互冲击；成熟期：关键措施是精简渠道成员和集中精力支持有能力的伙伴，另一个措施是继续在多样化的渠道中销售产品；衰退期：产品对渠道成员的吸引力日益下降，最好的方式是寻找产品进入低成本的因特网或者电话销售的可能性
⑧	产品组合状态	关联程度强的可采用同一渠道，如食品和饮料
⑨	产品单位	产品单位影响预留营销利润的空间
⑩	易逝性	有些产品（包括很多农产品）其实体产品很快就会腐坏，还有些产品（如衣服）容易过季，这种易逝性产品需要直接渠道，或者采用非常短的营销渠道

（2）市场因素

影响分销渠道的市场因素主要有潜在的客户数量、市场类型、消费者购买习惯、市场区域集中程度、销售量的大小，如表 2-50 所示。

表 2-50 影响分销渠道的市场因素

序号	因素	内容
①	潜在的客户数量	如果制造商的潜在客户不是很多，可能就会采用自己的销售人员直接向最终消费者或组织用户进行推销，如果客户数比较庞大，制造商可能会采用中间商
②	市场类型	最终消费者和组织用户的消费行为有很大不同，需要通过不同的营销渠道来服务于这两大类市场。零售商服务于最终消费者，通常不会出现在组织用品的营销渠道上
③	消费者购买习惯	顾客对各类消费品购买习惯，如最易接受的价格、购买场所偏好、对服务的要求等均直接影响营销路线
④	市场区域集中程度	如果企业的潜在客户集中在数个区域，那么可采用直销方式，纺织品和服装制造行业就是如此。当客户散布在各个区域时，直销就不太实际，因为出差成本高。卖方可能在客户的市场设立分支机构，在客户不太集中的市场采用中间商
⑤	销售量的大小	如果一次销售量大，可以直接供货，营销渠道就短；一次销售量少要多次批售，渠道则会长些

（3）环境因素

影响渠道结构和行为的环境因素既多又复杂，但可概括为如下几种，即社会文化环境、经济环境、竞争环境等，如表 2-51 所示。

表 2-51 影响分销渠道的环境因素

序号	因素	内容
①	社会文化环境	社会文化环境包括一个国家或地区的思想意识形态、道德规范、社会风气、社会习俗、生活方式、民族特性等许多因素，与之相联系的概念可以具体到消费者的时尚爱好和其他与市场营销有关的一切社会行为
②	经济环境	经济环境指一个国家或地区的经济制度和经济活动水平，它包括经济制度的效率和生产率，与之相联系的概念可以具体到人口分布、资源分布、经济周期、通货膨胀、科学技术发展水平
③	竞争环境	竞争环境指其他企业对某营销渠道及其成员施加的经济压力，也就是使该渠道的成员面临被夺去市场的压力。竞争会影响渠道行为。任何一个渠道成员在面临竞争时有两种基本选择：一是跟竞争对手进行一样的业务活动，但必须比竞争对手做得更好；二是可以做出与竞争对手不同的业务行为

（4）企业自身因素

影响分销渠道的企业自身因素主要有希望控制渠道、卖方提供的服务、管理能力、财力，如表 2-52 所示。

表 2-52 影响分销渠道的企业自身因素

序号	因素	内容
①	希望控制渠道	有些制造商想控制产品的营销渠道，于是建立直接营销渠道。控制了渠道，制造商可以展开更具攻击性的促销活动，可以保证产品的新鲜感，控制并有能力的制定产品的零售价格
②	卖方提供的服务	有些制造商的渠道决策是根据中间商要求的营销功能而定。例如，很多零售商不愿有库存，除非采取预售方式，或者是制造商愿意投放大量广告
③	管理能力	制造商的营销经验和管理能力将影响营销渠道地选择。许多制造商缺乏营销能力，于是把营销工作转给中间商
④	财力	资金实力雄厚的企业可以组建自己的销售团队，提供信用购物和产品库存，财力不强的企业往往需要中间商提供这些服务

2. 选择分销渠道的原则

一般来说，企业选择营销渠道应遵循如表 2-53 所示的 3 个基本原则。

表 2-53 选择分销渠道的原则

序号	原则	含义	说明
①	经济性原则	经济性原则是指企业选择分销渠道应能够最大限度地节约成本，减少开支，以获取更多的效益	企业在选择分销渠道时，必须将分销渠道决策所可能引起的销售收入增长同实施这一渠道方案所要花费的成本进行比较，如果生产企业自身销售渠道的投资报酬率低于利用中间商的投资报酬率，就应选择中间商来开展销售；反之，则可以实行自销
②	控制性原则	控制性原则是指企业选择分销渠道应考虑能够对分销渠道进行有效控制，以便建立一套长久和稳定的分销系统，从而保证市场份额和销售的稳定性	一般来说，生产企业自销系统是最容易控制的，但是成本较高，市场覆盖面较窄；"长而宽"的分销渠道，企业则比较难以控制。相比之下，建立了特约经销或代理关系的中间商一般比较容易控制，并且市场覆盖面也较高，因此是一种较理想的形式。但需要说明的是，企业对分销渠道的控制也要适度，要将控制的必要性与控制成本进行比较，以达到良好的控制效果
③	适应性原则	适应性原则是指企业选择分销渠道应充分考虑分销渠道的适用性	企业在选择分销渠道时，在销售区域上要考虑不同地区的消费水平、市场特点、人口分布等；在时间上要根据产品的特性、消费季节性等因素，以适应市场的客观要求；在中间商的选择上，要合理确定利用中间商的类型、数量及其对分销产品的态度，以避免中间商的渠道冲突，同时又调动其积极性。总之，企业进行分销渠道决策要保持灵活的适应性，做到多而不乱，稳而不死，以便最有效地实现企业的营销目标

3. 分销渠道的管理

在选定分销渠道方案后，企业还需要完成一系列管理工作，包括对各类中间商的具体选择、激励、评估，以及根据情况变化调整渠道方案和协调渠道成员间的矛盾，如表 2-54 所示。

表 2-54   分销渠道管理的方法

序号	步骤	说明	方法
①	选择渠道成员	为选定的渠道招募合适的中间商，这些中间商就成为企业产品分销渠道的成员。一般来说，那些知名度高、享有盛誉、产品利润大的生产者，可以毫不费力地选择到合适的中间商。而那些知名度较低，或其产品利润不大的生产者，则必须费尽心机，才能找到合适的中间商	生产者挑选中间商时应注意以下基本条件：一是能否接近企业的目标市场；二是地理位置是否有利，零售商应位于顾客流量大的地段，批发商应有较好的交通及仓储条件；三是市场覆盖有多大；四是中间商对产品的销售对象或使用对象是否熟悉；五是中间商经营的商品大类中，是否有相互促进的产品或竞争产品；六是资金大小，信誉高低，营业历史的长短及经验是否丰富；七是拥有的业务设施（如交通运输、仓储条件、样品陈列设备等）情况如何；八是从业人员的数量多少，素质的高低；九是销售能力和售后服务能力的强弱；十是管理能力和信息反馈能力的强弱
②	激励渠道成员	各渠道成员的结合，是他们根据各自的利益和条件相互选择，并以合同的形式规定应有权利和义务的结果。一般来说，各渠道成员都会为了各自的利益努力工作。但是由于中间商是独立的经济实体，与生产者所处的地位不同。考虑问题的角度也不同，必然会产生矛盾。激励中间商的基本点是了解中间商的需要，并据此采取有效的激励手段。企业在处理与中间商的关系时，通常可采取 3 种方法：合作、合伙与经销规划	合作。大多数生产者为取得与中间商的合作，采用"胡萝卜加大棒"政策，软硬兼施。一方面使用积极的激励手段，如高利润、特殊优惠待遇、额外奖金、广告津贴等；另一方面，采用制裁措施，对表现不佳或工作消极的中间商则降低利润率、推迟供货或终止合作关系等。这种政策的缺点是没有真正了解中间商的长处和短处，不关心他们的需要和问题，仅仅依据单方面的"刺激—反映"模式将众多的激励因素拼凑在一起，自然难以收到预期的效果
			合伙。生产者着眼于与中间商建立一种长期的合伙关系，达成一种协议。首先生产者要仔细研究并明确自己应该为中间商做些什么，如产品供应、市场开发、技术指导、售后服务、销售折扣等；也让中间商明确他的责任和义务，如他的市场覆盖面、市场潜量以及应提供的咨询服务和市场信息等，然后根据协议执行情况对中间商支付报酬并给予必要的奖励
			经销规划。这是一种最先进的激励方式，主要是建立一个有计划的、实行专门化管理的垂直营销系统，把生产者和中间商的需要结合起来。生产者在其营销部门中设立一个分销关系规划室，专门负责与中间商的关系规划，其任务是了解中间商的需要，制订交易计划，帮助中间商实现最佳经营。具体做法是由该室与中间商共同决定产品销售目标、存货水平、产品陈列计划、销售培训计划、广告促销计划等，引导中间商认识到他们是垂直营销系统的重要组成部分，积极做好相应的工作，以便从中获得更高的利润

序号	步骤	说明	方法
③	评估渠道成员	对中间商的工作绩效要定期评估。评估标准一般包括：销售指标完成情况、平均存货水平、产品送达时间、服务水平、产品市场覆盖程度、对损耗品的处理情况、促销和培训计划的合作情况、货款返回情况、信息的反馈程度等	一定时期内各中间商实现的销售是一项重要的评估指标。生产者可将同类中间商的销售业绩分别列表排名，目的是促进落后者进步，领先者努力保持绩效。但是，由于中间商面临的环境有很大差异，各自规模、实力、商品经营结构和不同时期的重点不同，有时销售额列表排名评估往往不够客观。正确评估销售业绩，应在做上述横向比较的同时，辅之以另外两种比较：一是将中间商销售业绩与前期比较；二是根据每一中间商所处的市场环境及销售实力，分别定出其可能实现的销售定额，再将其销售实绩与定额进行比较。正确评估渠道成员的目的在于及时了解情况，发现问题，保证营销活动顺利而有效地进行
④	调整销售渠道	企业的分销渠道在经过一段时间的运作后，往往需要加以修改和调整。原因主要有消费者购买方式的变化、市场扩大或缩小、新的分销渠道出现、产品生命周期的更替等；另外，现在渠道结构通常不可能总在既定的成本下带来最高效的产出，随着渠道成本的递增，也需要对渠道结构加以调整	增减渠道成员。即对现有销售渠道里的中间商进行增、减变动。做这种调整，企业要分析增加或减少某个中间商，会对产品分销、企业利润带来什么影响，影响的程度如何。如企业决定在某一目标市场增加一家批发商，不仅要考虑这么做会给企业带来的直接收益（销售量增加），而且还要考虑到对其他中间商的需求、成本和情绪的影响等问题
			增减销售渠道。当在同一渠道增减个别成员不解决问题时，企业可以考虑增减销售渠道。这么做需要对可能带来的直接、间接反应及效益做广泛的分析。有时候，撤销一条原有的效率不高的渠道，比开辟一条新的渠道难度更大
			变动分销系统。这是对企业现有的分销体系、制度作通盘调整，如变间接销售为直接销售。这类调整难度很大，因为它不是在原有渠道基础上的修补、完善，而是改变企业的整个分销政策。它会带来市场营销组合有关因素的一系列变动

三、批发、零售与物流

1. 批发

菲利普·科特勒将批发定义为：包含一切将货物或服务销售给为了转卖或者商业用途而进行购买的人的活动。作为产销中介环节，批发首先是一种购销行为。其一是购进，即直接向生产者或供应商批量购进产品。这种购进的目的是为了转卖而非自己消费。其二是销售，将产品批量转卖给工商企业、事业单位，供其转售（如零售商）、加工再售（如制造商）或转化再售（如事业单位）。

批发商是从事批发业务的人或部门（公司、营业部、办事处等），他们直接向生产者（或提供服务者）购进产品或服务，再转卖给零售商、批量产品消费者或其他批发商。

（1）批发的功能

批发的功能是由它在分销渠道中的角色地位决定的，具体如表 2-55 所示。

表 2-55　　　　　　　　　　　　　　　批发的功能

序号	功能	说明
①	销售与促销	批量从生产者进货，因此能以低价成交，有广泛业务关系
②	购买与编配商品	批发商有能力按照顾客需要来选择和编配产品品种，因而方便顾客
③	分装	将整批商品分成小批量，小批销售，满足不同规模的需要
④	仓储	多数批发商备有仓库和存货，可减少供应商和顾客的仓储成本和风险
⑤	运输	提供快速运输，方便用户
⑥	融资	为顾客提供货款上的支持，如准许赊购等；也为供应商提供财务援助，如提早订货，按时付款等
⑦	承担风险	因拥有产品所有权而承担了若干风险，以及商品的毁坏、丢失带来的损失
⑧	市场信息	向供应商和顾客提供竞争者行动、新产品、价格变化等方面的信息
⑨	管理服务与咨询	帮助零售商改进经营活动，向客户提供培训和技术服务

（2）批发商类型

批发商类型主要有表 2-56 所示的几种。

表 2-56　　　　　　　　　　　　　　　批发商类型

序号	类型	说明	构成
①	经销批发商	经销批发商又称商业批发商，指进行批发营销业务的独立法人	经销批发商具有对所经营商品的所有权，并完全独立组织销售。这类批发商约占批发商总数 50%，是批发商的主体。经销批发商又可分为完全服务批发商和有限服务批发商
②	完全服务批发商	一般持有存货，有固定销售人员，能提供收货、送货及协助管理服务。它又分为两类	批发商人，以零售商为服务对象的批发商。根据其经营范围可分为：① 综合商品批发商，可供应多条产品线的产品，如某些大型贸易（批发）公司；② 综合产品线批发商，只经营一两条产品线产品，但产品的花色品种较全，如服装鞋类批发商；③ 专用品批发商，以很大深度专门经营某条产品线的专门产品，如化妆品批发商、鲜活水产品批发商等
			产业分销商，指专门向生产部门而不是向零售商供应商品（作为生产部门的原材料、半成品或零部件）的批发商。提供存货、交货及信贷服务，经营范围宽窄不一，有的可能只供应一种产品（如轴承）；有的则可能供应该厂所需要的全部物资；有的则集中在某些生产线上

续表

序号	类型	说明	构成
③	有限服务批发商	服务项目较少，服务项目可机动调整，故有多样的服务方式。该类批发商还可细分为3种	现购自运批发商，不提供送货服务，主要经销要求周转快的产品线。如水产品市场的批发商，大多数都是由客户登门购货，当面交现金（熟的客户也可以付支票），并自行运回
			卡车批发商，在市场上有一批专门帮客户运货的车辆，车主自己有一批客户后，就可以增加一项业务——销售。有的企业也自备卡车进行送货上门的批发经营，特别像牛奶、面包、冷冻食品等易腐商品，大多由生产厂商包给卡车批发商，由他们及时、迅速地将商品运到各零售点，当面收回或定期收回现金
			承销批发商，这些批发商向零售商或其他客户征订商品，然后对供货市场进行优选，直接向生产商提货售给零售商。从收到订单起，承销批发商就拥有对货物的所有权并承担风险，直到将货物交给顾客为止。这种批发商通常经营大宗商品，如煤、木材、钢材和重型设备等
④	经纪人与代理人	与经销批发商的区别是这两者对商品没有所有权，只执行批发经营中的若干项职能。其主要职能是中介，为买卖双方提供信息与便利，并在成交后提取一定的佣金	经纪人，其职能是为买卖双方牵线搭桥，协助他们谈判，由雇用方付费，不备有存货，也不参与融资或承担风险。如食品经纪人、不动产经纪人、保险经纪人和证券经纪人等
			代理批发商，是获得企业授权在某一地区的代理产品购销业务的批发商。它可以代表卖方，也可以代表买方。具体可分为以下两种。① 生产代理商。生产代理商可负责代理销售该生产厂家的全部产品，也可只代理其中某一部分。双方一般要签订合同，明确双方权限、代理区域、定价政策、佣金比例、订单处理程序、送货服务及其他各种保证。生产商欲扩大市场而本身未建立分销点时，常以此来节省成本。② 销售代理商。也是用合同建立供销关系，相当于生产商的销售部门。相对生产代理商而言，销售代理商在地区、价格等方面有较大权限，可以兼营代理多家专业生产厂家的产品
⑤	采购代理商	采购代理商俗称"买手"，通常熟悉市场，消息灵通，能向企业提供质量高、价格低的采购品。采购代理商通常要负责代理采购、收货、验货、储运并将货物运交买主等业务	不是帮生产厂家销售产品，而是帮其采购所需物资（全部或部分）。不是代理批发某一类产品，而是专为一家或几家企业代理采购物品

2. 零售

零售包括将商品或服务直接出售给最终消费者，供其非商业性使用的过程中所涉及的一切活动。零售商是指主要从事零售业务的企业。任何从事这一销售活动的机构，不论是制造尚、批发商还是零售商，都进行着零售活动，尽管它们销售自己的商品。服务的方式有很大不同，如通过个人、邮售、电话销售、网络销售、自动售货机等。

（1）零售业态及连锁经营

零售业态是指零售企业为满足不同的消费需求而形成的不同经营形式。按国家国内贸易标准，零售业态可分为 9 种：百货店、超市、综合超市、便利店、专业店、专卖店、购物中心、大卖场和家居中心。

在各零售业态中，综合超市、便利店、专业店、专卖店、大卖场通常采用连锁经营方式。

根据《连锁店经营管理规范意见》规定，连锁店指经营同类商品，使用统一商号的若干门店，在同一总部的管理下，采取同一采购或授予特权等方式，实现规模效益的经营组织形式。

连锁店包括表 2-57 所示的 3 种形式。

表 2-57　　　　　　　　　　　　　　连锁店的形式

序号	形式	说明
①	直营连锁	连锁店的门店均由总部全资或控股开设，在总部的直接领导下统一经营
②	自愿连锁	连锁店的门店均为独立法人，各自的资产所有权关系不变，在总部的指导下共同经营
③	特许连锁	特许连锁或称加盟连锁，指连锁店的门店同总部签订合同，取得使用总部的商标、商号、经营技术及销售总部开发商品的特许权，经营权集中于总部

（2）主要零售业态特征

主要零售业态特征如表 2-58 所示。

表 2-58　　　　　　　　　　　　　　主要零售业态特征

序号	业态	概念	特征
①	百货商店	百货商店指在一个大建筑物内，根据不同商品部门设销售区，开展进货、管理、运营，满足顾客对商品多样化选择需求的零售业态	特征：选址在城市繁华区、交通要道；商店规模大，营业面积在 5 000m^2 以上；商品结构以经营男装、女装、儿童服装、服饰、衣料、家庭用品为主，种类齐全、少批量、高毛利；商店设施豪华、店堂典雅、明快；采取柜台销售与自选（开架）销售相结合方式；采取定价销售，可以退货；服务功能齐全
②	超市	超市指采取自选销售方式，以销售食品、生鲜食品、副食品和生活用品为主，满足顾客每日生活需求的零售业态	特征：选址在居民区、交通要道、商业区；以居民为主要销售对象，10min 左右可到达；商店营业面积在 1 000 m^2 左右；商品构成以购买频率高的商品为主；采取自选销售方式，出入口分设，结算由设在出口处的收银机统一进行；营业时间每天不低于 11h；有一定面积的停车场地

续表

序号	业态	概念	特征
③	便利店	便利店是满足顾客便利性需求为主要的目的的零售业态	特征：选址在居民住宅区、主干线公路边，以及车站、医院、娱乐场所、机关、团体、企业事业所在地；商店营业面积在100 m²左右，营业面积利用率高；居民徒步购物5～7min可到达，80%的顾客为有目的的购买；商品结构以速成食品、饮料、小百货为主，有即时消费性、小容量、应急性等特点；营业时间长，一般在10h以上，甚至24h，终年无休日；以开架自选货为主，结算在收银机处统一进行
④	专业店	专业店指经营某一大类商品为主的，并且具备有丰富专业知识的销售人员和适当的售后服务，满足消费者对某类大类商品的选择需求的零售业态	特征：选址多样化，多数店设在繁华商业区、商店街或百货店、购物中心内；营业面积根据主营商品特点而定；商品结构体现专业性、深度性、品种丰富，选择余地大、主营商品占经营商品的90%；经营的商品、品牌具有自己的特色；采取定价销售和开架面售；从业人员需具备丰富的专业知识
⑤	购物中心	购物中心指企业有计划地开发、拥有、管理运营的各类零售业态、服务设施的集合体	特征：由发起者有计划地开设、布局统一规划，店铺独立经营；选址为中心商业区或城乡结合部的交通要道；内部结构由百货店或超级市场作为核心店，与各类专业店、专卖店、快餐店等组合构成；设施豪华、店堂典雅、宽敞明亮，实行卖场租赁制；核心店的面积一般不超过购物中心面积的80%；服务功能齐全，集零售、餐饮、娱乐为一体；根据销售面积，设相应规模的停车场

（3）零售业的发展趋势

从20世纪30年代开始，以发达国家为主，零售业不断创新和发展。这个时期，消费需求更趋多样化，科技发展带来大量新产品，同时零售业竞争也日趋激烈，这些变化促使零售不断创新以求发展。从零售业态的变化看，经历了3次大的飞跃，被称为"零售业态的3次革命"。它们分别是百货商店、超级市场和连锁商店。零售业态的3次革命把零售业推到了崭新的阶段。与此同时，无店铺销售的出现和兴起、渠道多样化特别是网络营销得到了发展。绿色营销、关系营销、品牌营销、直复营销等新理念，在零售经营中得到广泛应用。零售业的发展趋势有表2-59所示的特点。

表2-59　　　　　　　　　　　　零售业的发展趋势

序号	特点	说明
①	各类商店之间竞争日益激烈	当前在不同类型商店之间的竞争日益激烈。如百货店和电视直销之间；百货商店与专卖连锁店之间；超市与传统自营零售店之间的竞争
②	零售形式生命周期缩短	激烈的竞争使所有的零售企业都在积极创新，以确保自己的竞争优势，因而新的零售形式层出不穷，但因创新被别人很快模仿而失去优势，因而必须迅速做更新的变革，导致零售业内创新不断加速，旧的形式不断受到更新形式的挑战

续表

序号	特点	说明
③	差异化经营方式加深	为适应消费者多样化的要求，许多零售商不断开拓自己的经营范围，进入新的产品领域，逐步走向综合经营，获得稳定业绩；同时，另一些企业则逐步缩减其他产品线的经营，集中于某个专门领域，以丰富齐全的品种规格来获得市场
④	零售技术日益重要	零售技术作为竞争手段变得日益重要，广泛使用计算机以提高预测水平，控制仓库成本，组织订货，传递信息。采用电子检测、电子转账、电子数据交换、闭路电视系统
⑤	大零售商全球扩张	跨国经营也正在日益深入零售领域。许多大的跨国集团正进入许多国家。如麦当劳、肯德基、反斗城、麦德隆、家乐福、沃尔玛等，因拥有出色的营销战略而在全球各地得到扩张

3. 物流

（1）现代物流（Logistics）的概念

我国国家标准（GB/T 18354—2006）"物流术语"中将物流定义为："物品从供应地向接收地的实体流通过程。根据实际需要，将运输、储存、装卸、搬运、包装、流通加工、配送、信息处理等基本功能实施有机结合。"通过物流活动，可以创造物品的空间效用、时间效用，流通加工活动还可能创造物资的形质效用。

物流具有一个非常普遍和广泛的含义。它既包括了物资的运动状态（运输），也包括了物资的静止状态（储存），还包括了物资的静动状态（包装、装卸、流通加工）。所谓静动状态，就是从宏观上看，它是静的；而从微观上看，它又是动的。所以物资无论处在运动状态，还是静止状态，还是静动状态，都是处在物流状态。也就是说，只要是物资存在，它就必然处在物流状态。根据物质不灭定律，社会中的物质只可能转化形态，而不可能消灭。

现代物流泛指原材料、产成品从起点至终点及相关信息有效流动的全过程。它将运输、仓储、加工、整理、配送、信息等方面有机结合，形成完整的供应链，为用户提供多功能、一体化的综合性服务。

现代物流的主体是供应者和需求者。供应者包括生产者和经营者，需求者包括一般消费者、中间商和产业用户。现代物流的客体是物资资料。其内容既包括有形物资资料，也包括依从物质载体的无形资料。

现代物流是实现价值的经济活动。使用价值是价值的物质承担者，生产过程创造的价值必须经过物流才能最终实现。现代物流是物质资料时间、空间、数量、质量的物理性运动。

（2）物流的功能

物流的功能如表 2-60 所示。

表 2-60　　　　　　物流的功能

序号	功能	说明
①	运输功能	运输是物流的核心业务之一，也是物流系统的一个重要功能。选择何种运输手段对于物流效率具有十分重要的意义，在决定运输手段时，必须权衡运输系统要求的运输服务和运输成本

序号	功能	说明
②	仓储功能	在物流系统中，仓储和运输是同样重要的构成因素。仓储功能包括了对进入物流系统的货物进行堆存、管理、保管、保养、维护等一系列活动
③	包装功能	为使物流过程中的货物完好地运送到用户手中，并满足用户和服务对象的要求，对大多数商品进行不同方式、不同程度的包装
④	装卸搬运功能	装卸搬运是随运输和保管而产生的必要物流活动，是对运输、保管、包装、流通加工等物流活动进行衔接的中间环节，以及在保管等活动中为进行检验、维护、保养所进行的装卸活动
⑤	流通加工功能	在物品从生产领域向消费领域流动的过程中，为了促进产品销售、维护产品质量和实现物流效率化，对物品进行加工处理，使物品发生物理或化学性变化的功能。可以弥补企业、物资部门、商业部门生产过程中加工程度的不足，更有效地满足用户的需求，是物流活动中的一项重要增值服务
⑥	配送功能	配送可采取物流中心集中库存、共同配货的形式，使用户或服务对象实现零库存，依靠物流中心的准时配送，而无需保持自己的库存或只需保持少量的保险储备，减少物流成本的投入
⑦	信息服务功能	信息服务功能包括进行与上述各项功能有关的计划、预测、动态（动量、收、发、存数）的情报及有关的费用情报、生产情报、市场情报活动。其作用表现在缩短从接受订货到发货的时间，库存适量化，提高搬运作业效率，提高运输效率等

（3）销售物流流程管理

销售物流管理流程主要有如表 2-61 所示的诸多业务。

表 2-61　　　　　　　　　　　　　　　销售物流管理流程主要业务

序号	业务	说明
①	订单处理作业	销售物流发挥其功能始于客户对销售部门的询价、销售部门报价，然后经过销售合同协商，接收订单，查询该商品的即时库存状况、装卸货能力、流通加工负荷、包装能力、配送负荷等，以最终设计出能满足客户需求的配送日期、配送安排等物流操作方案
②	事件协调	由于企业的销售物流作业最主要的目的是要按照客户的订单要求适时地配货与交货，所以物流作业应该统计企业各个时段的订货数量，根据科学的运筹方法，安排调货、分配出货程序和数量，制订客户订购的最小批量、订货方式或订购结账截止日等，并及时地根据企业的配送资源和运力情况采取措施，对无法按要求向客户交货的事件进行协调，适时地解决处理突发事件
③	发出提货单	企业的销售物流作业应依据销售部门所接受的订单合同来安排配送运力与配载计划，因此要求每周或每半周对商品数量需求进行统计，根据所需要数量向仓库部门或生产部门提出提货单，然后进行对商品进入物流配送中心仓库的入库进出管理，根据入库作业、入库月台调度，在商品入库当日，就将入库资料及数量输入数据库，并及时检验

续表

序号	业务	说明
④	入库作业	根据入库商品的出货即时的不同，入库作业一般分两种情形：对于商品入库后还需要等待有出库需求时再出货的，则入库工作人员应根据仓库管理系统制订的分区分类存放的安排，为商品分配一个指定的货位；而若为商品需要直接出库的，商品一到物流配送中心仓库，经过质检与量检后就直接安排配送作业并送至客户手中，那么入库工作人员则需要按照出货需求将商品配装好送至指定的出货码头或直接出库暂存区，以方便即将开始的商品的出货作业
⑤	库存管理	对于销售物流仓库的商品库存而言，因为它是为了物流配送作业的方便而产生的暂时性的仓储需要，所以与企业内卷储物流中的仓库来讲，快速周转的要求就更为迫切，这就对其库存管理作业提出了更高的管理要求
⑥	分拣作业	为了满足客户订单对不同种类、不同规格、不同数量商品的需求，企业的销售物流必须对配货、配载作业实时进行跟催，以有效地分拣货物，及时完成对客户订单的配货、配载工作。并及时根据补货量和补货时点要求，调度安排补货作业和相关工作人员，从而通过对补货、拣货作业的适时安排，加快企业销售物流作业的进度，保证销售物流流程的连续性，快速地完成对订单的响应
⑦	流通加工	在企业的销售物流流程中加流通加工，可以使企业获得物流运作利润以外的附加加工价值。在销售物流中可以根据企业客户对包装或内包装数量的要求，对商品进行分类、拆箱、重新组合，这些流通加工作业过程并不需要企业的销售物流工作做出多大的改变，但是利润是相当丰厚的，轻松地使企业获得一定的物流以外的附加价值
⑧	配送安排	配送作业包括商品装车并进行实际配送，为此，企业的配送部门必须事先做好配送区域的规划安排、选择最合理的配送路线，根据配送路线选择的先后次序来决定企业的商品装车顺序，并在商品配送途中进行商品跟踪、控制及配送途中的意外状况的处理
⑨	绩效管理	为确保企业的销售物流工作的持续有效，必须对物流的效率进行绩效管理，通过对各个工作人员或中层管理人员的考核评估，不断规范销售物流流程操作时的作业标准，才能保证销售物流的高效率和有效性

第四节　促销策略

促销就是营销者向消费者传递有关本企业及产品的各种信息，说服或吸引消费者购买其产品，以达到扩大销售量的目的。促销实质上是一种沟通活动，即营销者（信息提供者或发送者）发出作为刺激消费的各种信息，把信息传递到一个或更多的目标对象（即信息接受者，如听众、观众、读者、消费者或用户等），以影响其态度和行为。常用的促销手段有广告、人员推销、营业推广、公共关系及现代的网络营销。企业可根据实际情况及市场、产品等因素选择一种或多种促销手段的组合。

[导入案例]

蒙牛，是一个国人尽知的响当当的大型乳制品企业，也是中国诞生较迟乳制品市场竞争的角逐者。在成就蒙牛今日事业的过程中，一系列的营销策略功不可没。其中的促销策划更是处处充满新鲜和刺激，成为中国乳制品行业中最具有活力的企业之一。蒙牛的促销策略主要地体现在以下几个方面：巧用公关、抓住热点、制造轰动。中国第一次载人飞船神州五号成功发射并着陆的那一刻，许多人都注意到了，在央视的直播节目中，关于神州五号的贴片广告中，频频出现蒙牛牛奶的广告。要知道，神州五号承载了多少中国人遨游太空的梦想！紧接着就是蒙牛连篇不断的"中国宇航员指定饮用牛奶"的广告；而在各地的销售终端，悬挂有航天标志的POP广告更是把视觉冲击的影响力带到了顾客的面前；与此同时，启动了包括新产品试用和赠品助威的促销攻势；在电视、报纸、杂志、互联网、路牌等广告媒体上，关于蒙牛的各种积极的软、硬广告向各类顾客涌来，让零售商、经销商、顾客目不暇接。经过与"神州五号"的成功"联姻"，蒙牛，把自己推到了中国乳制品行业的最年轻、最有市场影响力的3大企业之一。

一、促销和促销组合

1. 促销的概念

促销或促进销售，是企业通过人员和非人员的方式，沟通企业与消费者之间信息，引发和刺激消费者需求，从而促使消费者购买的活动。

促销首先要通过一定的方法进行。促销方式一般来说包括两大类：人员促销和非人员促销。非人员促销具体又包括广告、公共关系和营业推广3个方面。促销方式的选择运用，是确定促销策略过程中需要认真考虑的重要问题。促销策略的实施，事实上也是各种促销方式的具体运作。

促销的实质是要达成企业与消费者买卖双方的信息沟通。企业作为商品的供应者或卖方，面对广泛的消费者，需要把有关企业自身及所生产的产品、劳务的信息传达给消费者，使他们充分了解企业及其产品、劳务的性能、特征、价格等，借以进行判断和选择。这种由卖方向买方的信息传递，是买方得以做出购买行为的基本前提。另一方面，作为买方的消费者，也把对企业及产品、劳务的认识和需求动向反馈到卖方，促使卖方根据市场需求进行生产。这种由买方向卖方的信息传递，是卖方得以适应市场需求的重要前提。可见，促销的实质是卖方与买方的信息沟通，这种沟通不是单向式沟通，而是一种由卖方到买方和由买方到卖方的不断循环的双向式沟通，如图2-3所示。

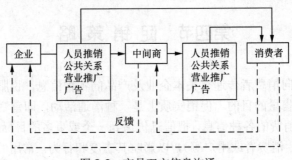

图2-3 交易双方信息沟通

促销的最终目的是引发和刺激消费者产生购买行为。通过运用各种促销手段，对本企业产品的有效宣传，刺激消费者的消费欲望，引发消费需求和购买动机，促成消费者的购买行为，实现产品和劳务的转移。

2. 促销的作用

　　在现代市场营销活动中，促销比之早期的商品推销有更为重要的作用。促销的作用主要体现在表 2-62 所示的几个方面。

表 2-62　　　　　　　　　　　　　　　　　促销的作用

序号	作用	说明
①	传递消息	产品进入市场或即将进入市场，企业通过促销手段及时向中间商和消费者提供情报，引起社会公众广泛的注意，吸引他们注意这些产品和劳务的存在。通过传递产品信息，把分散、众多的消费者与企业联系起来，便利消费者选择购买，成为现实的买主
②	唤起需求	在促销活动中向消费者介绍产品，不仅可以诱导需求，有时还可以创造需求。消费需求产生的原始动机，是由人类生存和发展的需要而引发的。随着经济发展和人民生活水平的提高，人们生存、发展需要的内容和范围也在不断扩展，从而形成不断发展的潜在需求。促销的重要作用就在于通过介绍新的产品，展示合乎潮流的消费模式，提供满足消费者生存和发展需要的承诺，从而唤起消费者的购买欲望，创造出新的消费需求
③	突出特点	在同一类商品市场上，一种商品基本上是满足消费者某一方面的需求，商品的基本功能大体上也是相同的。面对市场上琳琅满目的商品，消费者往往难以准确地识别商品的性能、效用。企业通过促销活动，可以显示自身产品的突出性能和特点，或者显示产品消费给顾客带来地满足程度，或者显示产品购买给顾客提供的附加价值等，都促使消费者加深对本企业产品的了解，从而增加购买
④	稳定销售	由于商品市场的激烈竞争，企业本身的产品销售可能起伏不定，企业的市场份额呈现不稳定状态，有时甚至可能出现较大幅度的滑坡。通过有效地实施促销活动，企业可以得到反馈的市场信息，及时做出相应的对策，加强促销的目的性，使更多的消费者对企业及产品由熟悉到偏爱，形成对本企业产品的惠顾动机，从而稳定产品销售，巩固企业的市场地位

3. 促销组合

　　促销组合是指企业有计划有目的地把人员推销、广告、公共关系、营业推广等促销形式进行适当配合和综合运用，形成一个完整的销售促进系统。促销组合是市场营销组合的第二个层次。促销方式分为人员推销、广告、公共关系及营业推广等，4 种方式或手段各有长处和短处，促销的侧重点在不同时期、不同商品上也有区别。因此，在实际指定策划过程中，就需要根据企业现实要求，对 4 种促销方式进行适当选择，综合编配，形成不同的促销组合策略。

　　确定促销组合策略，主要应考虑表 2-63 所示的几个因素。

表 2-63 确定促销组合策略应考虑的几个因素

序号	因素	说明
①	促销目标	促进销售的总目标，是通过向消费者的报道、诱导和提示，促进消费者产生购买动机，影响消费者的购买行为，实现产品由生产领域向消费领域的转移。但在总目标的前提下，在特定时期对特定产品，企业又有具体的促销目标。在进行促销组合时，要根据具体而明确的营销目标对不同的促销方式进行适当选择，组合使用，从而达到促销目标的要求
②	产品性质	不同性质的产品，消费者状况以及购买要求不同，因而采取的促销组合策略也不同。一般来说，具有广泛的消费者，价值比较小、技术难度也较小的消费品，促销组合中广告的成分要大一些；而有较集中的消费者，价值较大，技术难度也较大的工业品，运用人员推销方式的成分要大一些。公共关系、营业推广两种方式，在促销活动中对不同性质的产品的反应相对较均衡，应根据具体情况而定
③	产品生命周期	产品生命周期的不同阶段，企业促销的重点和目标不同，要相应制订不同的促销组合。介绍期重点是让消费者了解产品，所以主要采取广告方式，同时也可以通过人员推销诱导中间商采购。成长期和成熟期重点是增进消费者的兴趣、偏好，多采取不同形式的广告介绍商品特点、效用。衰退期重点是促成持续的信任和刺激购买，多做广告效果已不大，适宜多采取营业推广的方式增进购买
④	市场性质	市场地理范围、市场类型和潜在顾客的数量等因素，决定了不同的市场性质；不同的市场性质，又决定了不同的促销组合策略。一般来说，目标市场的空间大，属于消费品市场，潜在顾客数量较多，促销组合中广告的成分要大一些；反之，目标市场空间小，属于工业品市场，潜在顾客的数量有限，促销组合推销的成分则要大一些
⑤	促销预算	究竟以多少费用用于促销活动，不同的竞争格局，不同的企业和产品都有所不同。促销预算一般是采取按营业额确定一个比例的方法，有的也采取针对竞争者的做法来确定预算额度的办法。一般来说，竞争激烈的产品，如化妆品、口服液等，促销预算往往较大。不同的预算额度，从根本上决定了企业可选择的促销方式。例如，促销预算大，就可以选择电视广告等费用较大的促销方式。反之，则只可能选择费用较低的促销方式。总之，企业应根据自己的促销目标和其他因素，全面衡量主客观条件，从实际出发，采取经济而又有效的促销组合

4. 促销的基本策略

不同的促销策略组合，形成不同的促销策略。例如，以人员推销为主体的促销策略，以广告为主体的促销策略等。而在以某一种促销方式的促销组合中，又因其市场竞争、企业性质、产品特点、促销目标等诸多条件制约，组合的因素也有轻重缓急之分，进而形成特点各异、样式丰富的促销策略。但是，如果从促销活动运作的方向来区分，则所有这些促销策略都可以归结为两种基本的类型：推动策略和拉引策略，具体如表 2-64 所示。

表 2-64   促销的基本策略

策略	概念	适用情况
推动策略	推动策略是通过人员推销方式为主的促销组合，把商品推向市场的促销策略。推动策略的目的，在于说服中间商和消费者，使他们接受企业的产品，从而让商品一层一层地渗透到分销渠道中，最终抵达消费者	一般来说，在下列情况下，应以推动策略为主 • 企业规模小或无足够的资金推行完善的广告计划 • 市场比较集中，渠道短，销售力量强 • 产品单位价值高，如特殊品、选购品 • 企业与经销商、消费者的关系亟待改善 • 产品性能及使用方法需作示范 • 需要经常维修或需退换
拉引策略	拉引策略是通过以广告方式为主的促销组合，把消费者吸引到企业特定的产品上来的促销策略。拉引策略的目的，在于引起消费者的消费欲望，激发购买动机，从而增加分销渠道的压力，进而使消费需求和购买指向一层一层地传递到企业	在下列情况，适宜以拉引策略为主 • 产品的市场很大，多属便利品 • 产品的信息须以最快速度告诉消费者 • 对产品的原始需求已显示有利趋向，市场需求日渐升高 • 产品具有差异化的机会，富有特色 • 产品具有隐藏性质，须告知消费者 • 产品能够激起情感性购买动机。经过展示报道的刺激，顾客会迅速采取购买行为 • 企业拥有充足的资金，有力量支持广告活动计划

推动策略和拉引策略都包含了企业与消费者双方的能动作用。但前者的重心在推动，着重强调企业的能动性，表明消费需求是可以通过企业的积极促销而被激发和创造的；而后者的重心在拉引，着重强调消费者的能动性，表明消费需求是决定生产的基本原因。企业经营过程中要根据客观实际的需要，综合运用上述两种基本的促销策略，才能取得事半功倍的效果。

二、人员推销

1. 人员推销的特点

人员推销是指通过推销人员深入中间商或消费者进行直接的宣传介绍活动，使其采取购买行为的促销方式。

人员推销是人类最古老的促销手段，最大特点是具有直接性，这决定了实施过程中既具有优于非人员推销的一面，也有劣于非人员推销的一面。人员推销的优点主要表现在表 2-65 所示的几个方面。

表 2-65   人员推销的特点

序号	功能	说明
①	作业弹性大	推销人员与顾客保持直接联系，在促销过程中可以直接展示商品，进行操作表演，帮助安装调试，并且根据顾客反映出来的欲望、需求、动机和行为，灵活地采取必要的协调措施，对顾客表现出来的疑虑和问题，也可以及时进行讨论和解答。此外，推销人员在促销的同时，尚可兼做许多相关性的工作，如服务、调研、情报搜集等

序号	功能	说明
②	针对性强	采取广告方式等非人员推销手段，面对的是广泛的社会公众，他们可能是也可能不是该产品的顾客。而人员推销在作业之前往往要事先对顾客进行调查研究，选择潜在顾客，直接针对潜在顾客进行促销活动。针对性强可以减少浪费，促销绩效也比较明显
③	及时促成购买	人员推销的直接性，大大缩短了从促销活动到采购购买行为之间的时间间隔。采取广告促销方式，顾客有一个接受、思考、比较、认定以及到店购买的时段，而人员推销活动，则可以使顾客的种种问题迎刃而解，在推销人员面对面的讲解、说服帮助下，可以促进顾客立即采取购买行为
④	巩固关系	推销人员在与顾客长期反复的交往过程中，往往培养出亲切友好的关系。一方面，推销人员在帮助顾客选择称心如意的商品，解决产品使用过程中的种种问题，是顾客对销售人员产生亲切感和信任感；另一方面，顾客对推销人员的良好行为予以肯定和信任，也会积极宣传企业的产品，帮助销售人员扩展业务，从而形成长期稳定的关系

人员推销最主要的缺点：当市场人员广阔而又分散时，推销成本较高；同时，推销人员的管理也比较困难；此外，理想的推销人员也非易得。

2. 推销队伍设计

推销人员是企业与消费者之间的纽带。一方面，推销人员代表着企业，是企业的代表，因此对推销人员一种流行的称谓是销售代表；另一方面，推销人员或销售代表又从消费者那里带回市场需求的有关信息。因此，企业应认真研究销售队伍的设计问题，确定销售队伍的目标、结构、规模和报酬方式。

（1）推销人员的职责

推销人员的主要职责如表 2-66 所示。

表 2-66　　　　　　　　　　　　　推销人员的主要职责

序号	职责	说明
①	探寻	不仅了解和熟悉现有顾客的需求动向，而且尽力寻找新的目标市场，发现潜在顾客，从事市场开拓工作
②	沟通	与现实的和潜在的顾客保持联系，及时把企业的产品介绍给顾客，同时注意了解他们的需求，沟通产销信息
③	销售	通过与消费者的直接接触，运用推销的艺术，分析解答顾客的疑惑，达成交易的目的
④	服务	除了直接的销售业务，推销人员尚需提供各类服务，诸如业务咨询、技术性协助、融资安排、准时交货
⑤	调研	推销人员可以利用直接接触市场和消费者的便利，进行市场调研和情报工作，并且将访问的情况做出报告，为开拓市场和有效推销提供依据

续表

序号	职责	说明
⑥	分配	在产品稀缺时,将稀缺产品分配给最急需的顾客并指导其合理利用资源
⑦	联系	建立和维护积极有益的关系。关系营销理论和实践都已经证实:推销人员必须重视发展与顾客的关系。关系营销理论认为,推销人员在推销活动中,如果能够善于建立与顾客的关系,将会对推销效率产生积极的影响

（2）推销队伍的结构

随着市场经济日益发展,市场状况复杂多变,需要把推销队伍的结构问题纳入企业销售战略的高度来认真研究。推销队伍的结构主要有表 2-67 所示的几种设计方法。

表 2-67　　　　　　　　　　　　　　推销队伍的结构

序号	职责	说明
①	地区式结构	地区式结构即按区域设置销售代表。几个销售代表或销售小组负责一个区域的商品销售。这种结构的好处:推销人员的责任明确;促进推销人员与当地客户的联系;因推销人员固定在一个区域而减少费用开支
②	产品式结构	产品式结构即按产品设置销售代表。随着产品技术日益复杂、产品种类的增加以及产品间关联度的下降,推销人员要掌握全部产品的知识日益困难,按产品专门化组成销售队伍就有利于推销人员熟悉产品性能,有效组织销售
③	市场式结构	市场式结构即按顾客的特点设置销售代表。企业可针对不同行业设置销售代表,便于推销人员长期了解该行业的需求特点;企业也可针对客户规模设置销售代表,便于对大客户和小客户分别促销。市场式结构的好处在于每个推销人员对特定客户的需求可进行深入了解;市场式结构缺点是,如果各类顾客较为分散,则销售人员的费用开支较大
④	复合式结构	复合式结构即将地区、产品、市场几种结构混合起来设置销售代表。这一类结构可以按地区—产品、地区—顾客、产品—客户进行分工,也可按地区—产品—客户进行分工。复合式结构适应于复杂多变的市场情况,增强了企业营销能力,但由于形式复杂,也给管理带来一定的难度

（3）推销队伍的规模

推销队伍是企业最具生产力也是最昂贵的资产之一。一方面,企业的产品最终是由推销人员销售出去的,高质量的推销队伍为企业创造巨大的财富;另一方面,推销人员人数的增加又会使企业的成本增加。因此,需要将推销队伍的规模确定在适当的水平。

企业通常采用工作量法来确定销售队伍的规模。这个方法主要包括 5 个步骤:一是将顾客按年销售量分成大小类别;二是确定每类顾客所需的访问次数;三是各类顾客所需的访问次数即是整个地区的访问工作量,即每年的销售访问次数;四是确定一个销售代表每年可进行的平均访问次数;五是将总的年访问次数除以每个销售代表的平均访问次数即得所需的销售代表数。

（4）推销人员的报酬

为了吸引高素质的销售代表,企业应拟定一个具有吸引力的报酬计划。销售代表的报酬水平,一般应以同类销售工作和所需能力的"当前市场价格"为依据。销售代表的报酬一般采取表 2-68 所示的 3 种方式。

表 2-68   推销人员的报酬方式

序号	方式	说明
①	纯薪金制	推销人员获得固定的薪金，开展业务所需的费用由企业支付。这种方式的优点是给推销人员很高的安全感，易于管理；缺点是缺少激励，难以激发推销人员的进取心
②	纯佣金制	推销人员的报酬完全与其销售额或利润挂钩。在纯佣金制中，推销人员的各项费用开支，已计入所获的报酬中，费用开支大小完全由销售人员自己负责。纯佣金制的优点是给推销人员巨大的激励，鼓励推销人员尽量努力工作，缺点是推销人员缺乏安全感，不愿意做推销工作以外其他工作
③	薪金佣金混合制	企业把推销人员的报酬分成两大部分：一部分是相对固定的薪金，另一部分是佣金。这种方式既力求保留薪金制和佣金制的优点，又尽量避免各自的缺点。薪金与佣金的比例要根据企业的实际情况确定

推销人员除了金钱报酬，还拥有精神报酬。这种报酬来自于推销成功所带来的成就感和受到顾主的重视。因此，企业对推销人员的报酬构成中，应该考虑对他们的精神报酬的提供。

三、广告

1. 广告的概念

广告具有悠久的历史。自从人类社会出现商品交换和市场以来，就产生了广告。商品生产初期，社会分工使剩余产品进一步增加，交易日益增多，生产者和中间商为了广为招徕，就已开始利用一些比较原始的手段进行促销活动，广告便应运而生，如街头叫卖、悬挂招牌等。随着商品经济和科学技术的发展，广告形式也日益丰富。15 世纪中叶，美国第一位印刷家威廉·凯克斯顿引出第一张文学广告。1662 年，英国《每日新闻》开始刊登报纸广告。1882 年，哈默在伦敦安装了第一个灯光广告。20 世纪 20 年代出现了广播广告，20 世纪 40 年代出现了电视广告。

广告的定义随着时代的发展而变迁。早期人们通常把凡是以说服方式（包括口头方式和文字、图画等）、有助于商品和劳务销售的公开宣传，都称为广告。这是所谓广义的广告。随着时代的发展，人们逐步把广告的概念进一步界定，形成狭义的广告，或营销活动中的广告。

在营销活动中，广告是指由特定的广告主，有偿使用一定的媒体，传播商品和劳务信息给目标顾客的促销行为。这个概念包含了表 2-69 所示的含义。

表 2-69   广告的含义

序号	含义	说明
①	广告应有特定的广告主并由其付给一定的代价	市场营销活动中所指广告需要有特定的广告主，并为其所作的广告付费。这是广告与其他宣传形式的根本区别。企业为了扩大其知名度，推广其产品，都需要利用一定的大众传播媒介，如果由传媒本身组织的宣传报道，则无需付费；而由企业组织的宣传，则要向传媒付费
②	广告是市场经济活动的一种传播手段	广告本身不是一个独立的实体，广告是市场营销活动的组成部分，它的真正目标是为增加销售做有效传播。因而广告的最后效果在于修正消费者的态度和行为

续表

序号	含义	说明
③	广告以非人员方式有计划地进行促销活动	广告活动必须通过一定的媒体，并且要为之支付费用，它是一种系列活动，包括计划、准备和通过大众传播媒体做信息的传递
④	商品广告的范围主要包括商品与劳务两大部分	商品与劳务构成市场经济活动的物质基础，广告活动与市场经济紧密结合。通过广告活动，能唤起有关商品与劳务的需求，诱导和促进购买动机的产生。广告有时以树立产品和劳务的观念为目标，最终仍然是为了销售商品与劳务

2. 广告的作用

市场经济条件下，无数生产者、中间商和消费者构成了错综复杂的经济联系。他们之间的联系，首先是进行信息沟通。通过传播商品信息，才能激起消费者的购买欲望，引起中间商和消费者的购买行为。如果这种信息传播单靠由生产者向中间商推销，中间商再向消费者推销的方式，则不仅信息传递速度较慢，传递范围也有限，并且整个沟通、传递过程的费用也将是极为庞大的。广告作为促销的一种重要形式，对于迅速、广泛地传播信息，沟通产销联系发挥了重要的作用。相对来说，利用广告传播信息，使整个产销联系的费用大为节省。从市场经济总体运行上看，广告节约了社会交易费用，是市场活动中必不可少的促销手段。

我国经济改革的市场取向，决定了广告在国民经济中的重要作用。广告是社会生产总过程的润滑剂，它有利于开展竞争，促进生产，指导消费，活跃经济，方便人民生活，加速商品流通，扩大对外交流。在市场营销活动中，广告的功能主要包括表 2-70 所示的几个方面。

表 2-70　　　　　　　　　　　　　　　广告的功能

序号	功能	说明
①	认识的功能	多种广告媒体传播面广而及时，深入到社会各个角落，传递到千家万户。对某些商品购买的决策人，人员推销反而不易接近，唯有广告才能迅速缩短距离，减少隔阂。广告可为企业敲开广大消费者之门，使他们对企业、产品、品牌、商标等有所认识。通过广告的介绍可帮助消费者认识新产品的质量、性能、用途、保养使用方法和购买地点、手续以及各种售后服务情况
②	心理的功能	广告可使消费者对企业和产品具有良好的印象，诱发消费者的感情，引起购买的欲望，促进消费者采取购买行为。成功的广告活动，可以吸引顾客对企业和产品的偏爱，增加习惯型购买，防止销路萎缩，延长产品生命周期。在大多数情况下，利用广告来扩大销路比削价的办法更为有效。削价不仅易遭到竞争者的报复，而且引起消费者对产品的不信任感。生产者的广告活动，还可以增强中间商对产品的信心，密切工商关系
③	美学的功能	广告也是一种艺术，好的广告能给人以美的享受，能使店容店貌更加宜人，能美化市容环境。广告设计能选择令人感兴趣的题材，进行艺术加工，形成形式与内容的统一，引人入胜
④	教育的功能	广告题材十分广泛，它不仅来自商品本身，而且可选择与人们身心健康有关的题材，与儿童成长有关的题材，与社交活动有关的题材，有助于人们发愤进取的题材等，从而起到帮助消费者树立新的道德观、人生观和良好道德风尚的作用

3. 广告策略

（1）广告目标的确定

决定广告策略，首先要考虑的因素使广告欲达成的目标。依据对增加销售和利润的重要程度，广告目标可以有表 2-71 所示的 4 种。

表 2-71　　　　　　　　　　　　　　　广告目标

序号	目标	说明
①	显现	目标在于透过广告把商标、企业名称传送给社会，要让大家知道这家企业的存在，当推销人员去拜访时，脑子里已有印象
②	认识	企业在目标顾客已看到或听到其广告后，进一步要通过广告让顾客充分认识企业和产品，记住产品的性能、品质、特点
③	态度	目的在于增进目标顾客对企业和产品的喜爱程度，希望通过广告改变人们的态度和思考方式，更倾向于本企业的产品
④	销售	一切广告的最终目标都在于增加销售，但是广告本身很可能并不会达成某一交易。以销售为目标的广告，重点是宣传现在就买的理由

由于广告目标的差别，可将广告分为两种类型：企业广告，目的在于提高企业的名望，属于商誉广告，可间接加强产品的推广；产品广告，目的在于提供产品信息，增进商品销售。产品广告又分为：开拓性广告和竞争性广告，前者的目的在于唤起初级需求，适用于产品初期推广阶段；后者的目的在于唤起选择性需求，适用于市场成长阶段及成熟阶段。

企业究竟选择什么样的广告目标，需要具体分析以下一些重要因素：一是企业的市场发展总策略，广告目标必须与之相协调；二是产品的市场生命周期，处于不同阶段的产品，广告目标也必然不同；三是消费者特征及所处的行为程序阶段。

消费者对不同的产品有不同的购买特点，在购买过程中也有不同阶段的行为特征，广告必然要针对具体的情况和要求选择相应的目标。

（2）广告预算的安排

广告预算从财务上决定了企业广告宣传的规模和进程。广告预算大，企业可以从事许多种类的广告，也可选择一些花费高昂的广告，反之则只可能进行有限地选择。

影响广告预算的因素主要有：产品新颖程度、产品差别的可能性、产品竞争能力、目标市场的大小、竞争对手的强弱等。当然，最根本的是企业自身的实力如何。企业的实力雄厚，财务状况良好，预算的额度就可能大一些。

广告预算的主要方法如表 2-72 所示。

表 2-72　　　　　　　　　　　　　　广告预算的主要方法

序号	方法	说明
①	倾力投掷法	在企业实力雄厚的情况下，广告预算采取广告费用能支付多少，就定多少的办法。这种方法的优点在于有利于大力宣传企业的产品，易于迅速扩大知名度。缺点是广告费用的支出不一定符合市场开发的需要，可能出现浪费

续表

序号	方法	说明
②	销售百分比法	按销售额的一定百分比确定预算。其中，因销售额的选择不同，如可选上年的销售额，本年计划的销售额，以及前几年平均的销售额等，可能有不同的销售百分比。这种方法的优点是广告费与销售额挂钩，使企业的每一笔广告费支出都与企业盈亏息息相关。缺点是倒果为因，把销售额的变动作为广告费变动的原因而不是结果，由于不区分市场情况，常依过去的经验采取同一百分比，缺乏机动性
③	竞争对等法	以竞争对手的广告支出作为参照来确定企业的广告预算。其基本假定是竞争对手的支出行为在本行业中有一定的代表性，同时本企业有能力赶上竞争对手的广告努力。这种方法的优点是有利于企业竞争，缺点是竞争对手的广告费用不易确定，并且很多方面难于模仿
④	目标任务法	在确定广告预算时主要考虑企业广告所要达到的目标。首先尽可能地明确广告的目标；其次确定这些目标所要从事的工作；最后估计每项工作所需的成本，各项成本相加即广告预算。这种方法的优点是逻辑上合理，使企业的特定目标与广告努力联系起来。缺点是广告目标不易确定，预算也就不易控制

（3）广告媒体的选择

广告所发出的各种信息，必须通过或负载到一定的媒介载体上才能传达到消费者。广告媒体是在广告主与广告接受者之间起媒介作用的物体。广告所运用的媒体，有报纸、杂志、广播、电视、电影、幻灯片、户外张贴、广告牌、霓虹灯、样本、传单、书刊和包装纸等，其中最常用的四大媒体是报纸、杂志、广播、电视。同时，作为一种新兴的广告媒体的网络广告，在营销传播中，正扮演着越来越重要的角色。由于不同的广告媒体有不同的特点，起不同的作用，各有其优缺点，在广告活动中应根据实际情况择善而行。

就五大媒体来说，其优缺点主要表现为表 2-73 所示的几个方面。

表 2-73　　　　　　　　　　　　五大媒体的优缺点比较

序号	媒体形式	优点	缺点
①	报纸广告	读者的广泛性；有较大的伸缩性，可选择某类报纸，且可精读和泛读；有较高的可信性	不易保存；不易从造型、音响方面创新；各报费用差异大
②	杂志广告	针对性强；有较长的时效性，可以反复阅读、过期阅读；比之报纸在色彩、造型方面有创新的良好条件	因专业性强，传播范围有限
③	广播广告	传播速度快；传播范围广；费用较之电视等广告便宜	较难保存；听众过于分散；相对于电视来说创新形式有所限制，只闻其声，不见其形
④	电视广告	具有直观性，有听觉、视觉的综合效果；具有传播的广泛性，深入千家万户；具有趣味性	针对性不强；竞争者较多；价格昂贵

续表

序号	媒体形式	优点	缺点
⑤	网络广告	这种广告媒体和传统的上述四大媒体相比，有着巨大的优势，包括针对性强、费用相对低廉以及多感官刺激和双向互动等特征	可能引起浏览者的不满

根据各种媒体客观上存在的优缺点，在选择时应着重考虑表 2-74 所示的诸多因素。

表 2-74　　　　　　　　　　选择广告媒体形式的考虑因素

序号	因素	说明
①	产品的性质	工业品和消费品，高技术性能产品和一般性产品，应分别选用不同的媒体。如服装广告，重要的是显示其式样、颜色，最好在电视和杂志上用彩色画面做广告，可以增加美感和吸引力；高技术性能的机械电子产品，则宜用样品做广告，可详细说明其性能
②	消费者媒体习性	不同媒体可将广告传播到不同的市场，而不同的消费者对杂志、报纸、广播、电视等媒体有不同阅读、视听习惯和偏好。广告媒体的选择要适应消费者的这些习惯和偏好才能成功。如妇女用品广告，刊登在妇女杂志上较好；学龄前儿童广告，最好的媒体是电视
③	媒体的流通性	不同的媒体传播的范围有大有小，能接近的人口有多有少。市场的地理范围关系到媒体的选择。目标市场面向全国的产品，宜在全国性报刊杂志和广播、电视上做广告；局部地区销售的产品，则可选用地方性的广告媒体
④	媒体的影响力	报刊杂志的发行量，广播电视的收听、收视率、互联网广告的点击率，是媒体影响力标志。媒体的影响深入到市场的每一个角落，但越出目标市场则浪费发行；需要一定频率才能加深消费者印象的，消费者接触少就不易收效；需要把握季节性宣传的，不能及时刊登就会丧失机会
⑤	媒体的成本	广告活动应考虑企业的经济负担能力，力求在一定预算条件下，达成一定的触及、频率、冲击与持续

（4）广告的步骤与方法

为使广告活动取得预期效果，除认真研究各种主客观因素、选择广告媒体、拟定广告预算外，还必须精心设计和制作广告。好的广告必须先有好的广告稿本。创作良好的广告稿本应遵照表 2-75 所示的 4 个步骤。

表 2-75　　　　　　　　　　创造广告稿本的步骤与方法

序号	步骤	方法
①	引起注意	增强刺激。在其他因素不变的情况下，注意力与刺激的强弱成正比。艳丽的色彩、曲调悠扬的音乐等因素都能加强刺激
		扩大地位。将广告置于显著的位置，或将广告的重点置于展示的中心，会达到引人注目的效果
		加强对比。通过大小、轻重、浓淡、动静、强弱等方面的强烈对比，也能引起注意
		突出目标。在广告内容、构图上力求中心突出，才能引起注意。否则，内容过于庞杂零乱，使人不知所云

续表

序号	步骤	方法
②	把握兴趣	在引起注意的基础上，要进一步诱发顾客兴趣。强调产品利益，可以引起顾客的关注和好奇心，这是把握兴趣的关键。此外，由于消费者的文化、职业、年龄的不同，兴趣各异，应针对具体情况，从广告语言、气氛、造型等方面适应消费者的不同需要
③	形成愿望	在拟定广告稿本时，应运用心理学或社会学的技巧，以理智和情感，触动消费者对某一产品产生需求，诱发其购买动机
④	诱导行为	必须使消费者深信企业的产品确实可满足其个人需求，并使其态度倾向于广告提示。由于消费者需求不同，故应区分异质产品，区分潜在市场，并分别做提示，建立商标印象，促进诱导工作的完成

（5）广告效果的测定

广告应讲求经济效果。要提高广告宣传的经济效果，首先应对广告效果进行测定和分析，找出广告活动中的问题所在，改进广告设计及制作，避免有形损失和无形损失，发现提高广告效果的方法。广告本身效果是以广告的收视率、收听率、产品知名度等间接促进销售的因素为根据的。广告本身效果的测定，主要包括表 2-76 所示的项目。

表 2-76　　　　　　　　　　　　广告本身效果的测定项目

序号	因素	说明
①	注意度测定	所谓注意度测定，是指对各种媒体广告的读者率、收听率、收视率的测定
②	记忆度测定	记忆度测定指对广告重点内容的记忆，如企业名称、商品名称、商标、商品性能等，其中主要是知名度的测定。目的是了解消费者对广告印象的深刻程度
③	理解度测定	理解度测定指消费者对广告所表达的内容和信息的理解程度的测定。测定理解度，对改进广告创作技术有重要参考价值
④	购买动机形成测定	购买动机形成测定目的是测定广告对顾客的购买动机形成究竟起多大作用

广告自身效果测定的方法，可采取市场调查、实验以及专家评价等形式。当然，仅有上述广告的经济效果测定还不够。广告所传播的范围广，对社会影响大，因此，广告也要注意对社会的影响，其效果测定也应包括社会效应的内容。

广告的社会效应如何，主要是看它是否对社会负责，具有社会责任感。广告的社会责任包括表 2-77 所示的几个方面内容。

表 2-77　　　　　　　　　　　　广告的社会责任

序号	内容	说明
①	实事求是	广告的生命在于真实，切不可做欺骗性宣传
②	不可诽谤	广告要受法律责任的约束
③	造福社会	从社会道德观念出发，以增进社会福利为准则
④	团结人民	广告要尊重各民族人民的风俗习惯，加强各民族人民的团结
⑤	遵纪守法	遵守国家政策法令

四、营业推广

1. 营业推广的概念

营业推广是指为刺激需求而采取的能够迅速激励购买行为的促销方式。与其他促销方式不同，营业推广多用于一定时期、一定任务的短期特别推销。一般来说，人员推销、公共关系、广告等促销方式都带有持续性和常规性，而营业推广则常常是上述促销方式的一种辅助手段，用于特定时期、特定商品的销售。

营业推广主要是一种战术性的营销手段，而非战略性的营销手段。作为一种短期的促销方式，营业推广一般具有两个相互矛盾的特征，如表2-78所示。

表 2-78　　　　　　　　　　　营业推广的特征

序号	特征	说明
①	强烈呈现	营业推广的许多方法往往把销售的产品在消费者的选择机遇前强烈地呈现出来,似乎告诉消费者这是一次永不再来的机会,购买该产品可以带来额外的好处。通过这种强烈的刺激,迅速消除顾客疑虑、观望的心理,打破顾客的购买惰性,使其迅速购买
②	产品贬低	由于营业推广的很多方法都呈现强烈的吸引氛围,有些做法难免显出企业急于出售产品的意图,如果使用不当,就可能使消费者怀疑产品的品质,产生逆反心理

营业推广这种刺激迅速购买的方式，暗含了一个基本的假设前提：消费者的购买欲望，是可以通过强烈刺激而释放或提前释放的。因此，企业在以其他方式促销的同时，短期内需要给予消费者一剂"兴奋剂"来消除其惰性，增加商品购买。当然，这种方式的副作用就是可能造成产品贬低，因而要适可而止，因地因商品适度开展。

2. 营业推广的类型

根据市场和产品等不同特点，营业推广的手法多种多样，归结起来，主要有3种方式或类型，如表2-79所示。

表 2-79　　　　　　　　　　　营业推广的类型

序号	类型	说明
①	针对消费者的推广	通过对消费者的强烈刺激,使其迅速采取购买行为
②	针对中间商的推广	通过刺激中间商,促使中间商迅速采取购买行为
③	针对推销人员的推广	针对本企业推销人员展开的推广,目的是鼓励推销人员积极开展推销活动,导致更大的销售量

3. 营业推广的作用

近十余年来，营业推广在促销组合中的作用日益加强，营业推广的费用在企业促销费用支出中的比例越来越大，已远远超过广告费用支出。企业之所以对营业推广倍加青睐，是因为在日益剧烈的市场竞争中，营业推广发挥着独特的作用，具体如表2-80所示。

表 2-80　营业推广的作用

序号	作用	说明
①	加速新产品市场导入的进程	当消费者对刚进入市场的新产品还不够了解，不能做出积极的购买决策时，通过有效的营业推广措施，如免费试用、折扣优惠等，可以在较短时期迅速让消费者了解新产品，促进消费者接受产品，从而加速市场导入的进程
②	强化消费者重复购买的行为	消费者对某一产品的首次购买，并不一定保证其再购。但是，通过销售积分奖励、赠送购物券等多种推广形式的运用，则可以在很大程度上吸引消费者重复购买，进而养成对该产品的购买习惯
③	刺激消费者迅速购买	通过运用价格优惠，附赠品等多种方式，形成强烈的利益诱导，可以在短期内刺激消费者的购买欲望，加速消费者的购买决策，从而在短期内迅速扩大企业的销售额
④	抵御竞争者的促销活动	当竞争对手大规模展开促销活动时，可以针对性地选择营业推广的手段，抵御和反击竞争者促销行为，保持顾客忠诚度，维持本企业的市场份额

必须明确，由于营业推广只是一种战术性的营销手段，它的运用只起到一种即时激励的作用，一般难以建立品牌忠诚，也难以在销售大幅度下滑中发挥起死回生的作用。

4. 营业推广的方法

营业推广的方法五花八门、数不胜数，但围绕着对消费者进行短期利益诱导这个基本点，可以对各种各样的方法进行分门别类的整理，形成几大系列，以利于有效利用并加以不断创新，具体如表 2-81 所示。

表 2-81　营业推广的方法

序号	策略	概念	方法
①	免费赠送	免费赠送是使消费者免费获得企业赠送的物品或利益的推广方法。采用这一类方法，对消费者的刺激度和吸引力最大。免费赠送主要包括：样品、附赠品、赠品印花	免费样品是将产品免费赠送给预期消费者试用和消费的促销方式。免费样品的促销方式消除顾客接受时的种种障碍，激发消费者的购买欲望
			附赠品是消费者在购买时获赠本产品或其他物品的促销方式。免费赠品可以采用加送本单位的本产品以及在原价基础上加大包装量的方式，也可以采用附赠本企业其他产品的方式。免费赠品对于强化顾客购买欲望、新产品导入和市场开拓都有积极的作用
			赠品印花是通过消费者收集赠券、标签、购买凭证等印花获赠有关物品的促销方式。采用赠品印花的方式可以促使消费者持续购买，培养顾客的忠诚度

续表

序号	策略	概念	方法
②	折扣优惠	折扣优惠是企业对消费者折扣让利的促销方法。通过折扣优惠，使消费者在购买过程中以较少的价格获得更多的产品和利益。折扣优惠的方法主要包括：折价券、折扣、自助获赠、还款优惠、合作广告	折价券是向潜在顾客发送小面额有价证券，持券人凭券购买商品时享受优惠的促销方式
			折扣是通过调低商品销售给消费者的价格的促销方式。自助获赠是指顾客将购买某种商品的凭证附上少量的货币换取赠品的促销方式
			还款优惠是指顾客通过提供购买商品的凭证以获取购物的全款或部分款项的促销方式
			合作广告是制造商为强化伙伴关系与经销商合作开展广告宣传活动的促销方式。通常制造商提供给经销商的优惠是：提供详细的产品技术宣传资料、协助零售商进行店面设计、合作进行广告活动等
③	促销竞赛	促销竞赛是利用人们的竞争心理，通过组织相关的竞赛活动以达成促销目的的促销方式。促销竞赛包括：消费者竞赛、经销商竞赛、销售人员竞赛	消费者竞赛是通过组织消费者参与多种形式的竞赛活动，强化产品的顾客扩展，以达到促销的目的
			经销商竞赛一方面可以激发经销商的合作兴趣，加大进货和分销力度，另一方面可以密切制造商与经销商的关系，加强彼此的协作
			销售人员的竞赛有利于提高销售人员个人或团队的销售量，同时也有利于销售人员之间的互相学习和共同提高
④	组合推广	组合推广是通过一些综合性的手段，进行商品促销的方式。它主要包括：示范推介、财务激励、联合促销、连锁促销、会员制促销	示范推介是通过对产品的操作示范或组织产品推介活动等形式来进行促销
			财务激励是通过消费信贷方式开展的促销活动
			联合促销是两个以上的厂商共同开展的促销活动，如航空业与旅游业的联合促销活动
			连锁促销是通过连锁方式进行的促销活动，比之单个企业的促销活动，显然具有整体促销的效益
			会员制促销是通过会员制或俱乐部的方式，对会员在一定时期进行折扣促销，这有助于吸引顾客入会以享受长时期的优惠

五、公共关系

1. 公共关系的概念

公共关系是指一个组织为改善与社会公众的联系状况，增进公众对组织的认识、理解与支持，树立良好的组织形象而进行的一系列活动。企业公共关系作为一种特殊的促销形式，包含了更为具体的内容。具体如表 2-82 所示。

表 2-82　　　　　　　　　　　　　　　　公共关系的含义

序号	含义	说明
①	企业公共关系是指企业与其相关的社会公众的相互关系	这些社会公众主要包括：供应商、中间商、消费者、竞争者、信贷机构、保险机构、政府部门、新闻传媒等。企业不是孤立的经济组织，而是相互联系的"社会大家庭"中的一分子，每时每刻都与其相关的社会公众发生着频繁广泛的经济联系和社会联系。所谓企业公共关系，就是指要同这些社会公众建立良好的关系
②	企业形象是企业公共关系的核心	企业公共关系的一切措施，都是围绕着建立良好的企业形象来进行的。企业形象一般是指社会公众对企业的综合评价，表明企业在社会公众心目中的印象和价值。在激烈的市场竞争中，一旦企业建立了良好的形象，就拥有不凡的商誉，供应商愿意提供货源，甚至同意赊欠；中间商和消费者愿意购买产品；信贷机构愿意提供贷款；企业也容易寻求合作伙伴，开拓市场，从而使企业在竞争中占据有利地位。反之，一旦企业在社会公众中造成恶劣印象，则可能逐步被市场淘汰
③	企业公共关系的最终目的，是促进商品销售，提高市场竞争力	表面上看，企业公共关系仅仅是为了建立良好的形象，同其他促销方式相比，企业公共关系的促销性似乎并不存在。但从本质上看，企业作为社会经济生活基本的经济组织形式，营利性是它的基本准则。公共关系的最终目的，无疑仍然是促进商品销售。正因为如此，公共关系才成为促销的一个重要方式，只不过它是一种隐性的促销方式。通过企业公共关系达成促销的目的，首先经历了一个树立企业形象的环节，经由良好的企业形象，企业首先推销了自身，从而促进自身产品的销售

2. 公共关系的原则

围绕树立良好的企业形象，开展公共关系活动必须遵循两条基本原则，如表 2-83 所示。

表 2-83　　　　　　　　　　　　　　　　公共关系的原则

序号	原则	说明
①	以诚取信的真实性	每一个企业都企盼获得良好的形象，然而良好的形象需要企业本着诚实的态度向社会公众介绍自身的客观情况，借以获得社会公众的信任才能建立。以诚实对公众，最终也将得到公众信任的回报。如果凭一时的妄自吹嘘来树立企业的形象，最终必然为公众所唾弃，陷入画虎不成反类犬的被动局面，失去公众的信任和支持，企业终将难有大成
②	利益协调的一致性	企业生存发展依赖于社会，既为社会公众提供消费品，同时也依靠社会公众提供原料、贷款等。企业与社会公众互相依存，两者的利益根本上应该是一致的。因此，开展公关活动，也应本着两者利益协调一致的原则，把社会公众的利益同企业利益结合起来，通过为社会作出贡献来赢得公众，建立良好的企业形象

3. 公共关系的实施步骤

公关关系的主要职能是信息采集、传播沟通、咨询建议、协调引导。作为一个完整的工作过程，应包括 4 个相互衔接的步骤，具体如表 2-84 所示。

表 2-84 公共关系的实施步骤

序号	步骤	说明
①	调查研究	调查研究是做好公共关系工作的基础。企业公共关系工作要做到有的放矢，应先了解与企业及其所实施的政策有关的公众的意见和反映。公共关系要把企业领导层的意图告知公众，也要把公众的意见和要求反映到领导层。因此，公关部门必须收集整理提供信息交流所必需的各种材料
②	确定目标	在调查分析的基础上明确了问题的重要性和紧迫性，进而根据企业的总目标的要求和各方面的情况，确定具体的公共关系目标。一般来说，企业的公共关系的直接目标是：促成企业与公众的相互理解，影响和改变公众的态度和行为，建立良好的企业形象。公关工作是围绕着信息的提供和分享展开的，因而具体的公关目标又分为：传播信息、转变态度、唤起需求。企业不同时期的公关目标，应综合公众对企业理解、信赖的实际状况，分别确定以传递公众急切想了解的情况，改变公众的态度，或是以唤起需求，引起购买行为为重点
③	交流信息	公关工作即是以有说服力的传播去影响公众，因而公关工作过程也是交流信息的过程。企业面对广大的社会公众，与小生产条件下简单的人际关系大不相同。必须学会运用大众传播媒介及其他交流信息的方式，从而达到良好的公关效果
④	评价结果	应对公共关系活动是否实现了既定目标及时评价。公关工作的成效，可从定性与定量两方面评价。信息传播可以强化或转变受传者固有的观念与态度，但人们对信息的接受、理解和记忆都具有选择性。传播成效的取得，是一个潜移默化的过程，在一定时期内很难用统计数据衡量。有些公关活动的成效，可以进行数量统计，如理解程度、抱怨者数量、传媒宣传次数、赞助活动等。评价的目的，在于为今后公关工作提供资料和经验，也可向企业领导层提供咨询

4. 公共关系的主要方法

企业公共关系直接的目标是树立良好的社会形象。良好形象的树立，一方面，企业要在生产中创造优质名牌产品，树立形象，在经营中重合同、守信用，诚实、热忱地对待客户；另一方面，则需要开动传播机器，提高企业的知名度和美誉度，即广泛展开公关活动。

公共关系活动的主要方法有表 2-85 所示的几个方面。

表 2-85 公共关系活动的主要方法

序号	方法	说明
①	利用新闻媒介	利用新闻媒介宣传企业及产品是企业乐意运用的公关手段。新闻媒介宣传是一种免费的广告。由大众传媒进行宣传，具有客观性或真实感，消费者在心理上往往不设防，传媒客观性带来的社会经济效益往往高于单纯使用商业广告。企业应善于将其生产经营活动和社会活动发展成为新闻。企业活动中经常会出现许多新情况、新事物、新动向，因而要学会与传媒建立和保持良好的合作关系。努力引起社会公众的关注，通过新闻媒介达到比广告更为有效地宣传

续表

序号	方法	说明
②	参与社会活动	企业是社会的一份子，在主要从事生产经营活动的同时，也应积极参与广泛的社会活动，在广泛的社会交往中发挥自己的能动作用，赢得社会公众的爱戴。例如，参与上级和社会组织的各种文化、娱乐、体育活动；参与赞助办学、扶贫、救灾活动等。通过参与各种社会活动，一方面，充分表现企业对社会的一片爱心，展示企业良好的精神风貌；另一方面，广交朋友，亲善人际关系，从而以企业对社会的关心换来社会对企业的关心
③	组织宣传展览	企业可以组织编印宣传性的文字、图像材料，拍摄宣传影像带以及组织展览等方式开展公共关系活动。通过一系列形式多样、活泼生动的宣传，让社会各界认识企业、理解企业，从而达到树立企业形象的目的。企业宣传展示的内容既可以是企业历史、企业优秀人物、企业取得的优异成绩，也可以是企业技术实力、名牌产品等。企业宣传展示的形式尽可能多样化，利用光电、声音、图像、文字模型等，从不同侧面充分展示企业形象
④	塑造企业形象	企业形象的传播，一个重要的方面是要通过全体职工的言谈举止来进行的。社会各界从与之交往的企业职工身上，同时可以感受到该企业的形象。因此，企业应结合实际情况，有计划、有步骤、有重点地建设企业文化，提高企业职工素质，活跃企业文化氛围，美化企业环境，从深层次有效地进行公关活动。同时，企业要建立和完善企业识别系统，以鲜明的企业特色，使社会公众获得深刻的印象，便于社会公众识别并产生忠诚扩散效应

5. 企业文化与企业识别系统

　　企业公共关系的核心是企业形象，因此，企业形象的塑造在公共关系实务中具有十分重要的地位。从深层原因来说，企业形象的塑造，取决于企业文化的建设，企业形象不过是企业文化的外化；从表现方式来看，企业形象的塑造有必要借助企业识别系统，规范地、系统地标识企业，使企业易于为广大社会公众所认识，并产生良好的印象和评价。

　　（1）企业文化的内涵

　　企业文化是对企业文化审视。狭义的企业文化，是指以企业价值观念为核心的精神文化；广义的企业文化，则涵盖了企业行为的物质层面和精神层面。对企业文化的认识，可以从表2-86所示的几个方面进行。

表 2-86　　　　　　　　　　　　　企业文化的内涵

序号	内涵	说明
①	企业本身就是文化的产物	从本质上看，文化是自然的人化。企业作为自我生存发展的经济细胞单位，并不是自然存在的，而是社会经济发展到一定阶段，人类为组织商品生产经营所采取的一种手段或形式
②	企业文化是一种组织文化	企业文化不同于个体的文化，它不是企业中全体员工个体文化的简单相加，而是由企业这种组织体的存在所决定的全体企业员工共同形成的文化
③	企业文化的核心是企业的价值观念	企业的价值观念是企业这个组织体对自身、对员工、对社会的一个根本看法。企业的价值观念决定了企业的基本取向，决定了企业行为的基本模式

企业文化包括了 4 个相互关联的层面：企业的物质文化层面包括企业的产品、包装、品牌、生产环境、办公环境等要素；企业的行为文化层面包括管理者行为、管理风格、操作行为、业余行为等要求；企业的制度文化层面包括企业体制以及各种管理制度的规范；企业的理念文化层面包括企业的价值观念以及相应的一整套企业伦理体系。

企业文化具有认同、内聚、导向的功能。认同功能是指企业在长期生产经营时间中所形成的共同的价值观念及行为规范会促使企业员工产生认同感，在思想上产生共鸣；内聚功能是指企业文化能够团结广大员工，促使企业产生过程的相互配合和相互支持；导向功能是指企业文化能引导员工与企业目标相结合，使员工行为朝着有利于企业良性运转的方向发展。

不同的企业具有不同的文化样式，或者说一个企业之所以形成这样而非那样的企业文化，是由很多因素决定的，其中最重要的因素是社会文化、科学技术、产业特征、企业管理者、企业员工。

（2）企业文化的建设

企业文化建设，要充分研究企业文化的决定因素，在此基础上，通过表 2-87 所示的步骤逐步展开。

表 2-87　　　　　　　　　　　　　企业文化的建设步骤

序号	步骤	说明
①	企业文化调研	企业文化建设首先从企业文化调研开始，即对企业现有的文化状况进行深入的调查分析，针对现实存在的问题，才能对症下药，发展出真正适合本企业实际的企业文化
②	企业文化设计	在企业文化调研的基础上，要以建立企业价值观念为核心设计企业的物质文化、行为文化、制度文化和理念文化，形成完整的企业文化系统
③	企业文化导入	将所设计的企业文化系统导入企业。在这个过程中，要处理好文化冲突与文化融合的关系，以管理团队的认同，带动广大员工的认同
④	企业文化培育	在加强企业文化沟通，建设企业文化网络的同时，积极开展企业文化活动。在企业文化活动中注意树立和宣传企业的英雄人物，用员工身边产生的英雄模范引导员工行为，并在这个过程中逐步形成颇具企业特色的企业礼仪和企业风貌

（3）企业识别系统

企业识别系统是将企业的经营理念和精神文化，运用一定的整体传达系统（特别是视觉系统），传达给企业周围的社会公众，从而进行企业形象塑造的一种手段或方式。

企业识别系统分为相互联系的 3 个系统，具体如表 2-88 所示。

表 2-88　　　　　　　　　　　　　企业识别系统内涵

序号	内涵	说明
①	理念识别	在以企业价值观念为核心要素的基础上，提出有别于其他企业的经营哲学、目标、道德、精神、作风等内容，并加以形式化和口号化
②	行为识别	对企业员工行为进行规范，建立相应的行为规范和文明守则，通过企业员工的行为，将企业的形象传达到广大的社会公众
③	视觉识别	设计企业独特的名称、标志、标准色等视觉要素，使社会公众易于识别企业，通过视觉系统留下深刻印象

企业识别系统与企业文化有共同的部分，但也有区别。从共同点看，两者都围绕企业价值观念这个核心，强调共同的行为规范。从区别点来看，首先，企业文化比企业识别系统的范围要广，企业文化是从文化的角度对企业的全面透视，涉及企业生产经营的方方面面；其次，企业文化侧重文化生长的内在机制，企业识别系统侧重文化形式的外在表现；最后，企业文化是关于企业的一整套伦理体系，企业识别系统则是塑造企业形象的一种手段或方式。

在企业形象塑造过程中，一方面，企业要力求从内涵上建设独具特色的企业文化，另一方面，要引入企业识别系统，将企业文化的内涵外在化、形式化，并且特别重视充分识别系统的全面整合，使拥有独特文化的企业从形象上更为明朗化、个性化，从而赢得社会公众更广泛的理解、信任和支持。

任务实施

一、活动准备

将学生分小组，以小组为单位结合案例讨论产品、价格、分销、促销策略等。

二、活动实施

每个小组分别查找一个关于市场营销的案例，进行小组讨论，列举案例中所采用的营销策略，并具体分析该策略的实施方法。

三、技能训练

（1）什么是产品层次和产品线？其策略具体有哪些？

（2）影响产品定价的因素在哪些？怎样进行定价？

（3）产品分销渠道有哪些？如何选择和管理分销渠道？

（4）什么是促销？促销策略有哪些方面？

资料链接

1. http://www.ecm.com.cn/中国市场营销网

2. http://www.cmat.org.cn/中国市场营销教育网

3. http://forum.yidaba.com/thread-2045920-1-1.html 终端促销研究

下篇
应用篇

第三章 网站营销

导读
　　本章以网站产品营销为载体，安排如下内容。①项目工作任务；②网站产品营销知识链接：网站营销概述、网站营销趋势；③营销实务：确定调查方案、拟定调查问卷、进行资料整理、撰写调查报告；④讨论与总结（习题）：案例——拟定调查问卷、案例——撰写调查报告、项目考核。

描述

学习目标	教学建议	课时计划
① 了解常见的网站产品及特点 ② 理解并掌握网站营销的营销趋势 ③ 掌握确定调查方案、拟定调查问卷、进行资料整理、撰写调查报告的基本知识，并具备相应的实践能力 ④ 在作业中培养学生的团队精神	条件允许时，尽量在理论实践一体化教室或实训基地中实施教学	计划12学时，其中安排任务1学时，项目资讯3学时，实践作业6学时，考核评价2学时

作业流程

　　进行某一网站的市场调查、卖点分析、细分市场，有针对性地进行系统调查分析。其操作应涉及如下作业环节：

　　（1）对选定或指定的某一网站，进行网站营销市场调查；

　　（2）了解网站情况，确定调查方案；

　　（3）根据网站资料，拟定调查问卷；

　　（4）开展实际调查，进行资料整理；

　　（5）分析资料情况，撰写调查报告。

案例

案例1　关于企业网络营销的调查问卷

尊敬的先生、女士：

　　您好！为了了解企业在网络营销方面的情况，在此，想对于企业或个人进行一次系统性的网络调查，希望广大的网民积极参与。对于您的个人资料及回答，我们将予以保密，谢谢配合！

　　问题1：您的性别？（单选题）

A．男

B．女

问题2：您所处企业的行业？（单选题）

A．科技财经

B．教育机构

C．国际贸易

D．建筑设计

E．其他

问题3：平时是否经常上网？（单选题）

A．经常

B．偶尔

C．几乎不上

问题4：您知道网络营销吗？（单选题）

A．没听过

B．了解一点，但不太注重

C．了解并处于实施阶段

D．实施过，但效果不是很明显

问题5：您公司有自己的网站吗？（单选题）

A．有

B．没有

问题6：贵公司网站的主要功能是？（单选题）

A．企业宣传与介绍

B．电子商务

C．其他

问题7：您使用过网站广告进行网站推广吗？（单选题）

A．没有

B．使用过，效果不是很明显

C．使用过，效果很好

问题8：您了解口碑营销、病毒式营销、植入式营销和整合营销理念吗？（单选题）

A．了解一部分，但不知道怎么实施

B．不了解

C．有，但不是专业人员实施控制

D．有，公司有专业人员实施控制

问题9：您公司有系统性的网络营销计划吗？（单选题）

A．没有，不了解

B．有，并且接受过系统的培训

问题10：企业做网络营销，你会以什么形式联系？（单选题）

A．与门户网站联系

B．与广告公司联系

C．专门的网络营销机构

案例 2　化妆品网络营销调查报告

调查目标：实现化妆品网络营销

调查时间：2007 年 1 月 1 日～2008 年 8 月 30 日

调查对象：百度数据研究中心，CNNIC，化妆品行业网站，化妆品经销商，化妆品顾客，电子商务师等

调查方式：交谈，问卷调查，搜索行为 Cookie 跟踪

化妆品业是年创值超千亿元的朝阳产业，其增长速度远远高于国民经济，有着巨大的发展潜力和前景。随着互联网的应用和普及，化妆品行业也将面临着新的机遇和挑战。

本文通过大量数据和理论分析表明，网络营销是化妆品企业融入知识经济的基本管理工具和思维方法，传统化妆品企业只有充分利用网络营销，及时改变市场营销策略，实现以消费者为中心的战略性转变，才能获得竞争优势。

关键词：化妆品　网络营销

一、网络营销原理

网络是一种以信息为标志的生活方式。在网络时代，强调的是消费的个性化和购买的方便性、娱乐性。网络营销虽然是一种新兴的营销方式，但其本质上是传统直复营销在互联网时代的新形态。

直复营销是以产品目录和电话等为媒介的市场营销体系。作为一种商业模式，直复营销具有分销环节少、高互动性、空间广泛性等多种优点，但以往的直复营销在媒介和组合上都有局限性。只有网络营销这种高级形态的出现，才真正产生了革命性的影响。

二、宏观背景分析

（一）互联网发展状况

截至 2008 年 9 月，我国网民已达 2.53 亿，每年还在以 20%的速度增长；网络购物使用率为 25%，用户达 6 329 万人；网上支付和网上银行使用率分别达到 22.5%和 23.4%，中国电子商务市场已逐渐成熟。具体网民结构数据如下。

1. 网民年龄结构

如图 3-1 所示，网民年龄结构主体分布是 30 岁及其以下的年轻群体，其总数超过网民总数的 2/3，而这 2/3 几乎就是中国化妆品消费的主力。随着新生代的年龄增长，不远的将来化妆品消费者将会是 100%地上网。

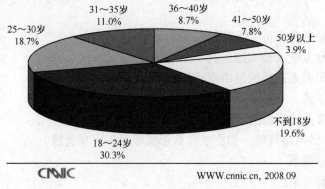

图 3-1　网民年龄结构

2. 网民职业结构

如图 3-2 所示，网民职业结构中学生所占比例最大，达到 30%，而企事业单位职工居第二位，占到 25.5%。就职业而言，不同消费者往往存在着不同的消费特征和消费需求。因此，企业需要建立详细的顾客数据库，掌握终端就掌握了市场，掌握得越细、越全面、越迅捷，制定的策略也会越有效。

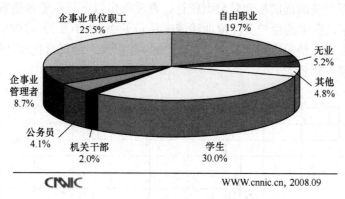

图 3-2　网民职业结构

3. 网民收入结构

如图 3-3 所示，500 元以下收入的网民比例占 30.5%，特别提出的是，学生网民的月收入 90%以上都在 1 000 元以下，而网民职业结构中学生占了 30%，这是引致总体网民月收入中 1 000 元以下的比例较高的重要原因。

总体来看，拥有购买能力的网民比例较大，随着消费者物质生活的不断提高，消费者的消费水平也有大幅度地提升，同时，应该特别关注学生这个特殊的消费群体——未来的消费主力。

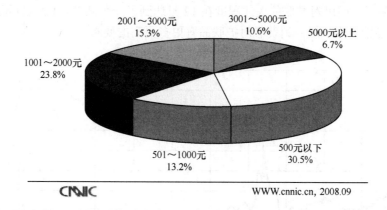

数据来源：中国互联网络信息中心 2008-9-1《中国互联网络发展状况统计报告》

图 3-3　网民收入结构

（二）化妆品业发展状况

据最新统计数据显示，2007 年中国化妆品年销售额已达 1 300 亿元，中国已成为世界第三大化妆品消费市场。

2008 年，品牌建设将带动品牌差异化营销，而科研创新是品牌建设的第一动力，品牌广告诉求也将转移传播载体。在短时间内，化妆品电子商务无法成为主流，化妆品销售依旧主要通过设立专柜进行，其销售比例分别是：专柜占 93%，混销占 2%，而附营的超市占 5%；销售产品结构是护肤品约为 68%，彩妆约为 18%。

在化妆品销售中，季节和时间是影响化妆品行业市场细分的一个重要因素。通过对化妆品行业相关的数万个关键词的检索量数据统计，百度得出以下行业整体指数。

如图 3-4 所示，图中的用户关注度曲线清晰显示了 2007 年 9 月～2008 年 8 月网民对化妆品行业的关注度变化情况。可以看到，进入 2008 年以来，网民对化妆品的热情有所增加，并且曲线呈不断攀升趋势。

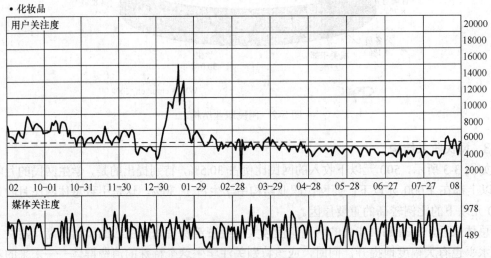

图 3-4　化妆品行业指数（2007.9.2～2008.8.29）

如图 3-5 所示，网民对护肤的关注程度在 12 月达到了一个高潮，1 月以后逐渐下降。这是因为冬季气候较寒冷干燥，消费者对护肤品有更多更高的要求。

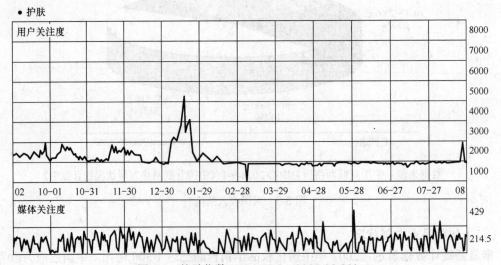

图 3-5　护肤指数（2007.9.2～2008.08.29）

彩妆的网民关注度变化情况与护肤品有类似之处，但在秋季的关注度激增情况表现得更为明显，这说明季节对消费者需求的影响较大，如图 3-6 所示。

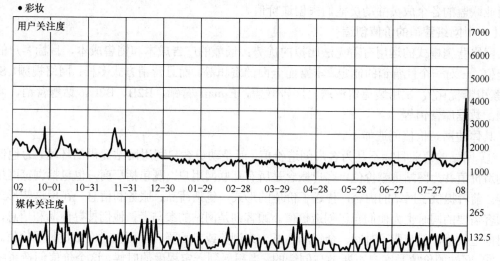

数据来源：百度数据研究中心 2008-8-30《2008 年百度风云榜化妆品行业趋势》

图 3-6 彩妆指数（2007.9.2～2008.8.29）

（三）国内化妆品的网络发展状况

互联网是消费者寻求信息和娱乐的地方，客户在哪里，公司就应该到哪个地方去。化妆品具有体积小、价值高、订购方便和风险认知低等特点，非常适合网络销售，据最新数据显示，化妆品已经成为在互联网上销售收入排名第三的行业。

但是我们本土化妆品真正进入电子商务模式运营的并不多，就算"触网"的，也还处在电子商务营销的表层，如建设一个品牌网站，开拓淘宝的 B2B 销售渠道，或者做做简单的关键字竞价吸引客户到企业网站而已，其主要赢利模式根本还是传统模式，这也是本土化妆品一直得不到快速发展的原因之一。

而众多国际大牌，都纷纷在电子商务方面进行战略部署，不少已经取得了不错的业绩，如雅芳仅 2007 年在淘宝网就将 26 亿收入囊中；日本品牌 DHC 利用网络直销，将产品卖向全国各地，销售全面飘红；还有宝洁仅在网上开了一家博朗店，在短短的两个月内就卖出了 2 000 多个电动剃须刀，而且这一增长趋势还在持续。

当然，这些他们也是知道的。但他们认为网络营销有损品牌形象，化妆品消费者更注重购物体验，化妆品销售更看重面对面沟通对品牌的影响力，而网络销售的应用不便于控制产品价格和销售网络等。

实践证明：雅芳中国，在 2005 年拥有数量最多的专卖店——6 000 家，遍布全国 74%城镇，全年销售额达到 17 亿元；而在 2007 年，淘宝网雅芳化妆品销售额达 26 亿元。在这场"一个网站" VS "6000 个专卖店"的对决中，"一个网站"胜出。

鉴于中国市场的多样化与复杂性，化妆品企业在探索发展进取的过程中，都应尝试通过各种渠道打破单一的销售方式，寻求多样化发展。

三、电子商务价值分析

以互联网为代表的新经济领域，出现了新的价值创造系统。在这个系统中，不同的经济角色，包括供应商、商业伙伴、顾客等，组成商业联盟，共同合作来创造价值。在这种竞争环境中，营销战略面对的是整个价值创造系统，中心任务不再是定位企业的活动而主要是协调商业联盟的各个成员并动员他们去创造价值。

（一）网络营销的价值创造

网络营销模式的运用有着无法比拟的优势：低廉的广告成本和销售成本，目标客户的精准定位，一对一个性营销的制定，丰富而全面的资讯等。而且营销方式多样：网络视频，SEO（搜索引擎优化），试用装免费派送，广告联盟，E-mail 营销，B2B、B2C，话题营销，博客营销，数据库营销等。

具体的网站价值创造如下。

① 网站的商业目标不是为客户创造价值，而是动员客户利用网站提供的环境，为他们自己创造价值并为网站贡献价值。客户概念是所有互联网用户，既包括厂商，也包括浏览网站的顾客。前者提供了网站的内容，传送了价值的形式，包括商品、服务和信息，在用这些形式满足顾客需要的同时也为他们自己创造价值。顾客则是网站的参与者，他们搜寻商品和信息，为自己创造价值，但花费了时间、金钱和注意力来浏览或者购买，因而也对网站贡献了价值。

② 网站的价值是客户不断参与创造的，当积累到一定程度的时候，这个价值创造系统就会越来越复杂，这时网站的首要任务是协调它的商业关系。网站通过互相得利的价值交换来吸引客户、供应商和商业伙伴，这种性质决定了网站的价值本质上是一种关系资本，即知识和关系，或者说是企业的能力和顾客。网站的营销策略就是在企业的能力和顾客之间创造一种不断改进的和谐。

如果将网络作为营销工具，那么就要弄清楚网络的种种优势，成本、速度、多样性，图、文、影、声并茂的网络营销工具要比单一的电邮、网站或者网络广告要更有效。

（二）网络营销的基础——网站

虽然开展网络营销并不一定要通过网站，但网站是网络营销最基础、最重要的工具。这是因为：

① 网络营销是一种信息营销，而网站是信息营销最有效的载体；

② 网络营销是一种复合营销，网站能够有效地整合各种营销手段。根据著名时尚杂志 ELLE 针对女性网站用户进行的需求调查（样本描述：n=1022）显示，搜索引擎网站被 45.6% 的女性网民经常光顾，频次仅次于专业的女性网站。另外，化妆品在网络上的人气与评价对消费者的购买影响不可忽视，34% 的 ELLE 网民在购买化妆品前，都会选择去论坛看看别人的讨论，同时搜集信息，如图 3-7 所示。

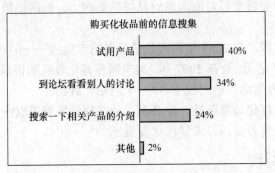

图 3-7　ELLECHINA 购买化妆品前的信息搜集

③ 网络营销是电子商务的基础，网站是促成电子交易的重要手段。

（三）建设优秀企业网站的要求

由于网站本身具有强大的营销功能，因而如何设计和推广网站，往往成为网络营销成败的关键。

当前企业网站大多以展示形象为主，通常模式是企业宣传画册的翻版，存在诸多缺陷。大多委托网络公司制作维护，甚少更新管理。由于内容贫乏陈旧，形式千网一面，又缺乏有效的推广手段，网站知名度低，访问量和回访率都不理想，未能起到应有的作用。

其实从用户的角度看，他们真正需要的是访问一个网站就能得到所有化妆品的信息，即能够包括所有化妆品厂商名录和商品信息的行业中心数据库。如果可能，他还要对得到的信息进行分析，通过价格比较和优势比较，才会确定选择的意向。

颜如玉（中国美容化妆品网 CEO）认为建设企业网站的策略如下。

1. 以互联网络的特点为导向

完整性：要求资料详尽，结构清晰，链接正确。要把重要目录和最新内容放在首页上，然后逐层链接介绍，尽可能提供完整的信息给目标市场。

独创性：要求提供对客户有吸引力和说服力的东西。从网页的标题、文案、图片上体现创造性，但要注重页面简洁，易于操作。

互动性：最重要特性，能够利用来自而不是关于客户反馈的信息。互联网络的技术特点使建立客户数据库变成非常简单的事情。

2. 以消费者为中心

客户策略：明确客户需要什么，想想如何与他们进行双向沟通并创造能够交付客户的价值（从而获得利润）。

成本策略：了解满足客户需求的成本，物有所值，他们也愿意为此付出较高的成本价格。

方便性策略：重视客户购买商品和享受服务的方便性，简单来说就是以客户的方便性为出发点来构建网站。

沟通策略：促销在网络时代就是与客户的沟通。网络营销是一种"一对一"的客户关系。要通过社区、表单、电子邮件等方式与客户进行双向沟通，与他们建立起一种牢固而稳定的友谊关系，通过交换和利用信息来创造价值。

四、网络时代的品牌建设

品牌是企业整体产品概念的重要组成部分，也是企业制定市场营销策略时的一个重要环节。一般认为，品牌的关键要素是承诺和附加值。资生堂的总经理曾说过："资生堂提供的不是化妆品，而是向女性提供梦想。"梦想就是资生堂化妆品的附加值。

我们将传统的品牌网络化，就是让传统品牌在网络上得到延伸，有 3 个问题是需要特别注意的。

① 域名策略。主要是为避免网站混淆，为避免竞争者因为域名拼写错误等原因而得益，为让用户可以根据公司或品牌名称猜想你的域名等。

② 浏览策略。了解目标访问者，进行网站推广等。

［案例］欧莱雅选择女性网站做广告

欧莱雅想在法国的网站上做广告，广告公司推荐了法国排在前 3 名的网站，这时欧莱雅想知道什么样的人浏览这些网站，就通过 Netvalue 公司进行调查，包括全法国有多少网民，多少人到什么样的网站，男女性别怎么样，购买习惯怎么样，营业模式怎么样等。经过分析，找到了一个全法国排名第 385 位的女性网站，在这个网站上浏览者 70% 是女性。欧莱雅认为自己的广告理所当然应该投放在这里，效果当然非常好。所以在营销中，当你不知道你的客户在哪里的时候，你的钱有一半在"打水漂"。

③ 互动策略。要求充分利用互联网的特点和力量，让科技和速度与品牌结合在一起，以新的互动水平来实现品牌的承诺和附加值。

五、构建新型商业模式

直到目前为止，我们对于网络未来的走向仍然只是猜测，纳斯达克的股价风云其实就是这种猜测的反映。然而网络的发展轨迹却是清楚的，已经足够让我们制定应对的策略。

① 网络营销是互联网时代企业融入知识经济的管理工具和思维方法，传统企业只有充分利用网络营销，才能免遭时代淘汰。传统企业开展网络营销主要是通过建立企业（品牌）网站，营销策略必须从传统的以产品为中心转变成以消费者为中心，同时必须依照互联网络的特点进行。

② 网络的发展导致资源的集合，产生新型商业模式。为了适应网络的趋势，传统企业必须重新考虑并发挥自己的商业潜力，必须对商业系统做出新的安排，与网络联姻结成商业联盟，使产出（产品和服务）能让顾客满意，从而获得竞争优势。

③ 传统企业建立企业网站实际上也是对传统品牌进行网络化建设。成功的关键是能够充分利用互联网的特点和力量，让科技和速度与品牌结合在一起，以新的互动水平来实现品牌的承诺和附加值。

六、结论

正如宝洁全球营销长史坦格（JimStengel）所说：现今消费者对于媒体的反应已不如以往，他们拥有决定何种方式及何时接收营销信息的权力，若我们过分仰赖主流媒体或没有探索新科技及接触点的品牌，将会与消费者失去联络。

网络是信息载体和沟通工具，销售是根本目的，这就是网络营销的实质。如果花大价钱组织的网络营销工具没有产生生产力，网络营销则告失败。所以网络营销如果偏离了销售这个根本目的，不能最终在销售上实现"落地"，就是失败的网络营销。

当然，根据层次不同的企业有不同需求，网络营销既可以是伟大的战略也可以是平实的战术。因此，企业必须依据自身实际情况来制订网络营销方案，切勿盲目听从打着网络营销旗号的来访者。

营销的本质就是让消费者记住、使用你的产品，并有欲望继续购买你未来的产品，归根到底就是满足并引导消费者的需求。随着消费者物质生活的不断提高，消费者的消费水平也有大幅度的提升。随着消费理念的成熟，消费者更加关注自我身体健康。正如生态美化妆品创始人吴炳新先生所言，宣传让人类美丽 10 岁是所有化妆品企业的责任。不同年龄阶段的消费者，往往存在着不同的消费特征和消费需求。消费者用化妆品追求的是品牌赋予的新消费理由和附加消费价值，也就是品牌的定位。品牌的定位应该与细分市场的消费者的心智相融合。很明显，在新的社会经济发展形势下，将时尚、流行元素与化妆品传统经典相结合，是化妆品营销应该加强的。

综上所述，化妆品的营销也应该真正回归到研究并满足消费者的需求变化上来。化妆品研发必须务实，去掉浮华与矫作，包装不能过度，挖掘品牌不能透支，渠道利益要与终端利益等同……要真正重视企业的技术人才，他们才是整个产业链中的核心，是他们铸就了化妆品的灵魂。以技术研发为主、包装研发为辅，使传统产业增加科技含量，使品牌增加真正的含金量，这才是中国化妆品的研发核心与正确方向。

第一节　网站营销知识链接

一、网站营销概述

网站产品是一种理念，以产品的眼光看待网站是网站产品的精髓所在。

网站产品不同于软件产品、服务产品、工业产品等。网站产品是一类信息产品，以网站的形式提供信息、服务或两者的结合是网站产品的主要表现形式。

Web 2.0 是将网站看做产品的历史性变革，第一次把产品设计的理念融入网站开发。但目前为止极少有成功的网站产品出现。

谷歌是一个典型的网站产品，并且已经发展成为具有同一品牌的系列产品。其他成功的网站产品有：雅虎、新浪、搜狐、百度、QQ、校内、优酷等。其中，大型网站容易发展成为网站产品群。

1. 网站营销的概念

网站营销也称为网络营销，就是以国际互联网络为基础，利用数字化的信息和网络媒体的交互性来辅助营销目标实现的一种新型的市场营销方式。

网络营销（On-lineMarketing）全称是网络直复营销，属于直复营销的一种形式，是企业营销实践与现代信息通信技术、计算机网络技术相结合的产物，是指企业以电子信息技术为基础，以计算机网络为媒介和手段而进行的各种营销活动（网络调研、网络产品开发、网络促销、网络分销、网络服务、网上营销、互联网营销、在线营销、网路行销）的总称。网络营销以现代营销理论为基础，通过 Internet 营销替代了传统的报刊、邮件、电话、电视等中介媒体，利用 Internet 对产品的售前、售中、售后各环节进行跟踪服务，自始至终贯穿在企业经营全过程，寻找新客户、服务老客户，最大限度地满足客户需求，以达到开拓市场、增加赢利为目标的经营过程。

广义网络营销概念的同义词包括：网上营销、互联网营销、在线营销、网路行销等。这些词汇说的都是同一个意思，笼统地说，网络营销就是以互联网为主要手段开展的营销活动。

狭义的网络营销是指组织或个人基于开放便捷的互联网络，对产品、服务所做的一系列经营活动，从而达到满足组织或个人需求的全过程。网络营销是一种新型的商业营销模式。

一般来说，网络营销是以互联网为手段开展的营销活动，即以互联网为工具营造销售氛围的活动。网络营销不完全等同于网上销售：销售是营销到一定阶段的产物，销售是结果，营销是过程；网络营销的推广手段不仅靠互联网，传统电视、户外广告、宣传单亦可。网络营销不仅限于网上，一个完整的网络营销方案，除了在网上做推广外，还有必要利用传统方法进行线下推广。

2. 网站营销的核心标准

网站营销应该从表 3-1 所示的几个方面标准来进行理解。

表 3-1 网站营销的核心标准

序号	要素	内容
①	帮助企业实现经营目标	以网站帮助企业实现经营目标为网站建设目标。营销型企业网站一定是为了满足企业的某些方面的网络营销功能，如面向客户服务为主的企业网站营销功能，以销售为主的企业网站营销功能，以国际市场开发为主的企业网站营销功能，以上简单列举均是以实现企业的经营目标为核心，从而通过网站这样的工具来实现其网站营销的价值
②	良好的搜索引擎表现	企业网站另一个重要功能是网站推广功能，而搜索引擎是目前网民获取信息最重要的渠道，如果企业网站无法通过搜索引擎进行有效推广，那么这个企业网站从一定程度上来讲其营销性会大打折扣，所以营销型企业网站必然要解决企业网站的搜索引擎问题，也可以理解为搜索引擎优化的工作，在营销型企业网站解决方案中，搜索引擎优化工作作为基础和长期的工作，从企业网站的策划阶段乃至从企业网络营销的战略规划阶段就已经开始，而其又贯穿于企业网站的整个运营过程
③	良好的客户体验	企业网站最终面对的潜在客户与客户或与本公司业务有关联的任何组织和个人，如何提升企业网站的客户体验是营销型企业网站必须考虑的重要问题
④	重视细节	细节本身也是客户体验中一个重要的元素，由于其重要性所以单独将其作为营销型企业网站的一个因素，在营销型网站的流程制订、内容维护、网站管理等都需要体现出来细节问题
⑤	网站监控与管理	营销型网站的另一个因素是网站本身的监控功能与管理功能，最简单来说，网站总需要加一段流量监测的代码

3. 网站营销的特点

随着互联网技术发展的成熟以及互联网成本的低廉，互联网好比是一种"万能胶"将企业、团体、组织以及个人跨时空连接在一起，使得他们之间信息的交换变得"唾手可得"。市场营销中最重要也最本质的是组织和个人之间进行信息传播和交换。如果没有信息交换，那么交易也就是无本之源。正因如此，互联网具有营销所要求的某些特性，使得网络营销呈现出表 3-2 所示的一些特点。

表 3-2 网站营销的特点

序号	特点	内容
①	跨时空	营销的最终目的是占有市场份额，由于互联网能够超越时间约束和空间限制进行信息交换，使得营销脱离时空限制进行交易变成可能，企业有了更多时间和更大的空间进行营销，可每周 7 天，每天 24 小时随时随地地提供全球性营销服务
②	多媒体	互联网被设计成可以传输多种媒体的信息，如文字、声音、图像等信息，使得为达成交易进行的信息交换能以多种形式存在和交换，可以充分发挥营销人员的创造性和能动性

续表

序号	特 点	内 容
③	交互式	互联网通过展示商品图像，商品信息资料库提供有关的查询来实现供需互动与双向沟通，还可以进行产品测试与消费者满意调查等活动。互联网为产品联合设计、商品信息发布以及各项技术服务提供最佳工具
④	个性化	互联网上的促销是一对一的、理性的、消费者主导的、非强迫性的、循序渐进式的，而且是一种低成本与人性化的促销，避免推销员强势推销的干扰，并通过信息提供与交互式交谈，与消费者建立长期良好的关系
⑤	成长性	互联网使用者数量快速成长并遍及全球，使用者多属年轻、中产阶级、高教育水准，由于这部分群体购买力强而且具有很强市场影响力，因此是一项极具开发潜力的市场渠道
⑥	整合性	互联网上的营销可由商品信息至收款、售后服务一气呵成，因此也是一种全程的营销渠道。另一方面，企业可以借助互联网将不同的传播营销活动进行统一设计规划和协调实施，以统一的传播资讯向消费者传达信息，避免不同传播中不一致性产生的消极影响
⑦	超前性	互联网是一种功能最强大的营销工具，它同时兼具渠道、促销、电子交易、互动顾客服务，以及市场信息分析与提供的多种功能。它所具备的一对一营销能力，正是符合定制营销与直复营销的未来趋势
⑧	高效性	计算机可储存大量的信息，代消费者查询，可传送的信息数量与精确度，远超过其他媒体，并能顺应市场需求，及时更新产品或调整价格，因此能及时有效了解并满足顾客的需求
⑨	经济性	通过互联网进行信息交换，代替以前的实物交换，一方面可以减少印刷与邮递成本，可以无店面销售，免交租金，节约水电与人工成本，另一方面可以减少由于迂回多次交换带来的损耗
⑩	技术性	网络营销是建立在高技术作为支撑的互联网的基础上的，企业实施网络营销必须有一定的技术投入和技术支持，改变传统的组织形态，提升信息管理部门的功能，引进懂营销与计算机技术的复合型人才，未来才能具备市场的竞争优势

二、网站营销趋势

1. 网站营销的卖点

彰显网站的独特卖点，即 USP（Unique Selling Proposition）它表示"独特的销售主张"或"独特的卖点"，可采用表 3-3 所示的几种方法。

表 3-3 网站营销的卖点

序号	卖点	内容
①	最低的价格	许多企业试图依靠成为"低价领袖"而获取成功。1955 年，沃尔玛还默默无名。2002 年，它雄居"财富 500 强"首位。它的秘诀之一就是薄利多销。不论走进哪里的沃尔玛，"天天低价"是最为醒目的标志。为了实现低价，沃尔玛想尽了招数，其中重要的一法就是大力节约开支，绕开中间商，直接从工厂进货。统一订购的商品送到配送中心后，配送中心根据每个分店的需求对商品就地筛选、重新打包。这种类似网络零售商"零库存"的做法使沃尔玛每年都可节省数百万美元的仓储费用 除非在生产成本或运营成本的控制上远超他人，否则这样的主张将难以圆满履行
②	最高的质量	拥有最高的质量是市场上的一个卖点。这里面的关键是，不要只对消费者说有最高的质量，而是告诉他们这对其生活意味着什么：他们的感受将会发生什么变化？他们的哪些需求被满足了？
③	独家提供者	成为人们某种欲望和需求的独家满足者。例如，苹果的 iMac 计算机既是一个技术成功又是一场设计革命。iMac 的设计主持人乔纳森·艾夫说："我们想要创造一台人们能够与之交流的机器。"个人计算机是一个非常独特的物体：它是书写工具、数字编辑工具和记录工具，具有变色龙般的本性，但直到 iMac 出现，它一直以死板的、僵硬的米色盒子面目示人，仿佛缺失灵魂。而 iMac 却是一台让人忍不住要去抚摸的、充满灵性的机器
④	最佳客户服务	世界一流的客户服务能够把你同竞争者区分开来。这是一个简单而深刻的商业真理，但很少有公司能够实践。在为客户提供服务方面，总是有大量的事情可以做
⑤	最广泛的选择	让客户在你的网站中总能找到最满意的商品。例如，亚马逊网上书店在卖书时就是这样宣称的
⑥	最好的保障	让客户认识到保障是无条件的，让他们清楚和你打交道他们永远不会吃亏。例如，"不满意就退还"是国美电器打出的一个旗号。如果没有质量问题，其他的商家一般是不给消费者退换货物的。国美郑重向消费者承诺，只要消费者对所购买的商品不满意，哪怕是对颜色不满意，7 天之内包退，30 天之内包换

2. 网站营销的方法

网站营销有诸多方法和策略，如表 3-4 所示。

表 3-4 网站营销的方法

序号	方法	内容
①	事件营销	策划具有新闻价值、社会影响以及名人效应的人物或事件，吸引媒体、社会团体和消费者的兴趣与关注。中麒以对互联网现象的充分了解和丰富的网络策划经验为企业和产品提高知名度、美誉度，树立健康的品牌形象，以小博大，让网站快速红遍网络

续表

序号	方法	内容
②	视频营销	视频营销将"有趣、有用、有效"的"三有"原则与"快者为王"结合在一起。这正是越来越多网站选择网络视频作为自己营销手段的原因。它具有电视短片的种种特征，例如，感染力强、形式内容多样、肆意创意等；又具有互联网营销的优势，例如，互动性、主动传播性、传播速度快、成本低廉等。可以说，网络视频营销，是将电视广告与互联网营销两者"宠爱"集于一身
③	品牌营销	网站的生存之道，要紧紧围绕网站品牌推广策略，无论何种营销方式，都是对自己品牌的植入传播，而网络时代为品牌的发展提供了更广阔的空间，同时也提供了全新的传播形式，尤其在 Web 2.0 时代，网络已经成为品牌口碑传播的阵地。品牌推广，塑造企业品牌形象，进行品牌营销。一个优秀品牌的建立不但要有较高的知名度，同时还要有较好的美誉度。信息化时代，搜索引擎的使用是 4 亿网民每天上网必经的过程，要让你的品牌被大家所熟知，首先必须让自己的产品和服务在搜索引擎的展现上出类拔萃
④	网站优化	优化网站关键字，在搜索引擎中获得靠前的排名位置，便能坐等客户找上门，点击万次不收费。也就是大家说的搜索引擎营销。"得搜索引擎者得天下"，企业网络营销过程中，网站 90% 的流量，70% 的订单均来自搜索引擎，如果将网站的关键字出现在各大搜索引擎上，自然会有更多的客流进入我们的网站
⑤	整合营销	网站营销是一个整体课题，随着中小企业效率的提高及人们对网站营销的认识和运用，单一营销模式能带来的效果将会越来越小，而网站整合营销策划对中小企业将会显得越来越重要。它是基于互联网平台，整合互联网资源，全方位的，全方面展示企业信息，树立品牌，宣传产品

第二节　营销实务

一、确定调查方案

1. 规划调查方案

规划设计一个调研方案，应当围绕调研项目的基本要求主要确定调研目标、资料收集的类型及方法、调研的范围与对象、问卷设计、资料的处理方法、组织安排计划等。可以参照表 3-5 所示的步骤进行。

表 3-5　　　　　　　　　　　　　规划调查方案的步骤

序号	要素	内容
①	确定调查目的	调查者需要在分析调研问题与企业和所属行业相关的各种历史资料和发展趋势（包括销售额、市场份额、营利性、技术、人口统计、生活方式等）基础上，掌握企业的各种资源和面临的制约要素，分析决策者的目标，通过与决策者讨论、会见专家、分析有关的第二手资料、开展定性调查等，确定市场调研与预测问题及目标

序号	要素	内容
②	确定调查的对象和调查单位	调查对象是依据调查的任务和目的而确定的调查范围内需要调查的现象总体，而调查单位是相应的个体，这些是必须确定的
③	确定调查内容和调查表	这可以达到解决如何把已经确定了的调查课题进行概念化和具体化，解决调查内容如何转化为调查表的问题
④	确定调查方式和方法	根据调研项目所要解决的问题和所要实现的目标，考虑获取信息资料的成本，确定需要哪些信息资料，然后逐项考虑其可能的来源，结合调研与预测队伍的状况和预算，确定资料收集的方法
⑤	调查项目预算	根据调研工作量的大小，确定工作对调研人员的要求及需求规模，设定调研需要的必备物资，充分考虑到各项可能的开支因素，尽可能确切地估算可能需要的经费总额
⑥	数据分析方案	预先对资料的处理与分析进行设计，形成资料处理的计划，其中应包括确定资料处理的基本目标和要求，数据资料的处理技术，使用的分析软件，数据资料的处理结果及形式等
⑦	其他内容	包括确定调查时间，安排调查进度，确定提交报告的方式，调查人员的选择、培训和组织等。其中，调查时间规划必须在保证满足项目完工的日程要求的前提下，充分考虑各项工作的逻辑顺序、各项工作的难易程度、调研与预测力量的使用可能等因素，考虑到意外情况的出现，留有充分的时间余地，进行精心设计

2. 调查方案的一般格式

一个完整的市场调查方案规划书通常包括 8 项内容，具体如表 3-6 所示。

表 3-6   调查方案的一般格式

序号	要素	内容
①	概要或前言	概述规划书要点，提供项目概况
②	背景	描述和市场调研问题相关的背景
③	调查目的和意义	描述调研项目要达到的目标，调研项目完成产生的现实意义等
④	调查的内容和范围	给出调研采集的信息资料的内容，调查对象范围的设定
⑤	调查采用方式和方法	给出收集资料的类别与方式，调查采用的方法，问卷的类型、时间长度、平均会见时间等，实施问卷的方法等
⑥	资料分析及结果提供形式	包括资料分析的方法，分析结果的表达形式等，是否有阶段性成果的报告，最终报告的形式等
⑦	进度和费用	调查进度安排和有关经费开支预算
⑧	附件	包括设计的问卷、调查表等

3. 调查方案的撰写技巧

写好一份调查方案，可遵循表3-7所示的技巧方法。

表3-7 调查方案的撰写技巧

序号	要素	内容
①	调研目标的陈述	这项内容实际上就是研究项目与主题确定后的简洁表述，在此部分，可以适当交代研究的来龙去脉，说明方案的局限性以及需要与委托方协商的内容。有时这部分内容也放在前言部分
②	研究范围	为了确保调查范围与对象的准确、易于查找，在撰写规划书的时候，研究范围一定要陈述具体明确，界定准确，能够运用定量的指标来表述的一定要定量化，要说明调查的地域、调查的对象，解决"在何处"、"是何人"的问题
③	研究方法	为了顺利地完成市场调研任务，要对策划的调研方法进行精炼准确的陈述，解决"以何种方法"进行调查，由此取得什么资料的问题。具体撰写中，对被调查者的数量、调查频率（即是一次性调查还是在一段时间内跟踪调查）、调查的具体方法、样本选取的方法等要进行详细的规定
④	研究时间安排	实践中，各阶段所占研究时间比重可以参照如下的分配办法酌情分配与安排：研究目标的确定约占5%，研究方案设计约占10%，研究方法确定约占5%，调研问卷的制作约占10%，试调研约占5%，数据收集整理约占40%，数据分析约占10%，市场调研报告的写作约占10%，市场调研反馈约占5%
⑤	经费预算	一般的，市场调研经费大致包括资料费、专家访谈顾问费、专家访谈场地费、交通费、调研费、报告制作费、统计费、杂费、税费和管理费等。比重较大的几项费用为交通费、调研费、报告制作费、统计费，依调研的性质不同而有一定的差异。目前，为保证问卷的回收量及被调查者的配合，往往还要支付一定的礼品费，不过礼品的发放不能造成被调查者改变自己的态度，不能影响调研结果的可信度
⑥	研究人员预算	研究人员预算要陈述清楚不同类型研究人员的配比问题，主要需要市场分析、财务分析、访谈人员等专业人士，可以根据具体的项目适当调配各类人员的配合关系

二、拟定调查问卷

调查问卷又称调查表或询问表，是以问题的形式系统地记载调查内容的一种印件。问卷可以是表格式、卡片式或簿记式。设计问卷，是询问调查的关键。完美的问卷必须具备两个功能，即能将问题传达给被问的人和使被问者乐于回答。要完成这两个功能，问卷设计时应当遵循一定的原则和程序，运用一定的技巧。

1. 问卷的设计原则

设计调查问卷应遵循表3-8所示的几项原则。

表 3-8 调查问卷的设计原则

序号	要素	内容
①	主题明确	根据调查主题,从实际出发拟题,问题目的明确,重点突出,没有可有可无的问题
②	逻辑性强	问题的排列应有一定的逻辑顺序,符合应答者的思维程序。一般是先易后难、先简后繁、先具体后抽象
③	通俗易懂	问卷应使应答者一目了然,并愿意如实回答。问卷中语气要亲切,符合应答者的理解能力和认识能力,避免使用专业术语。对敏感性问题采取一定的技巧调查,使问卷具有合理性和可答性,避免主观性和暗示性,以免答案失真
④	长度适中	控制问卷的长度,回答问卷的时间控制在 20 分钟左右,问卷中既不浪费一个问句,也不遗漏一个问句
⑤	简洁方便	便于资料的校验、整理和统计

2. 问卷的设计程序

问卷设计的程序包括表 3-9 所示的几个步骤。

表 3-9 调查问卷的设计程序

序号	要素	内容
①	把握调研的目的和内容	着手进行问卷设计时,首要的工作是要充分地了解本项调研的目的和内容。为此需要认真讨论调研的目的、主题和理论假设,并细读研究方案,向方案设计者咨询,与他们进行讨论,将问题具体化、条理化和操作化,即变成一系列可以测量的变量或指标
②	搜集有关调查课题的资料	搜集有关资料的目的主要有 3 个:其一是帮助研究者加深对所调查研究问题的认识;其二是为问题设计提供丰富的素材;其三是形成对目标总体的清楚概念。在搜集资料时对个别调查对象进行访问,可以帮助了解受访者的经历、习惯、文化水平以及对问卷问题知识的丰富程度等
③	确定调查方法的类型	不同类型的调查方式对问卷设计是有影响的。在面访调查中,被调查者可以看到问题并可以与调查人员面对面地交谈,因此,可以询问较长的、复杂的和各种类型的问题。在电话访问中,被调查者可以与调查员交谈,但是看不到问卷,这就决定了只能问一些短的和比较简单的问题。邮寄问卷是自己独自填写的,被调查者与调研者没有直接的交流,因此,问题也应简单些并要给出详细的指导语。在计算机辅助访问(CAPI 和 CATI)中,可以实现较复杂的跳答和随机化安排问题,以减小由于顺序造成的偏差。人员面访和电话访问的问卷要以对话的风格来设计
④	确定每个问答题的内容	确定每个问答题的内容,要分析每个问答题应包括什么,以及由此组成的问卷应该问什么,是否全面与切中要害 问卷中的每一个问答题都应对所需的信息有所贡献,或服务于某些特定的目的。如果从一个问答题得不到可以满意的使用数据,那么这个问答题就应该取消 在确定每个问答题的内容时,调研者不应假设被调查者能够对所有的问答题都能提供准确或合理的答案,也不应假定他一定会愿意回答每一个知晓的问题。对于被调查者"不能答"或"不愿答"的问答题,调研者应当想法避免这些情况的发生

序号	要素	内容
④	确定每个问答题的内容	鼓励被调查者提供他们不愿提供信息的方法，有如下几种。一是将敏感的问题放在问卷的最后。此时，被调查者的戒备心理已大大减弱，愿意提供信息。二是给问答题加上一个"序言"，说明有关问题（尤其是敏感问题）的背景和共性——克服被调查者担心自己行为不符合社会规范的心理。三是利用"第三者"技术来提问答题，即从旁人的角度涉入问题
⑤	决定问答题的结构	一般来说，调查问卷的问题有两种类型：封闭性问题和开放性的问题 开放性问题，又称为无结构的问答题，被调查者用他们自己的语言自由回答，不具体提供选择答案的问题。例如："您为什么喜欢耐克的电视广告？" 封闭性问答题，又称有结构的问答题，它规定了一组可供选择的答案和固定的回答格式。例如：您选择购买住房时考虑的主要因素是什么？（A）价格（B）面积（C）交通情况（D）周边环境（E）设计（F）施工质量（G）其他_____请注明
⑥	决定问题的措词	问卷语言与措辞要求简洁、易懂、不会误解。一要多用普通用语、语法，对专门术语必须加以解释；二要避免一句话中使用两个以上的同类概念或双重否定语；三要防止诱导性、暗示性的问题，以免影响回卷者的思考；四是问及敏感性的问题时要讲究技巧；五是行文要浅显易读，要考虑到回卷者的知识水准及文化程度，不要超过回卷者的领悟能力
⑦	安排问题的顺序	一是容易回答的问题放前面，较难回答的问题放稍后，困窘性问题放在最后面，个人资料的事实性问题放卷尾 二是封闭式问题放前面，自由式问题放后面。由于自由式问题往往需要时间来考虑答案和语言的组织，放在前面会引起应答者的厌烦情绪 三是要注意问题的逻辑顺序，按时间顺序、类别顺序等合理排列
⑧	确定格式和排版	按照应用文的一般格式进行排列。也可以根据所选取的调查对象，穿插一些形象的点缀和装饰
⑨	拟定问卷的初稿和预调查	初步拟定好调查问卷，并在一个具有代表性的较小范围内进行初步试调查
⑩	制成正式问卷	根据预调查情况，修订或确定调查问卷，并进行印制或上传网络

3. 问卷的类型

问卷的类型，可以从不同角度进行划分。

（1）按问题答案划分

按问题答案划分，可以分为结构式、开放式、半结构式 3 种，如表 3-10 所示。

表 3-10   调查问卷的问题答案类型

序号	类型	内容
①	结构式	结构式通常也称为封闭式或闭口式。这种问卷的答案是研究者在问卷上早已确定的，由回卷者认真选择一个回答划上圈或打上勾就可以了
②	开放式	开放式也称之为开口式。这种句卷不设置固定的答案，让回卷者自由发挥
③	半结构式	这种问卷介乎于结构式和开放式两者之间，问题的答案既有固定的、标准的，也有自由发挥的，吸取了两者的长处，这类问卷在实际调查中运用还是比较广泛的

（2）按调查方式划分

按调查方案划分，可以分为自填问卷和访问问卷两种，如表 3-11 所示。

表 3-11   调查问卷的调查方式类型

序号	类型	内容
①	自填问卷	自填问卷是由被访者自己填写的问卷。自填式问卷由于发送的方式不同而又分为发送问卷和邮寄问卷两类 发送问卷是由调查员直接将问卷送到被访者手中，并由调查员直接回收的调查形式。回收率要求在 67%以上 邮寄问卷是由调查单位直接邮寄给被访者，被访者自己填答后，再邮寄回调查单位的调查形式。邮寄问卷回收率低，调查过程不能进行控制，因此可信性与有效性都较低。而且由于回收率低，会导致样本出现偏差，影响样本对总体的判断。邮寄问卷的回收率在 50%左右就可以了
②	访问问卷	访问问卷是访问员通过来访被采访者，由访问员填答的问卷 访问问卷的回收率最高，填答的结果也最可靠，但是成本高，费时长，这种问卷的回收率一般要求在 90%以上

（3）按问卷作用划分

按问卷作用来分，一般来讲，问卷调查，尤其是市场调查的问卷调查，都包括 3 种类型的问卷，即甄别问卷、调查问卷和回访问卷（复核问卷），如表 3-12 所示。

表 3-12   调查问卷的作用类型

序号	类型	内容
①	甄别问卷	甄别问卷是为了保证调查的被访者确实是调查产品的目标消费者而设计的一组问题。它一般包括对个体自然状态变量的排除、对产品适用性的排除、对产品使用频率的排除、对产品评价有特殊影响状态的排除和对调查拒绝的排除 5 个方面
②	调查问卷	调查问卷是问卷调查最基本的方面，也是研究的主体形式。任何调查，可以没有甄别问卷，也可以没有复核问卷，但是必须有调查问卷，它是分析的基础
③	回访问卷	回访问卷，又称复核问卷，是指为了检查调查员是否按照访问要求进行调查而设计的一种监督形式问卷。它是由卷首语、甄别问卷的所有问题和调查问卷中一些关键性问题所组成

4. 问卷的结构和内容

问卷的一般结构有标题、说明、主题、编码号、致谢语和实验记录等项目，如表 3-13 所示。

表 3-13　　　　　　　　　　　　问卷的结构和内容

序号	要素	内容
①	标题	每份问卷都有一个研究主题。研究者应开宗明义定个题目，反映这个研究主题，使人一目了然，增强填答者的兴趣和责任感 例如，"中国互联网发展状况及趋势调查"这个标题，把调查对象和调查中心内容和盘托出，十分鲜明
②	说明	问卷前面应有一个说明。这个说明可以是一封告调查对象的信，也可以是指导语，说明这个调查的目的意义，填答问卷的要求和注意事项。问卷开头主要包括引言和注释，是对问卷的情况说明 引言应包括调查的目的、意义、主要内容、调查的组织单位、调查结果的使用者、保密措施等。其目的在于引起受访者对填答问卷的重视和兴趣，使其对调查给予积极支持和合作 引言一般放在问卷的开头，篇幅宜小不宜大。访问式问卷的开头一般非常简短；自填式问卷的开头可以长一些，但一般以不超过两三百字为佳
③	主体	这是研究主题的具体化，是问卷的核心部分。问题和答案是问卷的主体。从形式上看，问题可分为开放式和封闭式两种。从内容上看，可以分为事实性问题、意见性问题、断定性问题、假设性问题和敏感性问题等
④	编码号	编码号并不是所有问卷都需要的项目。在规模较大又需要运用电子计算机统计分析的调查，要求所有的资料数量化，与此相适应的问卷就要增加一项编码号内容。也就是在问卷主题内容的右边留一统一的空白顺序编上 1、2、3……的号码（中间用一条竖线分开），用以填写答案的代码。整个问卷有多少种答案，就要有多少个编码号。如果一个问题有一个答案，就占用一个编码号，如果一个问题有 3 种答案，则需要占用 3 个编码号。答案的代码由研究考核者对后填写在编码号右边的横线上
⑤	致谢语	为了表示对调查对象真诚合作的谢意，研究者应当在问卷的末端写上感谢的话，如果前面的说明已经有表示感谢的话语，那末端可不用
⑥	实验记录	其作用是用以记录调查完成的情况和需要复查、校订的问题，格式和要求都比较灵活，调查访问员和校查者均在上面签写姓名和日期

以上问卷的基本项目，是要求比较完整的问卷所应有的结构内容，但通常使用的如征询意见及一般调查问卷可以简单些，有一个标题、主题内容和致谢语及调查研究单位就行了。

三、进行资料整理

1. 资料整理的概述

资料整理是根据研究目的，运用科学的方法，对调查资料进行审核、分类或分组、汇总，使之系统化和条理化，并以集中、简明的方式反映调查对象总体情况的工作过程。

（1）作用与意义

资料整理对于整个市场调查工作具有非常重要的作用，如表 3-14 所示。

表 3-14 资料整理的作用

序号	作用	说明
①	全面检查	它是对调查资料的全面检查，查缺补漏，去假存真，去粗取精，保证资料的真实
②	帮助研究	它是进一步分析研究资料的基础，对资料的分析必须借助完备的系统的资料，因此，它是研究阶段的第一步
③	保存资料	它是市场调查的客观要求，只有进行整理之后，才能使原始资料具有长期保存的价值

（2）整理步骤

资料整理的步骤大致可分表 3-15 所示的步骤。

表 3-15 资料整理的步骤

序号	步骤	说明
①	编制方案	设计和编制资料整理方案，这是保证统计资料的整理有计划、有组织地进行的重要一步。资料的整理往往不是整理一个或两个指标，而是整理多个有联系的指标所组成的指标体系
②	审核资料	对原始资料进行审核，资料的审核是第一步，为了保证质量必须进行严格的审核
③	分组汇总	综合汇总的项目，对原始资料进行分组、汇总和计算是关键
④	审核统计	对整理好的资料再进行一次审核，然后编制成一个统计表，以表示社会经济现象在数量上的联系

（3）审核原则

资料的审核必须遵守资料整理的一般要求，着重资料的真实性、准确性、完整性。具体要求如表 3-16 所示。

表 3-16 资料审核的原则

序号	原则	说明
①	真实性	调查资料来源的客观性问题，来源必须是客观的。调查资料本身的真实性问题，要辨别出资料的真伪，把那些违背常理的、前后矛盾的资料舍去
②	准确性	准确的审核要着重检查那些含糊不清的、笼笼统统的以及互相矛盾的资料
③	完整性	既要做到调查资料总体的完整性，还要做到每份调查资料的完整性

在审核中，如发现问题可以分不同的情况予以处理：对于在调查中已发现并经过认真核实后确认的错误，可以由调查者代为更正；对于资料中可疑之处或有错误与出入的地方，应进行补充调查；无法进行补充调查的，应坚决剔除那些有错误的资料，以保证资料的真实准确。

2. 资料整理的方法

资料整理的常用方法是统计分组法。该方法可用表 3-17 来进行阐述。

表 3-17   统计分组法

序号	内容	说明
①	概念	统计分组，是指根据社会调查的目的和要求，按照一定标志，将所研究的事物或现象区分为不同的类型或组的一种整理资料的方法
②	作用	通过分组，可以找出总体内部各个部分之间的差异，深入了解现象总体的内部结构，显示社会现象之间的依存关系
③	标志选择	标志指反映事物属性或特征的名称 正确分组必须遵守以下原则：根据调查研究的目的和任务选择分组标志，选择能够反映被研究对象本质的标志，应从多角度选择分组标志，并不是唯一性的
④	次数分布	次数分布：是将总体中的所有单位按某个标志分组后，所形成的总体单位数在组之间的分布。各组次数与总次数之比叫做比重、比率或频率 次数分布实质：是反映统计总体中所有单位在各组的分布状态和分布特征的一个数列，也可以称做次数分配数列，简称分布数列
⑤	汇总	汇编，指根据调查研究的目的，将资料中的各部分分散的数据汇聚起来，以集中形式反映调查单位的总体状况及内部数量结构的一项工作 方法有：手工汇总、点线法、过录法、折叠法和卡片法及计算机汇总
⑥	制表	制表结构包括标题、横标目、纵标目、数字。制作应遵循科学、实用、简练、美观原则，注意标题简单明了，表格形式一般是开口式，如表格栏数多要对栏数加以编号，数字要填写整齐、对准数位，凡需说明的文字一律写入表注
⑥	绘图	常用统计图有条形图或称柱形图、圆形图、曲线图、象形图 通过绘图，表明事物总体结构，表明统计指标不同条件下的对比关系，反映事物发展变化的过程和趋势，说明总体单位按某一标志的分布情况，显示现象之间的相互依存关系

3. 资料分析的方法

常用资料分析法如表 3-18 所示。

表 3-18   资料分析的方法

分类	方法		说明
静态分析	定性分析	归纳分析法	归纳分析法是我们用得最广泛的一种方法，分为完全归纳法和不完全归纳法，后者又分为简单枚举法和科学归纳法
		演绎分析法	运用演绎分析法时要注意分类研究的标准要科学；分类研究的角度应该是多角度、多层次的；对分类研究后的资料还要运用多种逻辑方法揭示其本质，形成理性认识；综合要以分类研究为基础；综合要根据研究对象本身的客观性质，从内在的相互关系中把握其本质和整体特征，而不是将各个部分、方面和因素进行简单相加或形式上的堆砌

分类	方法		说明
静态分析	定性分析	比较分析法	比较分析法是把两个或两类事物的调查资料相对比，从而确定它们之间相同点和不同点的逻辑方法。运用比较分析法时，要注意可以在同类对象间进行，也可以在异类对象间进行；要分析可比性；应该是多层次的
		结构分析法	结构分析法是在市场调查的定性分析中，我们通过调查资料，分析某现象的结构及其各组成部分的功能，进而认识这一现象本质的方法。结构分析法要着重分析结构、分析内部功能和分析外部功能
	定量分析	描述性统计分析	描述性统计分析指对被调查总体所有单位的有关数据做搜集、整理和计算综合指标等加工处理，用来描述总体特征的统计分析方法 市场调查分析中最常用的描述性统计分析，主要包括对调查数据的分组分析、集中趋势分析、离散程度分析和相对程度分析、指数分析
		解析性统计分析	解析性统计分析方法主要有：假设检验、方差分析、相关分析
		确定性分析	确定性分析方法主要有模糊分析
动态分析	动态数列分析	总量指标动态数列	总量指标动态数列是将现象某一总量指标在不同时间的数值，序时编排所形成的数列，称总量指标动态数列，它反映被研究现象总水平（或规模）的发展过程和结果 根据总量指标反映现象的时间状况不同，总量指标动态数列又可分为时期数列和时点数列
		相对指标动态数列	相对指标动态数列是将现象某一相对指标在不同时间的数值序时编排所形成的数列，称相对指标动态数列，它反映被研究现象数量对比关系的发展变化过程
		平均指标动态数列	平均指标动态数列将现象某一平均指标在不同时间的数值序时编排所形成的数列，称平均指标动态数列。它反映现象平均水平的发展趋势。由于平均指标可分为静态平均数（一般平均数）和动态平均数（序时平均数），因此，平均指标动态数列亦可分为静态平均数动态数列和序时平均数动态数列两种
	统计指数分析	统计指数分析	统计指数的概念有广义和狭义两种理解。广义指数是泛指社会经济现象数量变动的比较指标，即用来表明同类现象在不同空间、不同时间、实际与计划对比变动情况的相对数。狭义指数仅指反映不能直接相加的复杂社会经济现象在数量上综合变动情况的相对数

四、撰写调查报告

1. 调查报告的概述

调查报告是调查结果的集中表现。能否撰写出一份高质量的调查报告，是决定调查本身成败与否的重要环节。市场调查报告是市场调查研究成果的一种表现形式。它是通过文字、图标等形式将调查的结果表现出来，以使人们对所调查的市场现象或问题有一个全面系统的了解和认识。

（1）调查报告的意义

市场调查报告撰写的意义归纳起来有表 3-19 所示的 3 点。

表 3-19　　　　　　　　　　　撰写调查报告的意义

序号	意义	说明
①	调研活动的成果展示	调查报告是市场调查所有活动的综合体现、是调查成果的集中体现。市场调查报告是调查与分析成果的有形产品。调查报告是将调查研究的成果以文字和图表的形式表达出来。因此，调查报告是市场调查成果的集中体现，并可用做市场调查成果的历史记录
②	理性规律的集中揭示	调查报告是通过市场调查分析，透过数据现象分析数据之间隐含的关系，使我们对事物的认识能从感性认识上升到理性认识，更好地指导实践活动。市场调查报告比起调查资料来，更便于阅读和理解，它把死数字变成活情况，起到透过现象看本质的作用，使感性认识上升为理性认识，有利于商品生产者、经营者了解、掌握市场行情，为确定市场经营目标、工作计划奠定基础
③	服务社会的重要载体	调查报告是为社会、企业、各管理部门服务的一种重要形式。市场调查的最终目的是写成市场调查报告呈报给企业的有关决策者，以便他们在决策时作参考。一个好的调查报告，能对企业的市场活动提供有效的导向作用

（2）调查报告的特点

市场调查报告应具有针对性、新颖性、时效性、科学性等几个方面的特点，具体如表 3-20 所示。

表 3-20　　　　　　　　　　　调查报告的特点

序号	特点	说明
①	针对性	针对性包括选题上的针对性和阅读对象的明确性两方面。首先，调查报告在选题上必须强调针对性，做到目的明确、有的放矢，围绕主题展开论述，这样才能发挥市场调查应有的作用；其次，调查报告还必须明确阅读对象。阅读对象不同，他们的要求和所关心的问题的侧重点也不同。如调查报告的阅读者是公司的总经理，那么他主要关心的是调查的结论和建议部分，而不是大量的数字的分析等。但如果阅读的对象是市场研究人员，他所需要了解的是这些结论是怎么得来的，是否科学、合理，那么，他更关心的就是调查所采用的方式、方法，数据的来源等方面的问题。针对性是调查报告的灵魂，必须明确要解决什么问题，阅读对象是谁等。针对性不强的调查报告必定是盲目的和毫无意义的

续表

序号	特点	说明
②	新颖性	市场调查报告的新颖性是指调查报告应从全新的视角去发现问题,用全新的观点去看待问题。市场调查报告要紧紧抓住市场活动的新动向、新问题等提出新观点。这里的新,更强调的是提出一些新的建议,即以前所没有的见解。例如,许多婴儿奶粉均不含蔗糖,但通过调查发现,消费者并不一定知道这个事实。有人就在调查报告里给某个奶粉制造商提出了一个建议,建议在广告中打出"不含蔗糖"的主张,不会让小宝宝的乳牙蛀掉。结果取得了很好的效果
③	时效性	市场的信息千变万化,经营者的机遇也是稍纵即逝。市场调查滞后,就失去其存在意义。因此,要求调查行动要快,市场调查报告应将从调查中获得的有价值的内容迅速、及时地报告出去,以供经营决策者抓住机会,在竞争中取胜
④	科学性	市场调查报告不是单纯报告市场客观情况,还要通过对事实做分析研究,寻找市场发展变化规律。这就需要写作者掌握科学的分析方法,以得出科学的结论,适用的经验、教训,以及解决问题的方法、意见等

2. 调查报告的结构

市场调查报告的结构一般是由题目、目录、摘要、正文、结论和建议、附录等几个部分组成。报告的结构不是固定不变的,不同的调查项目、不同的调研者或调查公司、不同的用户以及调查项目自身性质不同的调查报告,都可能会有不同的结构和风格。

（1）题目

题目包括市场调查标题、报告日期、委托方、调查方等。一般应打印在扉页上。标题是画龙点睛之笔,好的标题,一名既立境界全出。标题必须准确揭示报告的主题思想,做到题文相符。标题要简单明了,高度概括,具有较强的吸引力。

标题的形式一般有表 3-21 所示的 3 种。

表 3-21　　　　　　　　　　　　标题的形式

序号	形式	说明
①	直叙式标题	直叙式标题是反映调查意向或指出调查地点、调查项目的标题。例如,《北京市网络市场的调查》等。这种标题的特点是简明、客观
②	表明观点式标题	表明观点式标题是直接阐明作者的观点、看法,或对事物做出判断、评价的标题。如《高档羊绒大衣在北京市场畅销》等标题。这种标题既表明了作者的态度,又揭示了主题,具有很强的吸引力
③	提出问题式标题	提出问题式标题是以设问、反问等形式,突出问题的焦点和尖锐性,吸引读者阅读、思考。例如,《消费者愿意到网上购物吗？》等

标题按其形式又可以分为单行标题和双行标题。单行标题是用一句话概括调查报告的主题或要回答的问题。一般是由调查对象及内容加上"调查报告"或"调查"组成。如《"中关村电子一条街"调查报告》等。双标题由主题加副题组成。一般用主题概括调查报告的主题或要回答的问题,用副题标明调查对象及其内容。如《保护未成年人要从规范成年人入手——关于中小学生出入电子游戏厅的调查》等。

（2）目录

提交调查报告时，如果涉及的内容很多，页数很多，为了便于读者阅读，把各项内容用目录或索引形式标记出来。这使读者对报告的整体框架有一个具体的了解。目录包括各章节的标题，包括题目、大标题、小标题、附件及各部分所在的页码等。具体内容如下。

① 章节标题和副标题及页码。

② 表格目录：标题及页码。

③ 图形目录：标题及页码。

④ 附录：标题及页码。

（3）摘要

摘要是市场调查报告中的内容提要。摘要包括的内容主要有为什么要调研；如何开展调研；有什么发现；其意义是什么；如果可能，应在管理上采取什么措施等。摘要不仅为报告的其余部分规定了切实的方向，同时也使得管理者在评审调研的结果与建议时有了一个大致的参考框架。

摘要是报告中十分重要的一部分，写作时需要注意以下几个问题：一是摘要只给出最重要的内容，一般不要超过 2～3 页；二是每段要有个小标题或关键词，每段内容应当非常简练，不要超过三四句话；三是摘要应当能够引起读者的兴趣和好奇心去进一步阅读报告的其余部分。摘要由以表 3-22 所示几个部分组成。

表 3-22　　　　　　　　　　　　摘要的内容

序号	内容	说明
①	调查目的	即为什么要开展调研，为什么公司要在这方面花费时间和金钱，想要通过调研得到些什么？
②	对象和内容	如调查时间、地点、对象、范围、调查要点及要解答的问题等
③	调查研究的方法	如问卷设计、数据处理是由谁完成，问卷结构，有效问卷有多少，抽样的基本情况，研究方法的选择等

（4）正文

正文是市场调查报告的主要部分。对于某些市场研究人员，比如产品经理、营销经理或其他人员，除了要知道调查报告的结论和建议以外，需要了解更多的调研信息。如考查结果的逻辑性，在调查过程中有没有遗漏，关键的调研结果是如何得出的等。这时，这些人员会详细地研究调查报告的主体部分，即正文。这就要求正文部分必须正确阐明全部有关论据，包括问题的提出到引起的结论，论证的全部过程，分析研究问题的方法等。正文包括开头部分和论述部分。

开头部分的撰写一般有表 3-23 所示几种形式。

表 3-23　　　　　　　　　　　　正文开头撰写形式

序号	形式	说明
①	开门见山，揭示主题	文章开始就先交代调查的目的或动机，揭示主题。例如，"我公司受北京电视机厂的委托，对消费者进行一项有关电视机市场需求状况的调查，预测未来消费者对电视机的需求量和需求的种类，使北京市电视机厂能根据市场需求及时调整其产量及种类，确定今后的发展方向"

序号	形式	说明
②	结论先行，逐步论证	先将调查的结论写出来，然后逐步论证。许多大型的调查报告均采用这种形式。特点是观点明确，使人一目了然。例如，"我们通过对天府可乐在北京市的消费情况和购买意向的调查，认为它在北京不具有市场竞争力，原因主要从以下几方面阐述"
③	交代情况，逐步分析	先交代背景情况、调查数据，然后逐步分析，得出结论。"本次关于非常可乐的消费情况的调查主要集中在北京、上海、重庆、天津，调查对象集中于中青年……。"
④	提出问题，引入正题	用这种方式提出人们所关注的问题，引导读者进入正题。CCTV 的调查很多分析报告都是采用的这种形式

论述部分必须准确阐明全部有关论据。根据预测所得的结论，建议有关部门采取相应措施，以便解决问题。论述部分主要包括基本情况部分和分析部分两部分，基本情况部分包括对调查数据资料及背景做客观的介绍说明、提出问题、肯定事物的一面，分析部分包括原因分析、利弊分析、预测分析。

（5）结论和建议

结论和建议应当采用简明扼要的语言。好的结语，可使读者明确题旨，加深认识，启发读者思考和联想。结论一般有表 3-24 所示几个方面。

表 3-24　　　　　　　　　结论的内容

序号	内容	说明
①	概括全文	经过层层剖析后，综合说明调查报告的主要观点，深化文章的主题
②	形成结论	在对真实资料进行深入细致的科学分析的基础上，得出报告的结论
③	提出看法和建议	通过分析，形成对事物的看法，在此基础上，提出建议和可行性方案
④	展望未来、说明意义	通过调查分析展望未来前景

（6）附件

附件是指调查报告中正文包含不了或没有提及，但与正文有关必须附加说明的部分。它是正文报告的补充或更详尽的说明。附件应包括内容有：调查问卷；技术细节说明，如对一种统计工具的详细阐释；其他必要的附录，比如调查所在地的地图等。

第三节　讨论与总结（习题）

一、案例——撰写调查问卷

柯达网站的营销案例分析

摘要： 作为全球驰名品牌的拥有者，伊斯曼·柯达公司具有悠久的历史，并是《财富》500 强中的恒星。但近年来，它在胶卷、传统相机、数码相机、冲洗药剂、复印机、CD 等领域中均受到来自日本、美国等国家和地区产品的挑战，500 强排名也从 1989 年第 18 位一路下滑至 1997 年的第 269 位，个别分析家甚至认为，柯达公司是个已经无法再发展的成熟企业。

而柯达网站就是在这一严峻形势下启动运作的，它的使命是：介绍产品、树立形象、以成像后的增值性服务来争取客户。

1. 站点定位

柯达首页，给人的第一感觉有点怪异和不详。作为照片业的始祖，柯达本可在数以亿幅相片中选择最精美绝伦的人物或风景来装饰其首页，然而它却单挑了一帧残阳下几片枯枝败叶来作篇眉，梯形栏目选择条又像导向手指，指根是那全球无所不在的著名柯达商标，但却似乎要将人领向日薄西山之境；观众还未及从这伤感景致中喘过气来，下方黑道上又跳出个如怪似幻的人来伸手剪径……

其实，内行看门道，柯达站点自开通以来，在其首页页眉和下方活动图框中，已经展示过许多幅精美的照片。页眉处均为滤镜处理后的长卷特写，活动框中则展示一些不朽的名片。本文的两幅图片是在展示其胶卷的非凡品质。

对彩色照片来说，色彩还原、物体质感、层次和明暗的表现等综合表现才是衡量其质量的指标，而不是一味的大俗大艳才佳。对皮肤、落叶等色彩并不艳丽且略偏暖黄基色的物体，能逼真地还原其本色的彩卷才是优秀的胶卷，这是柯达篇眉的立意所在。

下幅图片，则是用柯达超级胶片加上专门的技法拍摄的一位舞蹈家，"他似乎脱离地心引力，图片令人震惊，但却绝对真实。"拍摄这种照片，需要胶片具有超高水平的感光能力，能在瞬间接受无数次频闪才能产生这种腾云驾雾的效果。柯达辟有专题主页，对此技术加以说明。

柯达总裁指出："如果我们认为我们过去是造胶卷，我们今后是搞数码，那我们就会出问题。但是，如果我们清楚知道我们过去的业务是照片，今后也是照片的话，那么我们就会利用一切现有的技术。"所以，网站就以首页上的"拍照，后续处理"标题名定位。

2. 网站结构与营销策略

柯达网站围绕照片、成像及相关技术设备，设置如下栏目。

拍照——下设"拍出好照片"（技术、实例、在线教程）、"胶卷指导"、"胶卷使用及一次性相机"、"柯达 ADVANTIX 系统"、"数字化相机及技术"（扫描仪、印相机、PhotoCD、CD-R）等子栏目。

后续处理——下设"照片后续处理"（比相册及影薄更佳）、"柯达在线图片网"（照片上网后再加工与共享）、"制作明信片和像卡"、"新颖有趣的图片编辑法"等子栏目。

柯达介绍——下设"关于柯达"、"出版中心"、"柯达在世界各地"、"柯达助您捕获节假日中的精彩瞬间"、"用柯达庆贺图片系统创作个人节日卡"、与 AOL 联办"您在拍摄"等子栏目。

专业图像——下设"专业图像处理"、"运动图像处理"、"商业及办公图像"、"应用图像"、"医疗保健用图片"、"政府、地质勘探、宇航和科学摄影"、"教育图像"等子栏目。

可看出，柯达建站的目标，是要构建网上摄影百科全书、世界图片资料总汇和摄影教学中心。仅其图像库中就有数以万计的全球风光、人文景物和空间航拍等分类照片，每类均收集了各类名家和专业摄影师的作品，这使得柯达站点从一开始就大受欢迎。同时，除非具备非凡实力、雄厚根基并有悠久历史，否则任何一般的企业均无能力营造出这样的站点：它代表整个行业的全貌。

再从立意上看，网站重点在新型产品（影像材料和摄影器材）和大众服务两个层面，宣传其产品质量的多样性与品质的优越性。针对非专业人士通常无从辨解牌号繁多的胶片的特殊性能，难于理解这种传统产品中的高科技含量，柯达网站采用了相当数量页面来介绍其产品在宇航、遥感等领域中的应用。尖端科研和生物医疗、显微、大地航拍等领域中大量采用各类柯达胶卷，是对其优异质量的最好佐证。

但行业领先地位也罢，超级产品质量也罢，最后都必须落实在市场，落实在消费者身上。在此，柯达迥异于波音，胶卷毕竟不是飞机。网站的成功与否取决于争得大众客户的多少，这是难点一；对于胶卷这种低值消费品来说，争得客户一时的宠爱并不算成功，争得用户一世的珍爱才算成功，这是难点二；多种品牌的胶卷对主体用户大众不分轩轾，技术进步又使拍摄傻瓜化，初学者也能轻易拍出以往专家级的作品来，故没有理由让用户对某种胶卷情有独钟，这是难点三。

柯达清楚地知道这些，所以其网络营销不是放在一般的宣传产品上，而是重在培养客户对其品牌、对其网址的忠诚度上，采取"别具一格"竞争策略，切实推出一些能在网上实施、对大众常规摄影作品起增值作用的服务项目来，主要如下。

教育培训。这是面向公众的有效营销措施。柯达传统影视媒体广告主题都以"留住精彩的美好瞬间"为题，在网络上，它可以从容地、分步骤地教导大众如何拍出上佳之作，这在柯达站页中占有相当的比重。"拍好照片"培训的入口，它从器材、技术、胶卷、用光、拍摄和合成等栏目介绍摄影概况，又提出"10大技术"等，每栏都有在线索引、相关问题解答参考目录等，循其一周，相当于上了纽约摄影学院。

佳作素材库。前面已经提到，柯达将海量分类图片库放在网上，目的一是作为摄影楷模，二是让用户自己选择素材，下载后和自己的照片一道加工合成。这类增值服务为柯达赢得良好的口碑，它对营销的作用是巨大的。

在线服务。柯达通过与 AOL 联合，开办"您在拍摄"热线，建立影迷论坛和交流中心等，培养了一大批忠实用户。近来更发展了一个在线图片加工中心，影迷们只要将照片发到网上，就能重新组合或共享。如果有困难时，只要招呼一声，就会有热心的高手来帮忙对用户原材料进行有趣的编辑再加工。

再进一步，采用柯达数码相机拍摄后的照片，可寄存在其网络电子相薄中。再花少量的钱，就可用其魔术成相机将自己的照片印到一个啦啦队员身上；或者和日本大怪兽一起合影，或者坐上越野车在火星上拍照。

综之，拍摄已是"傻瓜"能为之事，柯达将网络竞争点定位在拍摄后的增值服务"高端"上，为"傻瓜"不能为之事。

3. 网站商业背景分析

许多分析家指出，美国其他一些曾陷困境的著名企业，如 IBM、通用汽车、希尔斯公司等，早已渡过难关，然而柯达目前尚没有。由于传统产品甚至在美国本土都受到老对手富士的严峻挑战，而广种博收的研究项目如 14 英寸存储光盘、斯特灵药品、CD、数字化相机等都受重创或亏损，柯达的元气尚未恢复。

此时，柯达网站对于重振企业形象，培养用户忠诚度等具有至关重要的意义。当公司首次在互联网上开通 3 500 页面的站点、每天吸引多达 15 万人次以上访问时，被广泛认为是商业价值营销效果最好的站点。

为确保网络能提供优质服务，公司还进一步将站点开发扩展到整个企业的各个部门，并将其信息系统部、国际互联网营销部和公共关系、营销和销售单位连接起来。这种协作可确保用户反馈和查询被迅速准确地传给公司，同时也确保服务人员能立即做出反应。目前，公司认为，采取网络营销方式和用户发生相互作用以及从事直接商业的潜力，虽然不是无限的，但也是十分巨大的。华裔信息业钜子、CA（冠群）公司董事长王嘉廉先生指出，1989 年当柯达公司宣布将其所有的计算机资产与运作全部外包时，震惊了全美企业界。而当时这家《财富》500 强中排名 18，享誉全球的公司当时就将其视为增收节支、强化竞争力、实现企业主要目标的一项重要举措，现在则演化为当今规模的综合性营销与服务站点。

从利用该站点来为顾客解答问题、发布产品信息、为数字摄影器材下载驱动程序等项服务看，仅 1996 年一年，该网站就节约了 400 多万美元。公司取消了受话方付费的 800 咨询电话，减少了负责顾客咨询、处理订单的员工数，降低了全球的邮资和运输费用。

但这一优势是否能长久保持？一是网民们多为像雾像雨又像风的过路之客，成一时顾客易，做一世顾客难；真正长久盯住该站点的只是竞争对手和那些将自己照片存入站中电子相簿的人；二是网上的东西是最容易模仿也最难于保护的东西，类似的一些网站已在运行。

对此，只有更快、更新、更大规模地建好自己的网站，时时都有最酷的玩意来吸引新客户；更重要的是做好一对一的个性化增值服务来留住已建立关系的客户，而这又意味着更大的投入。

当今，人们不仅在现实世界中留住精彩瞬间的机会越来越多，在虚拟世界中创造精彩瞬间的机会更多，手法越来越奇，招数越来越多。柯达网站，还能对付过来吗？

（编选：中国 B2B 研究中心）

请结合案例讨论：
① 柯达网站的网站结构有哪几部分？采取了哪些营销策略？
② 试针对柯达网站的资料，撰写一份市场调查问卷。

二、案例——撰写调查报告

2010 团购网站经典营销案例

总结了一下目前团购网站的几个典型营销案例，其中不乏精彩成功的团购，既给商家带来订单，又给消费者带来实惠，团购网站还能从中获得收益，值得团购网站的运营人员学习学习。

案例 1　F 团团购网助布丁酒店酿神话

国内最大的精品团购网站 F 团（www.ftuan.com）和中国第一家时尚、新概念型连锁酒店布丁酒店达成了战略合作，携手推出客房住宿精品团购产品，如图 3-8 所示。原价 21 元的布丁酒店 1 小时券，在本次团购活动中仅售 8 元！也就是说客人只需花费 72 块钱就可以在酒店住宿一晚，而且在上海的 6 家门店均可使用。

如此诱人的产品，从 11 月 8 日在 F 团上海站上线初始，就掀起了团购热潮，短短 10 小时就售出了长达 26 000 小时的客房销售业绩，平均每分钟就有 18 单成交，为将近 5 万人解决了住宿需求，是迄今为止在全球整个团购网站行业中成单时间最快的一次交易！F 团缔造了一个客房销售的新神话！

案例 2　拉手网 0 元团购价值 20 万元北京房产

拉手网推出的 0 元团购价值 20 万元北京房产活动共吸引了 492 030 人参与活动，如图 3-9 所示。其中，有 180 549 网友可以参加抽房产大奖。除房产外，此番活动还设立了二等奖，奖品为最新 iPodShuffle 音乐播放器，共有 181 位网友获得；三等奖，拉手返利 10 元，有近 5 万网友获得。花 20 万元就能获得近 50 万目标人群的关注，再也没有这么便宜的广告费了。

图 3-8　F 团团购

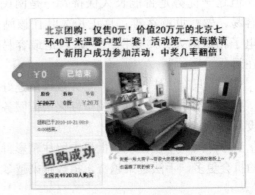

图 3-9　拉手网团购

案例 3　闪团网联合厦门大学研究生支教队伍的公益团购"团购 99 份温暖"

各种团购大佬敲破脑袋想新团购花样时，闪团网却推出"团购 99 份温暖，为宁夏西海固学生募集冬衣"的团购活动，通过每人为宁夏西海固关桥中学学生捐献一件保暖冬衣，即返利 1 元的团购方式，鼓励闪友们热心公益，倡导社会各界投身公益，如图 3-10 所示。这一活动的推出，不但将以"便宜"成名的团购从日常的餐饮娱乐行业提升到了一个新的高度，更深刻地挖掘了团购的深层价值：汇聚众人的力量做公益。

图 3-10　闪团网团购

案例4 魔时团1元团购看光棍节电影《老虎都要嫁》活动

2010年光棍节，魔时团推出1元团购看光棍节电影《老虎都要嫁》的团购活动，现场不仅可以电影还能参加各种相亲交友活动。同时，还推出了国内首个"斗地主"团购套餐，并于2010年11月11日在新岛咖啡将举办光棍节斗地主大赛，为网民解决了光棍节无处可去的现状，为众多斗地主爱好者提供交友机会。

案例5 淘宝网聚划算光棍节团购111名南航妙龄空姐

11月11日，是淘宝网一年一度的光棍节大促销，广告以亿计数，淘宝和众多品牌会卯足了力气冲业绩。坊间盛传：这次光棍节的最高潮是淘宝聚划算联合南方航空和佐卡伊钻石、奔驰汽车，再次重拳出击，推出"空姐第一团"，计划111名南航妙龄空姐上线团购，团购价为517元（吾要妻），开团时间为上午11：11，抢到的单身汉，将有机会和空姐共进晚餐，真实体验一把"和空姐在一起的日子"，同时获赠佐卡伊钻石专门为光棍们设计的"旺桃花"K金姻缘扣手链一条。且团购结束后，成功团购的网民还可参加"1元秒大奔"，限1辆奔驰SMART……

案例6 淘宝网聚划算7折团购200辆奔驰SMART汽车

整个团购活动持续21天，通过团购，原价17.6万的SMART硬顶-style版，可以7.7折13.5万的价格入手，这将是国内能买到的最便宜的SMART，如图3-11所示。每一位想要团车的用户只需在活动页面选择提车区域和经销商，支付999元定金，就能预订心仪的座驾。200辆奔驰SMART汽车一抢而光。

案例7 糯米网团购唐人街海鲜自助餐21个小时，18 000张团购券被一抢而空

在团购网站"雨后春笋"般冒出来以后，各种消费品都参与了"团购"活动，海鲜更是以这种新型方式大幅度让利于消费者。而此次唐人街海鲜自助餐厅和糯米网联合的团购活动再次书写了一次团购神话，如图3-12所示。"68元享唐人街午餐"，自糯米网广告打出，唐人街海鲜自助餐厅仅仅21个小时，18 000张团购券被一抢而空。

图3-11　淘宝网团购

图3-12　糯米网团购

案例8 山寨手机网免费送手机团购活动

山寨手机网推出"0元抢购，免费送手机"的活动，用户只需要登录简单几步注册网站，就可以参与这个活动，短短10天时间内，就有将近2万人参与了这次活动，如图3-13所示。这次活动赠出的手机均为手机厂商赞助，获得了无形的宣传，山寨手机网也博得了巨大的人气。

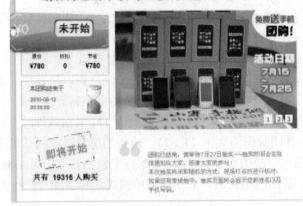

图3-13　山寨手机网团购

请结合案例讨论：

① 目前团购网站的卖点有哪些？

② 根据所给资料，撰写一份关于团购网点营销的卖点调查报告。

三、考核

以小组为单位完成上述任务，以学生个人为单位实行考核。

	案例讨论			调查问卷或调查报告的撰写			得分
	自评	同学评	教师评	自评	同学评	教师评	
学生1							
学生2							
学生3							
学生4							
学生5							

说明：

① 每个人的总分为100分

② 每人每项为50分制，计分标准为：参加讨论但不积极计1~15分，积极讨论但未制订方案计16~30分，积极讨论但方案不完善计31~40分，积极讨论且方案较完善计41~50分

③ 采用分层打分制，建议权重计为：自评分占0.2，同学评分占0.3，教师评分占0.5，然后加权算出每位同学的综合成绩

第四章　手机游戏营销

导读

本章以手机游戏产品营销为载体，安排如下内容。① 手机游戏产品营销知识链接：手机游戏营销概述、手机游戏营销趋势；② 营销实务：分析营销环境、探究购买行为、制订营销战略；③ 讨论与总结（习题）：案例——环境分析、案例——动机探究。

描述

学习目标	教学建议	课时计划
① 了解常见的手机游戏产品及特点 ② 理解并掌握手机游戏营销的营销趋势 ③ 掌握分析营销环境、探究购买行为、制订营销战略的基本知识，并具备相应的实践能力 ④ 在作业中培养学生的团队精神	条件允许时，尽量在理论实践一体化教室或实训基地中实施教学	计划12学时，其中安排任务1学时，项目资讯3学时，实践作业6学时，考核评价2学时

作业流程

进行一手机游戏的市场调查、卖点分析，有针对性地进行市场宏、微观环境分析。其操作应涉及如下作业环节：

（1）对选定或指定某一手机游戏，进行市场调查；

（2）利用 PEST 法分析该市场的宏观环境；

（3）深入调查，体验并探究该市场消费者的购买行为；

（4）对该营销主体采用的营销战略进行理性分析。

案例

案例1　网络游戏市场 PEST 分析报告

1. 政策环境

（1）政府扶持文化产业

政府对于文化产业持力度加大，网页游戏从中得益。2009 年，国务院常务会议讨论并原则通过《文化产业振兴规划》。这是继钢铁、汽车、纺织等 10 大产业振兴规划后出台的又一个重要的产业振兴规划，同时也意味着文化产业已经上升为国家的战略性产业。该《规划》对动漫游戏、文化产业园建设、对外贸易措施以及准入门槛等内容进行重点阐述。而作为动漫游戏产业的组成部分，网页游戏也将在政府扶持文化产业的过程中得益。

（2）网络游戏进入门槛提升，网页游戏存在不确定性

网络游戏进入门槛提升，网页游戏市场存在不确定性。根据文化部《经营性互联网 文化单位申报指南》的规定，在设立经营性互联网文化单位的条件中，如果申请游戏产品业务的，"注册资金须达到 1 000 万元以上"。但网页游戏和客户端网络游戏的特征差异较大，很难使用统一的政策标准予以管理。目前整体网页游戏行业的进入难度不大，而随着行业规模的不断扩张，网页游戏也要面临潜在的政策风险。与此同时，虽然目前进入网页游戏难度不大，但并不意味着低门槛，高端网页游戏技术方面依然是国内大多数网页游找厂商的障碍。

（3）网络游戏监管力度加大

2010 年 1 月，在文化部文化市场司指导下，由国内从事网页游戏开发企业、运营企业、专业媒体、行业周边企业组成网页游戏行业自律联盟。2010 年 4 月，文化部宣布了第二批"网络游戏未成年人家长监护工程"的试点企业，与第一次不同的是，被纳入监管范畴的 36 家企业中包括千橡、开心网（kaixin001.com）、淘米网等社交游戏。这意味着政府对网页游戏的监管力度呈逐步加大的趋势，同时，也意味着网页游戏市场的恶性竞争、低俗内容等不规范问题将得以改善，为网页游戏的可持续发展创造一个良好的市场环境。

2. 经济环境

（1）经济危机对于网络游戏影响不大

经济形势对网络游戏影响并不明显，在经融危机的影响下，中国网络游戏无论是用户规模还是营收规模，都保持增长的态势。这一方面由于网络游戏属于相对低廉的娱乐形式且用户黏合度较高；另一方面由于网络游戏行业不需要大量银行贷款和大面积进行渠道建设，而互联网支付的普及也为运营商与消费者架设了直接交易的桥梁，杜绝了传统渠道层层押账等问题，极大减小了风险。因此，对于网页游戏运营而言，经济形势的关注应更多地偏向投资机会，而不是经济危机对于用户的影响。

（2）游戏巨头进入行业加大竞争压力

大型网络游戏运营商纷纷涉足网页游戏行业，加大中小型网页游戏公司竞争压力。自 2008 年开始，盛大、网易、巨人等大型网络游戏开始开展网页游戏业务，或投入大量资本和人力用以网页游戏的自主研发，或强强联手合作运营网页游戏。这些公司无论在资金背景、技术实力或者推广渠道等方面均具有明显的优势，他们的介入势必会提高网页游戏行业的竞争门槛，并进一步挤压中小企业的市场空间。对于中小公司而言，寻求产品的差异化竞争，提升运营服务质量，将是未来网页游戏市场竞争的焦点。

（3）相关互联网行业推动网页游戏发展

随着中国互联网的广泛普及，网民对互联网的应用不断加深，互联网各产业的融合和促进趋势也逐渐增强。从 2008 年底，网络社交应用开始兴起后，网页游戏和社交网站的相互补充和推进作用尤其明显。此外，3G 发牌后，中国移动互联网发展加速，手机网民规模不断扩大，为网页游戏进军移动领域创造了有利条件。最后，基于移动终端的网页游戏开发和运营也将成为网页游戏市场的新增长点。

（4）投资环境逐步改善

网页游戏投资少回报快的优势一度受到资本市场的青睐，随着经济危机的逐步好转，一些利好因素将吸引更多资本涌入网页游戏市场，这些利好因素包括社交型网页游戏的迅速发展，三网融合带来的新机遇，移动互联网带动的手机游戏等。但这些只是投资基础，从目前

的行业环境分析，能够获得资本的公司往往是在产品或者运营模式上有所创新的企业，对于大多数行业内公司而言，获得投资难度较大。

3. 社会环境

（1）网民规模扩大，应用偏向娱乐

中国互联网普及率在稳步上升，截至 2009 年底，中国网民规模达到 3.84 亿人，较 2008 年增长 28.9%，在总人口中的比重从 22.6% 提升到 28.9%，其中网络游戏用户 2.65 亿，使用率为 68.9%。另一方面，互联网应用仍以娱乐类应用为主，网络游戏在 2009 年是所有互联网娱乐领域中唯一使用率上升的服务，这意味着中国网民对网络游戏的热衷程度仍然较高。因此，游戏户规模的继续增长，以及互联网的娱乐化特征为整个网络游戏产业提供了良好的发展基础。

（2）网页游戏的市场影响力加强

社交网站大规模兴起后，类似"偷菜"、"抢车位"这样的社交网页游戏吸引了大批用户，网页游戏形式成为舆论关注的焦点。一方面，网页游戏借助媒体报道扩大了在网民心中的影响力。社会资本也抓住网民的热情，涌入网页游戏市场，而大规模的市场行为又引来了更高的社会关注度。与此同时，舆论媒体对网页游戏市场的高度关注，也帮助了网页游戏的市场推广和营销，甚至在一定程度上有利于网页游戏的投资环境。另一方面，网页游戏厂商的各种市场行为也应更加谨慎。

4. 技术环境

（1）三网融合成为网页游戏发展机会

国家正在加大力度推进电信网、广播电视网和互联网的融合，以此为契机，电信运营商、移动终端厂商、电视媒体等电信网、广播电视网产业链上的企业都开始布局互联网业务。作为互联网的主要收入来源，网络游戏无疑成为最受关注的对象。2010 年初，已经有一批电视媒体采用自主研发或联合运营的方式进军网页游戏市场。网页游戏具有无需安装、操作简便的优势，更适合于在电视、手机等终端中使用，在三网融合的浪潮中，网页游戏很有可能成为广电系和电信系企业扩展互联网应用的重要切入点。

（2）Flash 技术提升网页游戏品质

目前针对网页游戏开发的专用语言较少，大多数还是以网页技术实现。因此，如何将现有技术融入网页游戏，使其具备上述特点，已经成为提升游戏体验的关建。对于目前 HTML 的游戏而言，其互动性较差，很难实现用户的互动。而 Flash 技术具有互动性丰富、下载便捷等特点，为网页游戏的发展创造了良好的条件。此外，Flash 插件在不同浏览器的普及中也巩固了网页使用 Flash 的基础，预计未来 Flash 将使网页游戏的互动性和可玩性进一步提升。但与此同时，我们也意识到，国内运用 Flash 高端技术的产品较少，而国外已经将 Flash 引擎运用到网页游戏开发中。

（3）客户端网络游戏的技术升级冲击网页游戏

网页游戏受浏览器技术限制，在游戏品质、用户体验等方面落后于客户端网络游戏，通常被作为网络游戏用户的一种游戏补充形式，在具有完善上网的条件下，网页游戏竞争力要低于客户端网络游戏。而随着研发技术的不断升级，客户端网络游戏的画质、操作性、稳定性等各方面效果会继续不断升级，带给用户的游戏体验也不断提升，这必然导致进一步拉大网页游戏和客户端游戏间的差距。

案例 2 国外优秀手机游戏经典案例分析

首先介绍一下 Vivendi Games Mobile 公司。该公司是一家非常大的游戏公司，其中有一个部门就叫 Vivendi Gamesbile 游戏公司，做的是网络游戏、移动游戏，从 2004 年开始开发移动游戏，从 2005 年 3 月就进一步推广移动游戏，有很多非常有名的游戏，如戴狼大冒险、地球帝国等游戏，也有很多中国用户都非常熟悉的游戏。2006 年 3 月的时候，宣布创建 Vivendi Games Mobile 部门，希望目标在西方市场上直接发布产品，同时希望能够与亚洲伙伴合作，共同发布产品。其团队包括营销、销售，在巴黎、伯明罕、马德里、汉堡、洛杉矶等各个地方都有业务。该公司进军这个行业只有 7 个月的时间，因为是 3 月才开始建立这个部门的，而且 Vivendi Games Mobile 的移动游戏部门已经和一些大的西方运营商签署了直接的发布活动，如西班牙电信、澳洲电信等，都已经签署了合同。该公司也非常注重人力资源，在努力寻求一些人才，希望一些比较熟悉这个行业的人才能够加入这个团队中来。现在跟移动行业中非常有名的公司进行合作，同时在这个过程中，也非常注重这个市场的开发。对于公司游戏部门来说，在 2006 年 9 月的时候，签订了协议，这是一家位于加州的比较小型的出版公司，专项就是社会娱乐移动游戏的开发，另外 Vivendi Games Mobile 游戏部门出版了 9 套，包括海军陆战军、凯撒、坠落等。

该公司已经取得两个阶段的发展，现在进入第三个阶段的发展。第一阶段从 2002~2004 年，这个阶段是一个建立的阶段，市场上主要的玩家都是一些刚刚起步的开发商或者出版商，而且在这个过程中，有一些纯粹是游戏的出版商，在这个过程中，直接进军这个市场的视频游戏生产商叫 THQ。在第二个阶段为 2004~2005 年，是市场逐渐巩固的阶段，在这个过程中，这些出版商会买下最好的开发商以及小型的出版商，把他们收购过来，同时就会有一些更大的视频游戏公司出现，他们开始开拓这个市场，通过发放许可证或者发布自己的一些游戏来赢得整个市场，包括 EA 等这些大公司。这个阶段结束的标志就是，以 900 万美元进行首次公开股上市，同时又以一亿三千七百万美元价格收购了一家公司。

第三个阶段就是现在所面临的阶段，这个阶段是一个转型的阶段，而且这个市场也变得越来越成熟，视频游戏的出版商都已经正式进入这个市场，如在 2006 年 8 月的时候，Vivendi 移动游戏部门就成立了，同时还有一些非常成功的、纯粹的游戏生产商也开始了上市，生产成本也有所增加，由于生产成本的增加，一些公司开始离开这个市场或者是被其他的公司所收购。同时，还有一些非常大的娱乐公司也出现了，在这个过程中，还产生了一些新的运营商运作的模式。由于 Vivendi 是一家移动游戏公司，刚刚进入，有很多大游戏公司进入这个市场，就会希望市场的标准能够进一步扩大，能够进一步规范。例如，希望进军这个市场的公司知道游戏规则是什么，知道标准是什么，能够了解用户的需求是什么，能够收集关于用户的信息。同时也希望他们能够与运营商进行联合的营销，能够共同地开发一些网络。对于整个市场开发来说都是非常好。虽然现在的游戏是变得越来越少了，但是质量是越来越高了，很多国家都有很多的游戏，但是他们并不能满足客户的需求，所以这样的一些游戏生命力肯定是不强的，现在这个情况好多了，游戏虽然变少了，但是质量越来越高了。

看一下独立 WAP 网站的销售，它的销售渠道也获得了进一步的发展。他们有能力来获得大约 50%的客户，而这些客户从来不去访问运营商的 WAP 网站，他们仅仅使用独立 WAP 的网站。实际上通过这样一种方式，就为公司赢得了更多的收入流，比如说他们可以通过广告获得一些收入。当然在这个过程中，对于移动游戏的进一步发展也存在着一些障碍，一个就是客户的意识，在西方的电话和网络，它的力量越来越大了，但是让消费者认识到这点还是比较慢的，依然需要一定的过程让消费者认识到电话和网络的重要性和力量。同时在全球范围内，有 20%的消费者都可以接入 3G 网络，但是只有 9%的人使用 3G 网络。看一下解决方案，在解决方案中，这种关于 3G 业务的使用，将会给人们更多移动娱乐的体验，同时这些游戏应该更好地面向市场的需求，也应该给这个市场带来正面影响。再看一下购买这方面的体验，现在人们可以浏览 WAP 的网页来寻找到他们所需要的一些游戏，但是这个过程比较慢，而且也比较无聊，同时通过 WAP 网页来浏览这些游戏也可能失去很多的内容，所以需要新的解决方案，同时也在找新的产品，这些产品能够给大家提供更好、更多的选择。

关于用户成本的问题，因为在欧美，当用户在下载一个游戏的时候，就需要付出一些资费，这就得告诉客户其实是有成本的，这个解决方案更加直接地与用户进行交流，同时建议他们下载某个游戏需要多少钱，这是很透明化的。在很多国家现在都在做这个工作。最后的一个障碍是一些商品的权限的问题，在很多 WAP 平台上，并没有给客户很多的信息，如游戏的名字是什么，游戏是怎么玩的都没有很多的介绍，现在希望能够有更多的介绍，中国移动也提到了要给客户更多的建议，能够在主菜单上给他们简易的、便捷的游戏方式。

作为外国的公司想进入西方市场的时候有几点挑战。第一点，就像亚洲或者其他地区一样，在西方的这些网络运营商仍然是整个行业的守门员，他们对手机游戏并不如此关心，因为收入只能占到他们收入的 1%。第二，在西方花钱，收费的下载率比较低，在整个市场占3%～5%，所面对的受众是一小部分人，同时还看到另外一个比较明显的倾向，现在运营商在减少跟他们直接打交道的供应商，除了最大的内容提供商来说，这都意味着他们销售赢利的减少。另外，还有一个重要的因素，那就是在美国有技术的分裂、技术的分层、技术不一样的问题。现在可能需要花 60～80 万美元来开发一个游戏，这样成本很低，在两年之前需要30 万，成本上升很快。人们经常会问的一个问题就是市场的支持，人们都在希望市场能有更多的支持，在美国和欧洲，市场的支持越来越贵，这也是成本，如要成立一个伙伴关系，找一些合作伙伴，这都需要成本。

再介绍一下美国、欧洲市场。美国的市场跟欧洲整个市场差不多大，但是它的赢利更大，因为收入份额更多，有研究者预言，美国的发展会超过日本，成为世界上最大的手机游戏市场。而欧洲最近发展得比较慢，是因为基础设施不灵活，升级很困难，还有在营销方面的成本问题，导致了欧洲增长比较慢。下面主要看美国的市场，美国市场发展非常快，现在在美国是 4 个最大的运营商，他们在 2001 年前半年已经有了 63 亿的无线数据的收入，现在他们也是越来越多地进入到这个行业中来，在不断地增加无线数据业务，在美国市场音乐有 600万的手机游戏的下载量，但是定制的人数只占到整个手机游戏收入的一半。定制的价格为一个月 2D 的游戏约 2 美元，高端的 3D 游戏在有些公司大概是 14 美元一个月，区间就在这两个价格之间。至于美国玩游戏的人的分类，有些人以前就是游戏玩家，他们很喜欢玩游戏，以前会玩游戏杆游戏，现在手机上同样的游戏也可以玩。同时看到越来越多的年纪大一点的玩家增加，在美国更多的老年人玩手机游戏了。在欧洲市场以前大家关注的热点如移动电视或者数码音乐，即便是这样，手机细分市场的增长仍然达到了 30%。在最大 5 个市场当中，增加比较慢，但是在中欧和东欧的增长速度非常得快。欧洲价格定价一直没有改变，大概的价格跟 2002 年一样是 5 英磅或者 5 欧元。

3G 的用户倾向于成为手机游戏的玩家，这有一个 3G 和 2G 玩家的比较，3G 下载得多，约占 10.2%，2G 只有 10.5%，这个数字还是很低的，希望这个市场还能继续增长，能够有更多的手机游戏玩家加入进来，可以得到 10%的增长。

总结一下到底在西方市场里什么是最有效的？在美国有些非常经典的游戏，如一些休闲游戏、填字游戏或者赛车游戏、体育游戏。体育游戏通常是视频的游戏，行业会给一个特殊的系统，在欧洲体育游戏是足球、赛车。游戏品牌是非常重要的，一个大的品牌是最容易得到观众的认可的，所以视频、电视或者体育比赛很容易进入手机游戏市场。越来越多的品牌现在变得非常有价值，因为一旦手机游戏的名称变得非常流行的话，就可以去介绍一些新的其他游戏，这样会产生一连串的效果。

第一节　手机游戏产品营销知识链接

一、认识手机游戏

1. 电子游戏

（1）概念

电子游戏是指操纵计算机线路进行的游戏。有依靠电池供电的手控机关进行和利用电视屏幕、计算机终端进行，以及利用设在游戏室内的大型设备进行等多种，始于 20 世纪 60 年代末。现今已形成许多种电子游戏项目，如足球、棒球、国际象棋的电子游戏等，也有组字和数字的游戏。

（2）分类

电子游戏包括计算机游戏、电视游戏、街机游戏、便携游戏，如表 4-1 所示。

表 4-1　　　　　　　　　　　　　　电子游戏分类

序号	分类	说明
①	计算机游戏	计算机游戏（Personal Computer Games, Computer Games 或 PC Games）是指在电子计算机上运行的游戏软件。这种软件是一种具有娱乐功能的计算机软件。计算机游戏产业与计算机硬件、计算机软件、互联网的发展联系甚密。计算机游戏为游戏参与者提供了一个虚拟的空间，从一定程度上让人可以摆脱现实世界，在另一个世界中扮演真实世界中扮演不了的角色。同时，计算机多媒体技术的发展，使游戏给了人们很多体验和享受
②	电视游戏	一般的电视游戏，指的是使用电视作为显示器来游玩的电子游戏类型。 游戏由传输到"电视"或"类似全部次时代游戏机之音像装置"的画面影像（通常包含声音）构成。游戏本身通常可以利用连接至游戏机的掌上型装置来操控，这种装置一般被称做"控制器"或"摇杆"。控制器通常会包含数个"按钮"和"方向控制装置"（例如，类比操纵杆），每一个按钮和操纵杆都会被赋予特定的功能，借由按下或转动这些按钮和操纵杆，操作者可以控制荧幕上的影像。而荧幕、喇叭和摇杆都可以被整合在一个小型的物件中，被称做"掌上型电玩"或简称"掌机"（Handheld Game Console）

续表

序号	分类	说明
③	街机游戏	在街机上运行的游戏叫街机游戏。1971 年，世界第一台街机在美国的计算机试验室中诞生。街机，是一种放在公共娱乐场所的经营性的专用游戏机，起源于美国的酒吧。一般常见的街机，基本的形式即由两个部分组成：框体与机版
④	便携游戏	便携游戏指使用便携式电子设备游玩的电子游戏。现在包括有掌上游戏机游戏、手机游戏以及掌上计算机游戏等

（3）常见类型

电子游戏业发展迅猛，常见的电子游戏类型有如表 4-2 所示的多种。

表 4-2　　　　　　　　　　　　　电子游戏常见类型

序号	类型	说明
①	RPG= Role-playing Game：角色扮演游戏	由玩家扮演游戏中的一个或数个角色，有完整的故事情节的游戏。玩家可能会与冒险类游戏混淆，其实区分很简单，RPG 游戏更强调的是剧情发展和个人体验。一般来说，RPG 可分为日式和欧美式两种，主要区别在于文化背景和战斗方式。日式 RPG 多采用回合制或半即时制战斗，以感情细腻、情节动人、人物形象丰富见长，如《最终幻想》系列、《××传说》系列，大多国产中文 RPG 也可归为日式 RPG 之列，如大家熟悉的《仙剑奇侠传》、《剑侠情缘》等；欧美式 RPG 多采用即时或半即时制战斗，特点是游戏有很高自由度，严谨的背景设计，开放的地图和剧情，耐玩度较高，如《创世纪》系列、《暗黑破坏神》系列
②	ACT= Action Game：动作游戏	玩家控制游戏人物用各种方式消灭敌人或保存自己已过关的游戏，不刻意追求故事情节，如熟悉的《超级玛丽》、可爱的《星之卡比》、轻松惬意的《雷曼》、华丽的《波斯王子》、爽快的《真三国无双》等。计算机上的动作游戏大多脱胎于早期的街机游戏，如《魂斗罗》、《吞食天地》、《合金装备》等，设计主旨是面向普通玩家，以纯粹的娱乐休闲为目的，一般有少部分简单的解谜成分，操作简单，易于上手，紧张刺激，属于"大众化"游戏
③	AVG= Adventure Game：冒险游戏	由玩家控制游戏人物进行虚拟冒险的游戏。与 RPG 不同的是，AVG 的特色是故事情节往往以完成一个任务或解开某些谜题的形式来展开的，而且在游戏过程中着意强调谜题的重要性。AVG 也可再细分为动作类和解谜类两种，解谜类 AVG 则纯粹依靠解谜拉动剧情的发展，难度系数较大，代表是超经典的《神秘岛》系列、《寂静岭》系列；而动作类（A·AVG）可以包含一些 ACT、FGT、FPS 或 RCG 要素如《生化危机》系列、《古墓丽影》系列、《恐龙危机》系列等

序号	类型	说明
④	FPS=First Personal Shooting Game：第一人称视角射击游戏	第一人称视点射击游戏（First-Person Shooting）FPS 游戏在诞生的时候，因 3D 技术的不成熟，无法展现出它的独特魅力，就是给予玩家及其强烈的代入感。《毁灭战士》的诞生带来了 FPS 类游戏的崛起，却也给现代医学带来了一个新的名词——DOOM 症候群（即 3D 游戏眩晕症）。随着 3D 技术的不断发展，FPS 也向着更逼真的画面效果不断前进。可以这么说，FPS 游戏完全为表现 3D 技术而诞生的游戏类型。代表作品有《虚幻竞技场》系列、《半条命》系列、《彩虹六号》系列、《使命召唤》系列、《雷神之锤》系列
⑤	TPS=Third Personal Shooting Game：第三人称射击类游戏	第三人称射击类游戏指游戏者可以通过游戏画面观察到自己操作的人物，进行射击对战的游戏。代表作：无间地狱、细胞分裂、失落的星球、马克思佩恩
⑥	FTG= Fighting Game：格斗游戏	由玩家操纵各种角色与计算机或另一玩家所控制的角色进行格斗的游戏，游戏节奏很快，耐玩度非常高。按呈画技术可再分为 2D 和 3D 两种，2D 格斗游戏有著名的《街头霸王》系列、《侍魂》系列、《拳皇》系列等；3D 格斗游戏如《铁拳》、《死或生》等
⑦	SPT= Sports Game：体育类游戏	在计算机上模拟各类竞技体育运动的游戏，花样繁多，模拟度高，广受欢迎，如《实况足球》系列、《NBA Live》系列、《FIFA》系列、《2K》系列、《ESPN 体育》系列等
⑧	RAC= Racing Game：竞速游戏	也称为 RCG。在计算机上模拟各类赛车运动的游戏，通常是在比赛场景下进行，非常讲究图像音效技术，往往是代表计算机游戏的尖端技术。惊险刺激，真实感强，深受车迷喜爱，代表作有《极品飞车》、《山脊赛车》、《摩托英豪》等
⑨	RTS = Real-Time Strategy Game：即时战略游戏	本来属于策略游戏 SLG 的一个分支，但由于其在世界上的迅速风靡，使之慢慢发展成了一个单独的类型，知名度甚至超过了 SLG，有点像现在国际足联和国际奥委会的关系。RTS 一般包含采集、建造、发展等战略元素，同时其战斗以及各种战略元素的进行都采用即时制。代表作有《星际争霸》、《魔兽争霸》系列、《帝国时代》、《盟军敢死队》系列等
⑩	STG= SHOTING GAME：射击类游戏	这里所说的射击类，并非是类似《VR 战警》的模拟射击（枪战），而是指纯粹的飞机射击，或者在敌方的枪林弹雨中生存下来，一般由玩家控制各种飞行物（主要是飞机）完成任务或过关的游戏。STG 可以按照视角版面分为：纵版、横版、主观视角。纵版：最为常见，如街机中的《雷电》、《鲛鲛鲛》、《空牙》等，都堪称经典之作。横版：横轴射击，如《沙罗曼蛇》系列、《战区 88》。主观视角：仿真，模拟战机就属此类

续表

序号	类型	说明
⑪	SLG=Simulation Game：策略游戏	SLG 是指玩家运用策略与计算机或其他玩家较量，以取得各种形式胜利的游戏，或统一全国，或开拓外星殖民地。SLG 的 4E 准则为：探索、扩张、开发和消灭（Explore、Expand、Exploit、Exterminate）。现在的 SLG 包含 4 类：战棋类（如《梦幻模拟战》、《风色幻想》）、回合制类、即时制类、模拟类（《微软模拟飞行》、《空中三角洲》）
⑫	MSC=Music Game：音乐游戏	培养玩家音乐敏感性，增强音乐感知的游戏。伴随美妙的音乐，有的要求玩家翩翩起舞，有的要求玩家手指体操，例如，大家都熟悉的跳舞机，就是个典型，目前的人气网游《劲乐团》也属其列
⑬	SIM =Simulation Game：生活模拟游戏	区别于 SLG（策略游戏），此类游戏高度模拟现实，能自由构建游戏中人与人之间的关系，并如现实中一样进行人际交往，且还可联网与众多玩家一起游戏，如《模拟人生》
⑭	TCG= 育成游戏	以前 GB 系列泛用，现在一般大家都用 EDU（education）来指代该类游戏，以便于和"Trading Card Game"区分开。顾名思义，就是玩家模拟培养的游戏，如《美少女梦工厂》、《明星志愿》、《零波丽育成计划》等
⑮	CAG=Card Game：卡片游戏	玩家操纵角色通过卡片战斗模式来进行的游戏。丰富的卡片种类使得游戏富于多变化性，给玩家无限的乐趣，代表作有著名的《信长的野望》系列、《游戏王》系列，包括卡片网游《武侠 Online》，从广义上说《王国之心》也可以归于此类
⑯	LVG=Love Game：恋爱游戏	玩家回到初恋的年代，回味感人的点点滴滴，模拟恋爱的游戏。恋爱不是游戏，但偏偏有恋爱游戏，恋爱类游戏主要是为男性玩家服务的，也有个别女性的。可以训练追求的技术，学会忍耐。代表作有日本的《心跳回忆》系列、《思君》，国人的《青涩宝贝》、《秋忆》等
⑰	GAL= Girl And　Love GA ME：美少女游戏	GALGAME 是一类走极端的游戏，它几乎放弃了所有游戏性，而仅以剧情取胜，是以其在人物塑造、情节张力方面有着其他游戏所无可企及的高度，如《AIR》、《Fate/stay night》、《School Days》等。GALGAME 还可以细分，纯电子剧本类如《秋之回忆》等，半电子剧本半其他类如《传颂之物》（半 SLG）等。GALGAME 盛产于日本，伟大于中国，不过由于该类游戏的极端性，游戏玩家要么极端喜爱、要么就是极端厌恶
⑱	WAG=Wap Game：手机游戏	手机上的游戏。目前游戏随处可以玩，连手机也必带休闲游戏，网民最喜欢手机游戏的种类，益智类比率最高，其次依次为动作类、战略类、模拟类、射击类。列举几个手机游戏例子：《金属咆哮》、《最终幻想 7 前传》等
⑲	MMORPG（Massively Multiplayer Online Role Playing Game）大型多人在线角色扮演游戏	举几个典型的例子：《网络创世纪》、《无尽的任务》、《A3》、《魔兽世界》、《轩辕Ⅱ》等

序号	类型	说明
⑳	ARPG=Action Role-playing Game：动作角色扮演类游戏	所谓 ARPG 即从英文 Action Role Playing Game 中翻译而来。中文含义为"动作角色扮演类游戏"。ARPG 代表作为《暗黑破坏神》系列、《泰坦之旅》系列、《龙与地下城》系列等
㉑	ETC=etc. Ga me：其他类游戏	指玩家互动内容较少，或作品类型不明了的游戏类型。常见于种类丰富的家用机游戏，如音乐小说《恐怖惊魂夜》系列等。还有某些游戏的周边设定集（如《心跳回忆》屏保壁纸集）等，计算机游戏中较少出现，即使有也多是移植自家用机游戏

2. 手机游戏

（1）概念

顾名思义，所谓手机游戏就是可以在手机上进行的游戏。随着科技地发展，现在手机的功能也越来越多，越来越强大。而手机游戏也远远不是我们印象中的什么"俄罗斯方块"、"贪吃蛇"之类画面简陋、规则简单的游戏，进而发展到了可以和掌上游戏机媲美，具有很强的娱乐性和交互性的复杂形态。

（2）分类

① 按使用方式分类，手机游戏有单机游戏、手机网游、图文游戏，如表 4-3 所示。

表 4-3　　　　　　　　　　手机游戏分类（一）

序号	分类	说明
①	单机游戏	在使用过程中通常不需要通过移动网络与游戏网络服务器等发生互动的游戏叫单机游戏；仅触发联网进行激活、计费、上传积分等功能的游戏属于单机游戏。单机游戏包括但不限于单机 Java 和单机 Symbian 游戏
②	手机网游	在使用过程中需要通过移动网络与游戏网络服务器等发生互动的游戏叫手机网游，但不包括仅用联网实现激活、上传积分等功能的游戏
③	图文游戏	即 WAP 游戏，为不需下载客户端而直接联网采用 WAP 浏览器使用的游戏

② 按计费点设置方式分类，手机游戏有下载计费类游戏、激活计费类游戏，如表 4-4 所示。

表 4-4　　　　　　　　　　手机游戏分类（二）

序号	分类	说明
①	下载计费类	用户下载游戏并安装，安装成功后即扣费的游戏
②	激活计费类	用户下载安装游戏不扣费，当用户使用游戏，进行到游戏中的激活点时提示收费，用户确认即扣费的游戏

③ 按用户消费方式分类，手机游戏有话费消费类游戏、点数消费类游戏，如表 4-5 所示。

表 4-5　　　　　　　　　　　　　　手机游戏分类（三）

序号	分类	说明
①	话费消费类	用户下载或激活游戏时，所需费用直接从用户的手机话费中扣除的游戏
②	点数消费类	用户每月可向其游戏账户充值游戏点数，充值金额将从话费中扣除。当用户购买手机网游的道具或单机游戏时，从用户游戏账户中扣除相应点数的游戏

④ 按信息费计费方式分类，手机游戏有按次计费类游戏、按月计费类游戏，如表 4-6 所示。

表 4-6　　　　　　　　　　　　　　手机游戏分类（四）

序号	分类	说明
①	按次计费类	指按照成功下载次数或按成功激活次数收取费用的方式
②	按月计费类	指按月收取月信息费的游戏。此类游戏使用时需要连接承载平台，用户下载时并不触发计费，在使用此游戏时，此游戏到承载平台进行鉴权，按自然月计费，用户在每个自然月第一次使用时触发计费

（3）常见类型

常见的手机游戏有文字类游戏和图形类游戏。文字类游戏主要分为短信类游戏、Wap 浏览器游戏；图形类游戏主要有嵌入式游戏、Java 游戏、Brew 游戏、Uni-Java 游戏，如表 4-7 所示。

表 4-7　　　　　　　　　　　　　　手机游戏常见类型

序号	类型	说明
①	短信类游戏	短信游戏是玩家和游戏服务商通过短信中的文字的内容来交流，达到进行游戏的目的的一种文字游戏。由于短信游戏的整个游戏过程都是通过文字来表达，造成短信游戏的娱乐性较差。但是短信游戏却是兼容性最好的手机游戏之一
②	Wap 浏览器游戏	Wap 是一种手机拨号上网的网络服务。而 Wap 浏览器游戏就好像我们用计算机上网，并通过浏览器浏览网页来进行的简单游戏一样，也属于一种文字游戏。其进行方法和短信游戏类似，玩家可以根据 Wap 浏览器浏览到的页面上的提示，通过选择各种不同的选项的方法来进行游戏。Wap 游戏也有短信游戏不够直观的缺点
③	嵌入式游戏	嵌入式游戏是一种将游戏程序预先固化在手机的芯片中的游戏。由于这种游戏的所有数据都是预先固化在手机芯片中的，因此，这种游戏无法进行任何修改。诺基亚早期手机中的"贪吃蛇 1、2"就是嵌入式游戏的典型例子
④	Java 游戏	Java 是一种程序语言，当今 Java 游戏已经有了非常华丽的画面表现
⑤	Brew 游戏	Brew 也是一种程序语言。目前，只有 CDMA 的手机才支持 Brew，但是同时，CDMA 也支持 Java，于是为了减小成本，一般的开发商还是愿意选择基于 Java 的游戏进行开发。因此，Brew 支持的游戏还不是很多
⑥	Uni-Java 游戏	Uni-Java 是中国联通为其手机准备的一个新的通用开发平台

（4）特点

作为运行于手持设备上的应用程序，手机的硬件特征决定了手机游戏的特点，如表 4-8 所示。

表 4-8　　　　　　　　　　　　　　　　手机游戏特点

序号	特点	说明
①	庞大的潜在用户群	全球在使用的移动电话已经超过 10 亿部，而且这个数字每天都在不断增加。在除美国之外的各个发达国家，手机用户都比计算机用户多。手机游戏潜在的市场比其他任何平台，如 PlayStation 和 GameBoy 都要大
②	便携性	在控制台游戏时代，GameBoy 热销的一个原因就是便携性——人们可以随时随地沉浸在自己喜欢的游戏中。和游戏控制台或者 PC 相比，手机虽然可能不是一个理想的游戏设备，但毕竟人们总是随时随身携带，这样手机游戏很可能成为人们消遣时间的首选
③	支持网络	因为手机是网络设备，在一定限制因素下可以实现多人在线游戏

二、手机游戏营销趋势

生活节奏加快，人们需要花很多时间浪费在各种路途上，而没有太多时间在固定的地方使用固定的设备（电视、计算机），这就催生了包括手机在内的一系列的可以提供娱乐应用的手持终端设备的蓬勃发展。当我们还没有完全从掌机上俄罗斯方块游戏的魔力中解放出来，索尼的 PSP、任天堂的 NDSL 已经成为卖得最火的两款手持游戏终端，而与日常生活息息相关的手机上面也不再只是当年简单的贪吃蛇，今天已经有了各种各样精美、复杂的手机游戏，如果你对游戏有足够的热爱和耐心，甚至可以在手机上体验网游的乐趣。

今天的手机不在是单纯的通信工具，已经成为了集通信、PIM、音乐、电影、游戏娱乐等为一体的个人便携终端。手机在通信功能以外的综合附加值越高，加之便携的特性，使得人们对手机的依赖性越强。最近几年，国内的手机用户在正增长的同时，固话用户在衰减，这个趋势毫无疑问将会持续几年直到一个平衡点。数以亿计、庞大手机用户群，意味着商机无限。在无线业务里面，用户需求量大的音乐已经成就了庞大的无线音乐市场。随着手机硬件的强大和无线带宽的增加（3G 普及化），手机视频也有着光明的前景。只有号称赢利模式最清晰、最赚钱的手机游戏并未如人们所意料那样茁壮成长，这难道是中国的无线市场不适合手机游戏生存和发展？

目前市场上的手机游戏还是主要以单机 Java 游戏为主，采用注册码方式，或者是下载收费。从应用软件到游戏，都在遭受破解、盗版的冲击，手机游戏也避免不了。有部分 Free wap 网站依靠提供免费的破解游戏获得了增长，在手机游戏销售困难的现实情况下，中国移动的百宝箱提供了一个供手机游戏厂商发展的空间，但在位置营销的潜规则和 Free wap 破解游戏满天飞的双重打击下，"劣币驱逐良币现象"随着时间的推移越来越明显，百宝箱里面充斥着大量没有价值和同质化严重的手机游戏（包括应用），精品越来越少。在这一个舞台上，站到最后的厂商没有一个是真正的赢家。痛定思痛，中国移动终于在 2008 年调整了百宝箱规则。财大气粗的盛大在 2004 年收购了知名的手机游戏厂商"数位红"，希望借此称霸无线互联网，但手机游戏的春天一直迟迟未到。

趋势一：手机性能的提升刺激手机游戏需求的增长

手机从黑白屏到彩屏花了接近 10 年时间，但从 STN 彩屏到 TFT 液晶屏才花费短短的数年，功能也由电话+短信的单纯通信功能发展到强大的手持通信终端，智能手机也由早期的高价手机到今日的平民手机，手机硬件的强大，也在刺激用户对应用的需求，在用户众多的需求里面，又以游戏为主。手机游戏实在是居家旅行、无聊空虚、娱乐消遣的最好应用，无论是在智能手机上还是非智能手机上都能看得到几个倍受用户喜欢的经典小游戏：贪食蛇、俄罗斯方块、彩球消除、重力球……

屏幕越大，游戏的体验效果越好，目前一些手机游戏的体验和效果已经不亚于当初 PC 上的游戏了，如 EA 已经搬上手机的赛车游戏，iPhone 上著名的 Monkey ball 游戏等。新硬件功能（比如重力感应）的加入，也促使了一些创新的手机游戏的推出。虽然以商务为主的智能手机用户对游戏的需求相对弱一些，但庞大的普通用户对游戏的热情是不容忽视的。一些包括国际大厂和山寨厂在内的手机厂商以游戏功能为主打，纷纷推出游戏应用为主的手机，更夸张的是对国内用户需求把握最准的山寨厂商推出了 PSP 手机。今天通过模拟器在手机上玩 NES 任天堂游戏已经不是什么难事，甚至有山寨手机已经把此作为标配功能。

用户需求的被刺激，带来直接的市场增长，中国手机游戏市场规模已经达到 13.65 亿元，这只是基于运营商的平台统计的数据，独立运营的收益并未计算入内。虽然这相比数以千亿计的 PC 游戏市场规模来说只是个"小弟"，但在市场上充斥着大量破解、免费游戏的环境下能达到如此的市场规模，是在用事实证实用户需求尚未得到满足。

趋势二：移动应用商店的上线将促进手机游戏市场增长

有人对 iPhone 的成功进行分析得出一个公式，iPhone 的成功=独特的工业设计+优秀人机界面+iTunes（包括 App Store 在内）。自从推出 iPhone，苹果公司在后续的手机产品（iPhone 3G/3GS）、iPod（主要是指 touch 系列）上都是围绕着 iTunes 展开布局。苹果 App Store 提供的游戏超过 6 000 多款，所占比例为 23%，是最大比例的应用类型，同时也是下载最多的应用。

App Store 获得成功后，诺基亚、Google、微软、黑莓、Palm 都推出了各自的手机应用商店。无一例外，在这些应用商店里面，手机游戏都是比重最大、最受欢迎的主流应用。

中国移动在借鉴 App Store 的基础上打造的移动应用商店（Mobile Market，移动 MM），已上线，目前处于内部试运营期间，上线的 4 000 多款应用中也有绝大部分是手机游戏。移动 MM 借鉴了百宝箱失败的经验，相对开放，为苦于推广和收费无门的游戏厂商提供了一个很好的通道，与百宝箱不同的运营机制、分成模式将促使一批小型手机游戏厂商或者个人工作室为其开发应用，一旦参与的公司赚到钱，整个市场将得到良性发展。

中国移动的新游戏运营平台已上线，但那是"大佬们"的空间，只有应用商店才是贵族和平民共舞的舞台。运营商应用商店的模式，将在某种程度上有力促进手机游戏市场的增长。

趋势三：高质量的手机网游将成为手机游戏市场的引爆点

只要存在利益，破解盗版就永无止境。目前的手机游戏厂商饱受破解和盗版的困扰，收费渠道和收费方式都较为单一，另外，单机游戏较为高额的购买费用也让大多数用户难以承受，所以单机版的游戏基本上赚不到什么钱。如何通过手机游戏赚钱就成为了手机游戏开发商、运营商的一大难题。

虽然运营商应用商店的上线能带来一些希望，但更多的还是需要从产品和收费模式上进行改变。从 2007 年开始，已经有手机游戏厂商借鉴 PC 网游的运营经验，采用游戏免费，道具收费的模式，开始进入手机网游市场，但这些游戏在制作上和创意上都还有所欠缺，他们只是先行者，面临的困难远超现实的收益。手机网游受到的制约远远超过 PC，手机终端的屏幕不同、操作系统多样，手机网游需要在不同终端之间交换数据，终端的兼容性也就成了手机网游发展的最大瓶颈之一；同时，要想覆盖尽可能多的用户群体，就要求所开发的手机网游产品适配到各种机型，终端标准不统一为手机游戏的研发和运营制造了很大困难。

虽然面临的困难很多，但从业人士无一不看好手机游戏的未来空间，其中以手机网游为主，认为只要解决掉终端适配的问题，在游戏产品上多下功夫，在移动支付越来越成熟的未来，精美、好玩的手机网游一定会成为整个手机游戏市场的引爆点！已经有手机游戏公司意识到这点，潜心开发高质量的手机网游。

在日韩两国，手机游戏市场已经是数百亿的市场空间，相信在不远的将来，在价值链上下游的努力下，特别是在 3G 网络的促进下，中国的手机游戏市场也将是数百亿的市场规模。

第二节 营销实务

一、分析营销环境

企业作为国民经济的细胞，它的生存和发展与其所面临的内外环境休戚相关。内外环境是一把"双刃的剑"，一方面为企业的发展带来了机遇，另一方面也为企业的发展带来风险与威胁。外部宏观环境是企业不可抗力的不可控因素，分析研究它，才能捕捉到环境变动带来的营销机会，也才能避免环境变动造成的危机和威胁；微观环境是直接影响制约企业营销活动的力量，分析研究它，才能协调企业的相关利益群体，促进企业营销目标的实现。

1. 营销环境概述

（1）营销环境概念

市场营销环境是企业营销职能外部的不可控制的因素和力量，这些因素和力量是影响企业营销活动及其目标实现的外部条件。

（2）营销环境分类

营销环境的内容比较广泛，可以根据不同标志加以分类。

营销环境按其与企业的联系紧密程度，可以分为微观环境和宏观环境，如表 4-9 所示。

表 4-9　　　　　　　　　　　　　　　　营销环境分类

序号	分类	说明
①	微观环境	微观环境指与企业紧密相联，直接影响企业营销能力的各种参与者，包括企业本身、市场营销渠道企业、顾客、竞争者以及社会公众 微观环境直接影响与制约企业的营销活动，多半与企业具有或多或少的经济联系，也称直接营销环境，又称作业环境
②	宏观环境	宏观环境指影响微观环境的一系列巨大的社会力量，主要是人口、经济、政治法律、科学技术、社会文化及自然生态等因素 宏观环境一般以微观环境为媒介去影响和制约企业的营销活动，在特定场合，也可直接影响企业的营销活动。宏观环境被称做间接营销环境

宏观环境因素与微观环境因素共同构成多因素、多层次、多变的企业市场营销环境的综合体，如图 4-1 所示。

图 4-1　企业市场营销环境

营销环境按其对企业营销活动的影响，也可分为威胁环境与机会环境，如表 4-10 所示。

表 4-10　营销环境分类

序号	分类	说明
①	机会环境	机会环境指对企业市场营销有利的各项因素的总和
②	威胁环境	威胁环境指对企业市场营销不利的各项因素的总和

（3）营销环境特点

市场营销环境的特点，如表 4-11 所示。

表 4-11　营销环境特点

序号	特点	说明
①	客观性	环境作为营销部门外在的不以营销者意志为转移的因素，对企业营销活动的影响具有强制性和不可控性的特点。一般说来，营销部门无法摆脱和控制营销环境，特别是宏观环境，企业难以按自身的要求和意愿随意改变它
②	差异性	不同的国家或地区之间，宏观环境存在着广泛的差异，不同的企业，微观环境也千差万别。正因营销环境的差异，企业为适应不同的环境及其变化，必须采用各有特点和针对性的营销策略。环境的差异性也表现为同一环境的变化对不同企业的影响不同
③	多变性	市场营销环境是一个动态系统。构成营销环境的诸因素都受众多因素的影响，每一环境因素都随着社会经济的发展而不断变化。20 世纪 60 年代，中国处于短缺经济状态，短缺几乎成为社会经济的常态。改革开放 20 年后，中国已遭遇"过剩"经济，不论这种"过剩"的性质如何，仅就卖方市场向买方市场转变而言，市场营销环境已产生了重大变化。营销环境的变化，既会给企业提供机会，也会给企业带来威胁
④	相关性	营销环境诸因素间，相互影响，相互制约，某一因素的变化，会带动其他因素的相互变化，形成新的营销环境。例如，竞争者是企业重要的微观环境因素之一，而宏观环境中的政治法律因素或经济政策的变动，均能影响一个行业竞争者加入的多少，从而形成不同的竞争格局。又如，市场需求不仅受消费者收入水平、爱好以及社会文化等方面因素的影响，政治法律因素的变化，往往也会产生决定性的影响

2. 市场营销的微观环境

市场营销通过创造顾客价值和满意来吸引顾客并建立与顾客的联系，但是营销部门仅靠自己的力量是不能完成这项任务的，他们的成功依赖于公司微观环境中的其他因素——本公司的其他部门、供应商、市场中介、顾客、竞争对手和各种公众因素。这些因素构成了公司的价值传递系统，是市场营销的微观环境因素。具体如表 4-12 所示。

表 4-12 市场营销的微观环境

序号	因素	说明
①	企业内部因素	市场营销部门一般由市场营销副总裁、销售经理、推销人员、广告经理、营销研究与计划以及定价专家等组成。营销部门在制订和实施营销目标与计划时，不仅要考虑企业外部环境力量，还必须注意企业内部环境力量的协调与配合：生产、采购、研发、财务、最高管理层。而且要充分考虑企业内部环境力量，争取高层管理部门和其他职能部门的理解和支持
②	供应商	供应商是向企业及其竞争者提供生产经营所需资源的企业或个人，包括提供原材料、零配件、设备、能源、劳务及其他用品等。供应商对企业营销业务有实质性的影响，其所供应的原材料数量和质量将直接影响产品的数量和质量；所提供的资源价格会直接影响产品成本、价格和利润。在物资供应紧张时，供应商更起着决定性的作用。应考虑资源供应商的可靠性、资源供应的价格及其变动趋势、供应资源的质量水平
③	营销中间商	营销中间商主要指协助企业促销、销售和经销其产品给最终购买者的机构，包括中间商、物流公司、营销服务机构和财务中介机构，具体如表 4-13 所示
④	顾客	顾客即目标市场。这是企业服务的对象，是企业的"上帝"。企业需要仔细了解自己的顾客市场。企业应按照顾客及其购买目的的不同来细分目标市场。市场上顾客不断变化和不断进步的消费需求，要求企业以不断更新的产品提供给消费者
⑤	竞争者	每个企业的产品在市场上都存在数量不等的业内产品竞争者。企业的营销活动时刻处于业内竞争者的干扰和影响的环境之下。因此，任何企业在市场竞争中，主要是研究如何加强对竞争对手的辨认与抗争，采取适当而高明的战略与策略谋取胜利，以不断巩固和扩大市场
⑥	公众	公众是指对本组织实现其营销目的的能力具有实际的或潜在的影响力的群体，主要有融资公众、媒介公众、政府公众、社团公众、社区公众、一般公众、内部公众等，具体如表 4-14 所示

营销中间商具体如表 4-13 所示。

表 4-13 营销中间商

序号	因素	说明
①	中间商	中间商包括商人中间商和代理中间商
②	物流公司	主要职能是协助厂商储存并把货物运送至目的地的仓储和运输公司。实体分配的要素包括包装、运输、仓储、装卸、搬运、库存控制和订单处理等方面，其基本功能是调节生产与消费之间的矛盾，弥合产销时空上的背离，提供商品的时间效用和空间效用，以利适时、适地和适量地把商品供给消费者
③	营销服务机构	如广告公司、传播公司等。企业可自设营销服务机构，也可委托外部营销服务机构代理有关业务，并定期评估其绩效，促进提高创造力、质量和服务水平
④	财务中介机构	协助厂商融资或分担货物购销储运风险的机构，如银行、保险公司等。财务中介机构不直接从事商业活动，但对工商企业的经营发展至关重要

公众的具体内容如表 4-14 所示。

表 4-14 营销公众

序号	因素	说明
①	融资公众	融资公众指影响企业融资能力的金融机构，如银行、投资公司、证券经纪公司、保险公司等
②	媒介公众	媒介公众主要是报纸、杂志、广播电台和电视台等大众传播媒体
③	政府公众	政府公众指负责管理企业营销业务的有关政府机构。企业的发展战略与营销计划，必须和政府的发展计划、产业政策、法律法规保持一致，注意咨询有关产品安全卫生、广告真实性等法律问题，倡导同业者遵纪守法，向有关部门反映行业的实情，争取立法有利于产业的发展
④	社团公众	社团公众包括保护消费者权益的组织、环保组织及其他群众团体等
⑤	社区公众	社区公众指企业所在地邻近的居民和社区组织
⑥	一般公众	一般公众指上述各种关系公众之外的社会公众。一般公众虽未有组织地对企业采取行动，但企业形象会影响他们的惠顾
⑦	内部公众	企业的员工，包括高层管理人员和一般职工，都属于内部公众。企业的营销计划，需要全体职工的充分理解、支持和具体执行。经常向员工通报有关情况，介绍企业发展计划，发动员工出谋献策，关心职工福利，奖励有功人员，增强内部凝聚力。员工的责任感和满意度，必然传播并影响外部公众，从而有利于塑造良好的企业形象

3. 市场营销的宏观环境

宏观营销环境指对企业营销活动造成市场机会和环境威胁的主要社会力量，包括人口、经济、自然、技术、文化等因素。企业及其微观环境的参与者，无不处于宏观环境之中。

（1）人口环境

人口是构成市场的第一位因素。市场是由有购买欲望同时又有支付能力的人构成的，人口的多少直接影响市场的潜在容量。从影响消费需求的角度，对人口因素可做如表 4-15 所示的分析。

表 4-15 人口环境分析因素

序号	因素	说明
①	人口总量	一个国家或地区的总人口数量多少，是衡量市场潜在容量的重要因素。目前，世界人口环境正发生明显的变化，主要趋势是：全球人口持续增长，人口增长首先意味着人民生活必需品的需求增加；美国等发达国家人口出生率下降，而发展中国家出生率上升，90%的新增人口在发展中国家
②	年龄结构	随着社会经济的发展，科学技术的进步，生活条件和医疗条件的改善，平均寿命大大延长。人口年龄结构变化趋势：许多国家人口老龄化加速；出生率下降引起市场需求变化，如美国等发达国家人口出生率下降，出生婴儿数和学龄前儿童减少，给儿童食品、童装、玩具等生产经营者带来威胁，但同时也使年轻夫妇有更多的闲暇时间用于旅游、娱乐和在外用餐

序号	因素	说明
③	地理分布	人口在地区上的分布，关系市场需求的异同。居住不同地区的人群，由于地理环境、气候条件、自然资源、风俗习惯的不同，消费需求的内容和数量也存在差异
④	家庭组成	家庭组成指一个以家长为代表的家庭生活的全过程，也称家庭生命周期，按年龄、婚姻、子女等状况，可划分为7个阶段。一是未婚期，年轻的单身者；二是新婚期，年轻夫妻，没有孩子；三是满巢期一，年轻夫妻，有6岁以下的幼童；四是满巢期二，年轻夫妻，有6岁和6岁以上儿童；五是满巢期三，年纪较大的夫妻，有已能自立的子女；六是空巢期，身边没有孩子的老年夫妻；七是孤独期，单身老人独居。
⑤	人口性别	性别差异给消费需求带来差异，购买习惯与购买行为也有差别。一般说来，在一个国家或地区，男、女人口总数相差并不大。但在一个较小的地区，如矿区、林区、较大的工地，往往是男性占较大比重，而在某些女职工占极大比重的行业集中区，则女性人口又可能较多

（2）经济环境

经济环境一般指影响企业市场营销方式与规模的经济因素，如消费者收入与支出状况、经济发展状况等。

市场消费需求指人们有支付能力的需求。仅仅有消费欲望，有绝对消费力，并不能创造市场；只有既有消费欲望，又有购买力，才具有现实意义。支出主要指消费者支出模式和消费结构。收入在很大程度上影响着消费者支出模式与消费结构。随着消费者收入的变化，支出模式与消费结构也会发生相应变化。企业的市场营销活动要受到一个国家或地区经济发展状况的制约，在经济全球化的条件下，国际经济形势也是企业营销活动的重要影响因素。

分析经济环境应考虑如表4-16所示的因素。

表4-16　　　　　　　　　　经济环境分析因素

因素		说明
收入与支出情况	收入	人均国内生产总值。一般指价值形态的人均GDP。它是一个国家或地区，所有常住单位在一定时期内（如一年），按人口平均所生产的全部货物和服务的价值，超过同期投入的全部非固定资产货物和服务价值的差额
		个人收入。指城乡居民从各种来源所得到的收入。各地区居民收入总额，可用以衡量当地消费市场的容量，人均收入多少，反映了购买力水平的高低
		个人可支配收入。从个人收入中，减除缴纳税收和其他经常性转移支出后，所余下的实际收入，即能够用以作为个人消费或储蓄的数额
		可任意支配收入。只有在可支配收入中减去这部分维持生活的必需支出，才是个人可任意支配收入，这是影响消费需求变化的最活跃的因素
	支出	消费者支出模式与消费结构，不仅与消费者收入有关，而且受以下因素影响：① 家庭生命周期所处的阶段；② 家庭所在地址与消费品生产、供应状况；③ 城市化水平；④ 商品化水平；⑤ 劳务社会化水平；⑥ 食物价格指数与消费品价格指数变动是否一致等

续表

因素		说明
	储蓄	储蓄指城乡居民将可任意支配收入的一部分储存待用。储蓄的形式，可以是银行存款，可以是购买债券，也可以是手持现金。较高储蓄率会推迟现实的消费支出，加大潜在的购买力
	信贷	信贷指金融或商业机构向有一定支付能力的消费者融通资金的行为。其主要形式有短期赊销、分期付款、消费贷款等。消费信贷的规模与期限在一定程度上影响着某一时限内现实购买力的大小，也影响着提供信贷的商品的销售量。如购买住宅、汽车及其他昂贵消费品，消费信贷可提前实现这些商品的销售
经济发展状况	经济发展阶段	经济发展阶段的高低，直接影响企业市场营销活动。美国学者罗斯托（W·W·Rostow）的经济成长阶段理论，把世界各国经济发展归纳为 5 种类型：① 传统经济社会；② 经济起飞前的准备阶段；③ 经济起飞阶段；④ 迈向经济成熟阶段；⑤ 大量消费阶段。凡属前 3 个阶段的国家称为发展中国家，而处于后两个阶段的国家称为发达国家
	经济形势	我国 1978～2010 年的 32 年间，GDP 年均增长 9.4%，人均 GDP 年均增长 7.8%。经济的高速发展，极大地增强了中国的综合国力，显著地改善了人民生活。同时，国内经济生活中，也还存在一些困难和问题，如经济发展不平衡，产业结构不尽合理，就业问题压力很大等。所有这些国际、国内经济形势，国家、地区乃至全球的经济繁荣与萧条，对企业市场营销都有重要的影响。问题还在于，国际或国内经济形势都是复杂多变的，机遇与挑战并存，企业必须认真研究，力求正确认识与判断，相应制订营销战略和计划

（3）自然环境

自然环境主要指营销者所需要或受营销活动所影响的自然资源。营销活动要受自然环境的影响，也对自然环境的变化负有责任。营销管理者当前应注意自然环境面临的难题和趋势，如很多资源短缺、环境污染严重、能源成本上升等。因此，从长期的观点来看，自然环境应包括资源状况、生态环境和环境保护等方面，许多国家政府对自然资源管理的干预也日益加强。人类只有一个地球，自然环境的破坏往往是不可弥补的，企业营销战略中实行生态营销、绿色营销等，都是维护全社会的长期福利所必然要求的。

（4）政治法律环境

政治法律环境主要包括政治环境和法律环境，分析时应考虑表 4-17 所示的几个因素。

表 4-17　　　　　　　　　　　　政治法律环境分析因素

序号	因素	说明
①	政治环境	国内政治环境，包括党和政府的各项方针、路线、政策的制定和调整对企业市场营销的影响。企业要认真进行研究，领会其实质，了解和接受国家的宏观管理，而且还要随时了解和研究各个不同阶段的各项具体的方针和政策及其变化的趋势
		国际市场营销政治环境的研究一般分为"政治权力"和"政治冲突"两部分。随着经济的全球化发展，我国企业对国际营销环境的研究将越来越重要。政治权力指一国政府通过正式手段对外来企业权利予以约束，包括进口限制，外汇控制、劳工限制、国有化等方面。政治冲突主要指国际上重大事件和突发性事件对企业营销活动的影响。内容包括直接冲突与间接冲突两类

序号	因素	说明
②	法律环境	法律环境指国家或地方政府颁布的各项法规、法令和条例等。法律环境对市场消费需求的形成和实现，具有一定的调节作用。企业研究并熟悉法律环境，既保证自身严格依法管理和经营，也可运用法律手段保障自身的权益 各个国家的社会制度不同、经济发展阶段和国情不同，体现统治阶级意志的法制也不同，从事国际市场营销的企业，必须遵守国家的法律制度和有关的国际法规、国际惯例

（5）科学技术环境

科学技术是第一生产力，科技的发展对经济发展有巨大的影响，不仅直接影响企业内部的生产和经营，还同时与其他环境因素互相依赖、互相作用，给企业营销活动带来有利与不利的影响。例如，一种新技术的应用，可以为企业创造一个明星产品，产生巨大的经济效益；也可以迫使企业的一种成功的传统产品，不得不退出市场。新技术的应用，会引起企业市场营销策略的变化，也会引起企业经营管理的变化，还会改变零售商业业态结构和消费者购物习惯。

科学技术是社会生产力的新的和最活跃的因素。科技环境不仅直接影响企业内部的生产与经营，还同时与其他环境因素互相依赖、互相作用。企业在进行科学技术环境分析时应注意表 4-18 的示的几个因素。

表 4-18 科学技术环境分析因素

序号	因素说明
①	新技术的出现的影响力及对本企业的营销活动可能造成的直接和间接的冲击
②	了解和学习新技术，掌握新的发展动向，以便采用新技术，开发新产品或转入新行业，以求生存和发展
③	利用新技术改善服务，提高企业的服务质量和效率
④	利用新技术对企业管理，提高管理水平和企业营销活动效率
⑤	新技术的出现对人民生活方式带来的变化及其由此对企业营销活动可能造成的影响
⑥	新技术的出现引起商品实体流动的变化
⑦	国际营销活动中要对目标市场的技术环境进行考察，以明确其技术上的可接受性

（6）社会文化环境

社会文化主要指一个国家、地区的民族特征、价值观念、生活方式、风俗习惯、宗教信仰、伦理道德、教育水平、语言文字等的总和。主体文化是占据支配地位的，起凝聚整个国家和民族的作用，由千百年的历史所形成的文化，包括价值观、人生观等；次级文化是在主体文化支配下所形成的文化分支，包括种族、地域、宗教等。

文化对所有营销的参与者的影响是多层次、全方位、渗透性的。它不仅影响企业营销组合，而且影响消费心理、消费习惯等，这些影响多半是通过间接的、潜移默化的方式来进行的。进行营销社会文化分析应考虑表 4-19 所示的几方面。

表 4-19　　　　　　　　　　　社会文化环境分析因素

序号	因素	说明
①	教育水平	教育程度不仅影响劳动者收入水平，而且影响着消费者对商品的鉴别力，影响消费者心理、购买的理性程度和消费结构，从而影响着企业营销策略的制订和实施
②	宗教信仰	宗教对营销活动的影响可以从以下几方面分析：宗教分布状况；宗教要求与禁忌；宗教组织与宗教派别
③	价值观念	价值观念指人们对社会生活中各种事物的态度和看法。不同的文化背景下，价值观念差异很大，影响着消费需求和购买行为。对于不同的价值观念，营销管理者应研究并采取不同的营销策略
④	消费习俗	消费习俗指历代传递下来的一种消费方式，是风俗习惯的一项重要内容。消费习俗在饮食、服饰、居住、婚丧、节日、人情往来等方面都表现出独特的心理特征和行为方式
⑤	消费流行	由于社会文化多方面的影响，使消费者产生共同的审美观念、生活方式和情趣爱好，从而导致社会需求的一致性，这就是消费流行。消费流行在服饰、家电以及某些保健品方面，表现最为突出
⑥	亚文化群	亚文化群可以按地域、宗教的、种族、年龄、兴趣爱好等特征划分。企业用亚文化群来分析需求时，可以把每一个亚文化群视为一个细分市场，分别制订不同的营销方案

4. 市场营销的环境分析方法

（1）环境扫描法

并不是所有市场营销环境因素与该企业的营销活动相关，企业也不可能一一详细评析。因此，企业有必要首先从各种市场营销环境因素中找出与本企业营销活动密切相关的那些重要因素，以便缩小范围。分析有关市场营销环境因素的实用方法是环境扫描法，即由熟悉环境的专家和企业营销人员组成环境扫描小组，将所有可能出现的与企业营销活动有关的因素都列举出来，最后把比较一致的意见作为环境扫描的结果，即得出相关的主要环境因素。

（2）PEST 分析法

PEST 分析法是指宏观环境的分析，P 是政治（Political System），E 是经济（Economic），S 是社会（Social），T 是技术（Technological）。在分析一个企业集团所处的背景的时候，通常是通过这 4 个因素来进行分析企业集团所面临的状况，如图 4-2 所示。

（3）SWOT 分析法

SWOT 分析法又称为态势分析法，它是由旧金山大学的管理学教授于 20 世纪 80 年代初提出来的，是一种能够较客观而准确地分析和研究一个单位现实情况的方法。SWOT 分别代表：Strengths（优势）、Weaknesses（劣势）、Opportunities（机会）、Threats（威胁）。SWOT 分析通过对优势、劣势、机会和威胁加以综合评估与分析得出结论，然后再调整企业资源及企业策略，来达成企业的目标。

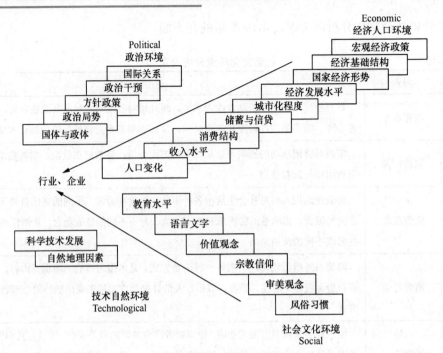

图 4-2 PEST 分析法

SWOT 分析要点如表 4-20 所示。

表 4-20 SWOT 分析要点

要点	含义	因素
竞争优势（S）	竞争优势（S）是指一个企业超越其竞争对手的能力，或者指公司所特有的能提高公司竞争力的东西 例如，当两个企业处在同一市场或者说它们都有能力向同一顾客群体提供产品和服务时，如果其中一个企业有更高的赢利率或赢利潜力，那么，我们就认为这个企业比另外一个企业更具有竞争优势	• 技术技能优势：独特的生产技术，低成本生产方法，领先的革新能力，雄厚的技术实力，完善的质量控制体系，丰富的营销经验，上乘的客户服务，卓越的大规模采购技能 • 有形资产优势：先进的生产流水线，现代化车间和设备，拥有丰富的自然资源储存，吸引人的不动产地点，充足的资金，完备的资料信息 • 无形资产优势：优秀的品牌形象，良好的商业信用，积极进取的公司文化 • 人力资源优势：关键领域拥有专长的职员，积极上进的职员，很强的组织学习能力，丰富的经验 • 组织体系优势：高质量的控制体系，完善的信息管理系统，忠诚的客户群，强大的融资能力 • 竞争能力优势：产品开发周期短，强大的经销商网络，与供应商良好的伙伴关系，对市场环境变化的灵敏反应，市场份额的领导地位

续表

要点	含义	因素
竞争劣势（W）	竞争劣势（W）是指某种公司缺少或做得不好的东西，或指某种会使公司处于劣势的条件	• 缺乏具有竞争意义的技能技术 • 缺乏有竞争力的有形资产、无形资产、人力资源、组织资产 • 关键领域里的竞争能力正在丧失
潜在机会（O）	市场机会是影响公司战略的重大因素。公司管理者应当确认每一个机会，评价每一个机会的成长和利润前景，选取那些可与公司财务和组织资源匹配、使公司获得的竞争优势的潜力最大的最佳机会	• 客户群的扩大趋势或产品细分市场 • 技能技术向新产品新业务转移，为更大客户群服务 • 前向或后向整合 • 市场进入壁垒降低 • 获得购并竞争对手的能力 • 市场需求增长强劲，可快速扩张 • 出现向其他地理区域扩张，扩大市场份额的机会
外部威胁（T）	在公司的外部环境中，总是存在某些对公司的赢利能力和市场地位构成威胁的因素。公司管理者应当及时确认危及公司未来利益的威胁，做出评价并采取相应的战略行动来抵消或减轻它们所产生的影响	• 出现将进入市场的强大的新竞争对手 • 替代品抢占公司销售额 • 主要产品市场增长率下降 • 汇率和外贸政策的不利变动 • 人口特征、社会消费方式的不利变动 • 客户或供应商的谈判能力提高 • 市场需求减少 • 容易受到经济萧条和业务周期的冲击

SWOT 分析有 4 种不同类型的组合：优势—机会（SO）组合、弱点—机会（WO）组合、优势—威胁（ST）组合和弱点—威胁（WT）组合。具体如表 4-21 所示。

表 4-21　　　　　　　　　　　　　　　　SWOT 分析组合

序号	组合	说明
①	优势—机会（SO）	优势—机会（SO）战略是一种发展企业内部优势与利用外部机会的战略，是一种理想的战略模式。当企业具有特定方面的优势，而外部环境又为发挥这种优势提供有利机会时，可以采取该战略。例如，良好的产品市场前景、供应商规模扩大和竞争对手有财务危机等外部条件，配以企业市场份额提高等内在优势可成为企业收购竞争对手、扩大生产规模的有利条件
②	弱点—机会（WO）	弱点—机会（WO）战略是利用外部机会来弥补内部弱点，使企业改劣势而获取优势的战略。存在外部机会，但由于企业存在一些内部弱点而妨碍其利用机会，可采取措施先克服这些弱点。例如，若企业弱点是原材料供应不足和生产能力不够，从成本角度看，前者会导致开工不足、生产能力闲置、单位成本上升，而加班加点会导致一些附加费用。在产品市场前景看好的前提下，企业可利用供应商扩大规模、新技术设备降价、竞争对手财务危机等机会，实现纵向整合战略，重构企业价值链，以保证原材料供应，同时可考虑购置生产线来克服生产能力不足及设备老化等缺点。通过克服这些弱点，企业可能进一步利用各种外部机会，降低成本，取得成本优势，最终赢得竞争优势

序号	组合	说明
③	优势—威胁（ST）	优势——威胁（ST）战略是指企业利用自身优势，回避或减轻外部威胁所造成的影响。如竞争对手利用新技术大幅度降低成本，给企业很大成本压力；同时材料供应紧张，其价格可能上涨；消费者要求大幅度提高产品质量；企业还要支付高额环保成本。这些都会导致企业成本状况进一步恶化，使之在竞争中处于非常不利的地位，但若企业拥有充足的现金、熟练的技术工人和较强的产品开发能力，便可利用这些优势开发新工艺，简化生产工艺过程，提高原材料利用率，从而降低材料消耗和生产成本。另外，开发新技术产品也是企业可选择的战略。新技术、新材料和新工艺的开发与应用是最具潜力的成本降低措施，同时它可提高产品质量，从而回避外部威胁影响
④	弱点—威胁（WT）	弱点——威胁（WT）战略是一种旨在减少内部弱点，回避外部环境威胁的防御性技术。当企业存在内忧外患时，往往面临生存危机，降低成本也许成为改变劣势的主要措施。当企业成本状况恶化，原材料供应不足，生产能力不够，无法实现规模效益，且设备老化，使企业在成本方面难以有大作为，这时将迫使企业采取目标聚集战略或差异化战略，以回避成本方面的劣势，并回避本原因带来的威胁

（4）矩阵图分析法

矩阵图法就是从多维问题的事件中，找出成对的因素，排列成矩阵图，然后根据矩阵图来分析问题，确定关键点的方法。它是一种通过多因素综合思考，探索问题的好方法。

企业面对威胁程度不同和市场机会吸引力不同的营销环境，需要通过环境分析来评估环境机会与环境威胁。企业最高管理层可采用"威胁分析矩阵图"和"机会分析矩阵图"来分析、评价营销环境。

① 威胁分析矩阵

对环境威胁的分析，一般着眼于两个方面：一是分析威胁的潜在严重性，即影响程度；二是分析威胁出现的可能性，即出现概率。其分析矩阵如图4-3所示。

在图4-3中，处于3、5位置的威胁出现的概率和影响程度都大，必须特别重视，制订应对方法；处于7位置的威胁出现的概率和影响程度均小，企业不必过于担心，但应注意其发展变化；处于1、6位置的威胁出现概率虽小，但影响程度较大，必须密切注意监视其出现与发展；处于2、4、8位置的威胁影响程度较小，但出现的概率大，也必须充分重视。

② 机会分析矩阵

机会分析主要考虑其潜在的吸引力（赢利性）和成功的可能性（企业优势）大小。其分析矩阵如图4-4所示。

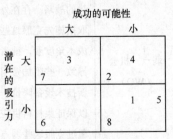

图4-3　威胁分析矩阵图　　　　图4-4　机会分析矩阵图

在图 4-4 中，处于 3、7 位置的机会，潜在的吸引力和威胁的可能性都大，有极大可能为企业带来巨额利润，企业应把握战机，全力发展；而处于 1、5、8 位置的机会，不仅潜在利益小，成功的概率也小，企业应改善自身条件，注意机会的发展变化，审慎而适时地开展营销活动。

		威胁水平	
		低	高
机会水平	高	理想业务	冒险业务
	低	成熟业务	困难业务

图 4-5 环境分析综合评价图

用上述矩阵法分析、评价营销环境，可能出现 4 种不同的结果，综合如图 4-5 所示。

对市场机会的分析，还必须深入分析机会的性质，以便企业寻找对自身发展最有利的市场机会，如表 4-22 所示。

表 4-22　　市场机会分析

序号	机会	说明
①	环境市场机会与企业市场机会	市场机会实质上是"未满足的需求"。伴随着需求的变化和产品生命周期的演变，会不断出现新的市场机会。但对不同企业而言，环境机会并非都是最佳机会，只有理想业务和成熟业务才是最适宜的机会
②	行业市场机会与边缘市场机会	企业通常都有其特定的经营领域，出现在本企业经营领域内的市场机会，即行业市场机会；出现于不同行业之间的交叉与结合部分的市场机会，则称之为边缘市场机会。一般说来，边缘市场机会的业务，进入难度要大于行业市场机会的业务，但行业与行业之间的边缘地带，有时会存在市场空隙，企业在发展中也可用以发挥自身的优势
③	目前市场机会与未来市场机会	从环境变化的动态性来分析，企业既要注意发现目前环境变化中的市场机会，也要面对未来，预测未来可能出现的大量需求或大多数人的消费倾向，发现和把握未来的市场机会

③ 企业营销对策

在环境分析与评价的基础上，企业对威胁与机会水平不等的各种营销业务，要分别采取不同的对策，如表 4-23 所示。

表 4-23　　企业营销对策

序号	类型	营销对策
①	理想业务	对理想业务，应看到机会难得，甚至转瞬即逝，必须抓住机遇，迅速行动；否则，丧失战机，将后悔莫及
②	冒险业务	对冒险业务，面对高利润与高风险，既不宜盲目冒进，也不应迟疑不决，坐失良机，应全面分析自身的优势与劣势，扬长避短，创造条件，争取突破性的发展
③	成熟业务	对成熟业务，机会与威胁处于较低水平，可作为企业的常规业务，用以维持企业的正常运转，并为开展理想业务和冒险业务准备必要的条件
④	困难业务	对困难业务，要么是努力改变环境，走出困境或减轻威胁，要么是立即转移，摆脱无法扭转的困境

二、探究购买行为

满足消费者的需求是现代企业营销活动的出发点和归宿。正确认识消费者市场的需求特点、影响消费者购买行为的因素，消费者的购买决策过程，消费者的购买心理活动过程等，有利于企业科学地确定产品的销售对象，制订科学的营销方案。在此基础上，分析生产者市场和中间商市场的特点、参与购买决策者、购买类型、影响组织市场购买行为的因素及购买决策过程；并进一步分析了政府采购的特点、主要参与机构及采购的程序等对于现代企业的营销活动的顺利进行具有十分重要的意义。

1. 消费者需求分析

（1）需要

所谓需要是指没有得到某些基本的满足而感到的匮乏状态。需要不是市场营销人员创造的，而是人类自身本能的基本组成部分。人类的需要是多种多样的，同时也是分层次的。美国心理学家马斯洛在 1943 年提出"需要层次论"，将人的需要分为 5 个层次，即生理需要、安全需要、社会需要、尊重需要、自我实现需要，如图 4-6 所示。

图 4-6 所示的内容如表 4-24 所示。

图 4-6 马斯洛的需要层次"金字塔"图

表 4-24 马斯洛的需要层次

序号	要素	内容
①	生理需要	生理需要是人类的最基本的需要，如因饥饿、口渴、寒冷、遮蔽等而需要食、衣、住等。这种需要是人的各种需要中优先需要得到满足的需要
②	安全需要	在生理需要得到满足的前提下，就会为避免生理及心理方面受到伤害所要求的保护和照顾的需要，这就是安全需要，它包含对安全感、稳定性、受保护等的需要，如保险、保健、医药等
③	社会需要	社会需要是在安全需要得到满足的前提下，进一步产生的需要，即人们在社会生活中很重视人与人之间的交往，希望成为某一团体或组织中的成员，通过社会交往得到社会的容纳和重视，得到朋友的友谊和感情等
④	尊重需要	尊重需要是指人们希望达到的更高的地位、声望和成就等。这是社会需要之上的更高层次的需求
⑤	自我实现需要	这是最高层次的需要，即希望个人的自我潜能和才能得到极大的发挥，取得一定的成就，对社会有较大的贡献，并需要别人对自己的努力成果给予肯定，得到社会的承认

（2）欲望

欲望是指想得到能满足需要的具体满足物的愿望。人类为了生存与发展，有生理需要、安全需要、社会需要、尊重需要、自我实现需要等，这些需要可以由不同的方式来满足。人类的需要是有限的，但是欲望却很多。例如，一个人饿了，可以用面包、包子、面条、牛奶、饼干等来填饱肚子。因此，人们的欲望几乎是没有穷尽的。

（3）需求

人类的欲望几乎是没有穷尽，但是资源是有限的。因此，人们想用有限的金钱来选择价值和满意度最大的产品。当具有购买能力时，欲望便转化为需求。所谓需求是指有购买并且愿意购买某种具体产品的欲望，即有购买力的欲望。

用公式可表示为

$$需求 = 欲望 + 购买力$$

需要、欲望和需求三者的关系如图 4-7 所示。

图 4-7　需要、欲望和需求三者的关系图

需要、欲望和需求是不同的概念，各自有不同的内涵，但三者之间又有一定的联系。在市场营销中研究需要、欲望和需求，其目的在于阐明这样一个事实：需要是产生需求的前提条件，但是市场营销者并不创造需要，因为需要存在于市场活动之前；欲望是在需要的基础上产生的，市场营销者可以影响人们的欲望，如通过改善产品、降低价格、广告宣传等方式试图向人们推荐某特定产品以满足其特定的需要，进而使产品对人们有吸引力；消费者的需求是在欲望的基础上产生的，当商品的价格适应消费者的支付能力且使之容易得到，来实现其需求。

（4）消费者产生购买行为的心理活动过程

消费者的购买行为作为人类行为的一种，是受多种因素影响而形成的复杂行为。首先消费者受到某些刺激而产生某种需要，这种需要又导致产生购买某种商品的动机，由购买动机最终产生购买行为。购买行为产生的过程如图 4-8 所示。

刺激 ⟶ 需要 ⟶ 购买动机 ⟶ 购买行为

图 4-8　购买行为的产生过程

消费者产生购买行为的心理活动因素如表 4-25 所示。

表 4-25　　　　　　　　　　消费者产生购买行为的心理活动因素

序号	因素	内容
①	刺激	购买行为产生的起点是消费者受到了某种刺激。消费者所受到的刺激包括以下两种：一是环境刺激，消费者总是处在一定的环境中，受到有关环境因素对其影响，即政治、经济、社会、技术、文化等环境因素对消费者的影响；二是营销刺激，企业为了将产品销售出去，会采取有关的策略，即企业采取的产品策略、价格策略、分销策略、促销策略等对消费者的影响
②	消费者黑箱	消费者受到刺激后会有一个内在的心理活动过程，然后对刺激做出反应，即产生购买行为，也是可以观察到的消费者的购买反应：产品选择、品牌选择、供应商的选择、购买时间及购买数量等。由于消费者的心理活动过程是看不见、摸不着的，带有神秘色彩，所以称其为"消费者黑箱"，又称"消费者黑匣子"。尽管"消费者黑箱"是看不见、摸不着的，但是企业可以研究它，以便采取相应的策略。消费者黑箱包括以下两部分内容：

续表

序号	因素	内容
		一是消费者特性，主要包括影响消费者购买行为的社会文化、个人、心理等因素。消费者特性会影响消费者对刺激的理解和反应，同一种刺激作用于具有不同特性的消费者，往往会产生不同的反应 二是消费者购买决策过程，主要包括唤起需要、搜集信息、比较选择、购买决策、购后评价等过程。消费者的决策过程决定了消费者最终的购买行为
③	消费者反应	消费者反应主要包括消费者购买是对产品的选择、品牌的选择、供应商的选择、时间选择、地点选择、数量选择等

消费者购买行为可以利用刺激—反应模式（又称购买行为模式）具体反应出来，如图 4-9 所示。

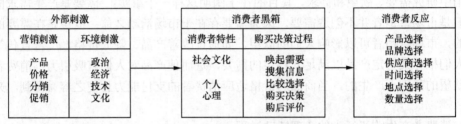

图 4-9 刺激—反应模式

（5）消费者类型

了解顾客，掌握顾客的购买特点，是营销能否成功的重要因素。按照不同的标准，一般将消费者划为不同的类型。

按代表性分类，消费者可以被分为表 4-26 所示的 3 种类型。

表 4-26　　　　　　　　　　　消费者按代表性标准分类

序号	类型	购买表现及导购方法
①	走马观花型	这类消费者一般行走缓慢，谈笑风生，东瞧西看，目标性不强。对这类顾客，应察颜观色，随机应变，当他欲仔细观看商品时，营销导购人员应及时推介
②	一见钟情型	这类消费者大多喜欢新奇的东西，当他对某种商品发生兴趣时，会表露出中意的神情并询问，此时营销导购人员要主动迎合
③	胸有成竹型	这类消费者一般都直奔商品有备而来，营销导购人员应迅速接近，积极配合

按年龄分类，消费者可以被分为表 4-27 所示的 3 种类型。

表 4-27　　　　　　　　　　　消费者按年龄标准分类

序号	类型	购买表现及导购方法
①	老年消费者	老年消费者购买心理稳定，不易受广告宣传的影响，希望购买质量好、价格公道、方便舒适、结实耐用、售后服务有保障的商品；喜欢购买用惯了的商品，对新商品常持怀疑态度，很多情况下是在亲戚朋友的推荐下才购买未曾使用过的某种品牌的商品。购买时的运作缓慢，挑选仔细，喜欢问长问短，导购人员应有足够的耐心

序号	类型	购买表现及导购方法
②	中年消费者	多属于理智购买,购买时比较自信,喜欢购买已被证明其使用价值的新商品;对能够改善家庭生活条件,节约家务时间,既经济,质量又好,还有装饰效果的商品感兴趣 对此类顾客,营销人员一定要以亲切、诚恳、专业的态度来对待,才有可能被其接受
③	青年消费者	具有强烈的生活美感,由于年龄因素,不需要承担过多的经济负担,所以对商品的价值观念淡薄,只要是见到自己喜爱的商品,就会产生购买欲望和行动;追求档次、品牌,求新、求奇、求美的心理较为普遍,对消费时尚反应敏感,喜欢购买新颖、流行的商品,往往是第一批新商品的第一批购买者;多数购买行为具有明显的冲动性,易受外部因素影响 营销人员要迎合此类顾客的求新、求奇、求美的心理进行介绍,尽量向他们推介目前流行的、前卫的商品,并强调此商品的新特点、新功能、新用途

按性别分类,消费者可以被分为表 4-28 所示的两种类型。

表 4-28　　　　　　　　　　　消费者按性别标准分类

序号	类型	购 买 表 现
①	男消费者	a. 多数是有目的地购买和理智型购买,比较自信,不喜欢营销人员过分热情和喋喋不休地介绍 b. 购买动机常具有波动性。虽然男性顾客在选购前就选择好了购买对象,但面对营销人员简短的、自信的、专业的介绍,他们往往会很快地改变主意,听取营销人员的建议 c. 选择商品以其用途、质量、性能、功能为主,价格因素作用相对较小 d. 希望迅速成交,对排队等候更是缺乏耐心
②	女消费者	a. 购买动机具有主动性、灵活性和冲动性 b. 购买心理不稳定,易受外界因素的影响,且购买行为受情绪影响较大 c. 乐于接受营销人员的建议 d. 挑选商品时十分细致,首先注重的是商品的流行性、外观、款式、品牌和价格,其次是商品的质量和售后服务

按性格分类,消费者可以分为表 4-29 所示的 7 种类型。

表 4-29　　　　　　　　　　　消费者按性格标准分类

序号	类型	购买表现及导购方法
①	理智型	a. 购买前非常注重搜集关于商品的品牌、价格、质量、性能、款式、如何使用、日常维护保养等方面的各种信息,购买决定以对商品知识的了解程度和客观判断为依据 b. 购买过程长,从不急于做出决定,在购买中经常不动声色 c. 购买时喜欢独立思考,不喜欢营销人员过多介入
②	冲动型	a. 购买决定易受外部刺激的影响 b. 购买目的不明显,常常是即兴购买 c. 常凭个人直觉、对商品的外观以及营销人员的热情推介来迅速做出购买决定,行为果断,但事后容易后悔 d. 喜欢购买新的商品和流行商品

序号	类型	购买表现及导购方法
③	情感型	a. 购买行为受个人的情绪和情感的支配，往往没有明确的购买目的 b. 比较愿意接受营销人员的建议 c. 想象力、联想力比较丰富，购买中情绪容易波动
④	疑虑型	a. 性格内向，行动谨慎，观察细微，决策迟缓 b. 购买时缺乏自信，对营销人员也缺乏信任，疑虑重重 c. 选购商品时动作缓慢，反复在同类商品中询问、挑选与比较，费时较多 d. 购买中犹豫不决，事后容易反悔
⑤	随意型	a. 缺乏购买经验，在购买中常常不知所措，所以乐意听取营销人员的建议，希望能得到帮助 b. 对商品不会有过多的挑剔
⑥	习惯型	a. 凭个人的习惯和经验购买商品，不易受广告或营销人员的影响 b. 通常是有目的地购买，购买过程迅速 c. 对流行商品、新商品反应冷淡
⑦	专家型	a. 认为营销人员与顾客是对立的利益关系 b. 自我意识很强，购买中常常认为自己的观念绝对正确，经常会考验营销人员的知识能力 c. 当营销人员遇到或察觉到这种类型的顾客时，最好随他自由选择，等对方发问时再上前为其说明商品的特性即可，否则较难应付

根据消费者在购买中的表现，抓住顾客购买心理，对于营销导购具有重要的意义。消费者购买的心理是复杂的，其表现情形、核心动机、代表群体大体如表 4-30 所示。

表 4-30　　　　　　　　　　消费者购买心理分析

序号	心理需求	表现情形	核心动机	代表群体
①	求名	在选购商品时，特别重视产品的威望和品牌意义，商品要名贵，牌子要响亮，以此来显示自己的地位特殊，或炫耀自己的能力非凡	"显名"和"炫耀"的同时，对名牌有一种安全感和信赖感，重视产品的质量	城市青年男女
②	求新	在选购商品时，尤其重视商品的款式和时下的流行样式，追逐新潮，对于商品是否经久耐用、价格是否合理不大考虑	"时髦"和"奇特"	追求时髦的青年男女
③	求美	在选购产品时，不以使用价值为宗旨，而是注重商品的品格和个性，强调商品的艺术美	讲究"装饰"和"漂亮"，而不仅仅关注商品的价格、性能、质量、服务等方面	城市年轻女性
④	求实	在选购商品时，不过分强调商品的美观悦目，而以朴实耐用为主	"实用"和"实惠"	家庭主妇和低收入者

续表

序号	心理需求	表现情形	核心动机	代表群体
⑤	求廉	在选购商品时，特别计较商品的价格，喜欢物美价廉或削价处理的商品	"便宜"和"低档"	农村消费低收入者
⑥	癖好	在选购商品时，根据自己的生活习惯和业余爱好，倾向比较集中，行为比较理智，可以说是胸有成竹，并具有经常性和持续性的特点	"单一"和"嗜好"	老年人
⑦	攀比	在选购商品时，不是由于急需或必要，而是仅凭感情的冲动，存在着偶然性的因素，总想比别人强，要超过别人，以求得心理上的满足	争赢斗胜	年轻妇女和青少年
⑧	猎奇	大多喜欢新的消费品，寻求商品新的功能、新的花样、新的款式，追求新的享受、新的乐趣和新的刺激	满足好奇心	青少年

（6）基于消费者心理活动过程规律的营销举措

基于消费者心理活动过程规律的营销活动可采用如表 4-31 所示的举措。

表 4-31　　　　　　　　　基于消费者心理活动过程规律的营销举措

序号	要素	举措	内容
①	利用营销组合有效地刺激消费者	在买方市场的条件下，企业的产品要满足消费者的需求，企业才可以将产品销售出去；反之，企业也可主动地通过自身的营销努力去刺激消费者，使其产生购买的欲望 消费者受到的刺激包括环境刺激和营销刺激。其中，营销刺激是企业针对目标市场，协调配套地使用营销手段来刺激消费者，使他们产生需求。常用的最基本的营销手段有产品（Product）、定价（Price）、分销（Place）、促销（Promotion），简称"4P"	企业可以在产品概念的 3 个层次，即核心产品、形式产品、附加产品上下功夫，以吸引消费者。如提高产品的质量、增加花色品种、改进包装等；提供免费的咨询、安装调试、及时地配送等
			针对产品所处的市场寿命周期各阶段的不同的特点，采取不同的策略。例如，当某一产品处在成熟期，通过广告宣传提高消费者的使用频率、增加产品的新用途，以增加消费者的购买数量，通过改进市场需求来达到企业扩大销售的目的
			不断地开发新产品来刺激消费者。企业在市场调查的基础上，寻找创意和设想，结合自身的实际情况，开发出适销对路的新产品，以刺激和拉动消费者的需求
			采用适当的品牌策略和包装策略来刺激消费者，以达到扩大销售的目的

序号	要素	举措	内容
②	研究和分析消费者黑箱	当消费者受到刺激后,消费者黑箱里到底发生了什么?企业不得而知。但是企业可以通过研究分析"消费者黑箱",来影响消费者的最后选择	分析消费者的特性。分别从社会文化因素、个人因素、心理因素等方面分析影响消费者需求的因素,以便针对不同的需求采取不同的管理。使企业的营销策略能更好地与顾客的需求相适应
			研究消费者购买决策过程,以影响消费者的购买决策。消费者的购买决策构成包括需要唤起、收集信息、比较选择、购买决策、购后评价等。企业特别要注意以下两点阶段: 消费者处在收集信息阶段,企业可以通过大量的广告宣传和促销活动让消费者从商业来源获得更多的市场信息 购后评价阶段不仅影响消费者自身以后的购买决策,而且会影响其周围人的购买决策。所以企业应该在售前、售中、售后都让消费者满意,特别要为消费者做好售后服务
③	观察消费者的购买反应	经观察消费者的购买反应,会发现消费者的最后选择会有两种结果	一是选择购买本企业的产品。企业需要在售后服务上下功夫,提高消费者的满意度,使该消费者成为企业和产品的忠诚者,留住消费者。因为留住老顾客的成本远远低于吸引新顾客的成本
			其二是选择购买别的企业的产品。分析和找出消费者购买别的企业的产品的原因,可能是本企业产品质量问题、企业营销人员努力不够、物流不及时等,找出企业与同行之间的差距,有针对性地改进

2. 消费者购买行为分析

（1）消费者市场的特点

所谓消费者市场,是指为了个人或家庭消费而购买物品或服务的个人或家庭所构成的市场。消费者市场是最终市场,其他市场是直接或间接地为最终消费者服务。因此,消费者市场是现代市场营销的依据和主要的研究对象。消费者市场具有表 4-32 所示的特点。

表 4-32　　　　　　　　　　　　消费者市场的特点

序号	特点	说明
①	购买次数多,一次购买量少	消费者多而分布分散,由于个人或家庭人口有限,一次购买量少,反复购买,例如,消费者购买生活日用品时,一般一次购买较少,反复购买
②	需求差异大	由于影响消费者购买行为的因素有很多,例如,文化因素、社会因素、个人因素、心理因素等,决定了消费者的需求是多样化的,彼此差异较大
③	需求复杂多变	随着生产技术提高、生活质量改善、消费水平的提高等,消费者的需求常常是变化的。例如,有的流行性商品的寿命周期特别短
④	需求可诱导	消费者产生需求的原因之一是受到外界的刺激,企业可以通过自己的营销努力,如广告宣传、降低价格、改善产品等来刺激和诱导消费者,使其产生购买欲望,进而产生购买行为

续表

序号	特点	说明
⑤	非赢利性	与生产者市场、中间商市场相比，消费者市场购买的目的是个人或家庭直接消费或使用产品，为了满足个人或家庭的生活需要

（2）影响消费者购买行为的因素

消费者购买行为受到文化、社会、个人和心理特征等因素的很大影响，图4-10和表4-33显示了这一点。营销人员无法控制这些因素，为了吸引消费者，将产品销售给消费者，开展有效的市场营销活动，必须考虑分析这些影响因素。

```
                         ┌─────────────────────────────────────┐
                         │ 文化因素：文化、亚文化、社会阶层        │
                         └─────────────────────────────────────┘

                         ┌─────────────────────────────────────┐
                         │ 社会因素：参照群体、家庭、身份与地位    │
        ┌─────────┐      └─────────────────────────────────────┘
        │ 消费者购买 │
        │   行为   │      ┌─────────────────────────────────────┐
        └─────────┘      │ 个人因素：年龄及生命阶段、职业、经济状况、生活方式、个性 │
                         └─────────────────────────────────────┘

                         ┌─────────────────────────────────────┐
                         │ 心理因素：动机、知觉、学习、信念与自我观念 │
                         └─────────────────────────────────────┘
```

图4-10　影响消费者购买行为的因素

表4-33　　　　　　　　　　　　影响消费者购买行为的因素

序号	因素		内容
①	文化因素	文化、亚文化、社会阶层等文化因素，对消费者的行为具有最广泛和最深远的影响	文化。文化是人类在长期的生活和实践中形成的语言、价值观、道德规范、风俗习惯、审美观等的综合。文化是人类欲望和行为最基本的决定因素，会对消费者的消费观念和购买行为产生潜移默化的影响
			亚文化。在一种文化中，往往还包含着一些亚文化群体，他们有更为具体的认同感。亚文化群包括民族亚文化群、宗教亚文化群、宗族亚文化群和地理亚文化群
			消费者对各种商品的兴趣受其所属民族、宗教、种族和地理等因素的影响。这些因素将影响他的食物偏好、衣着选择、娱乐方式等
			社会阶层。社会阶层是指在一个社会中具有相对同质性和持久性的群体。在一切社会中，都存在着社会阶层。同一个社会阶层的人有相似的价值倾向、社会地位、经济状况、受教育程度等。因此，同一社会阶层的人有相似的生活方式和消费行为
			各社会阶层显示出不同的产品偏好和品牌偏好，企业的营销人员应根据不同的社会阶层，推出不同的营销策略，例如，在广告策略中，由于不同的阶层对新闻媒介的偏好是不一样的，中低阶层的消费者平时喜欢收看电视剧和娱乐晚会，而高阶层喜欢各种时尚活动或戏剧等，所以针对不同阶层的消费者，应选择不同的广告媒介来进行产品宣传

序号	因素	内容
②	社会因素	消费者处在社会环境中，其总会受到其他人的影响，主要受到相关群体、家庭等的影响

相关群体。相关群体是指能够直接或间接影响人们的态度、偏好和行为的群体。相关群体分为所属群体和参照群体。所属群体是指人们所属并且相互影响的群体，如家庭成员、朋友、同事、亲戚、邻居、宗教组织、职业协会等。参照群体是指某人的非成员群体，即此人不属于其中的成员，而是其心理向往的群体，如电影明星、体育明星、社会名人等是大家纷纷崇拜和效仿的对象

家庭。家庭是指由居住在一起的彼此有血缘、婚姻或抚养关系的人群所组成。家庭也是影响消费者购买行为的重要因素，具体表现在以下几方面：

一是家庭倾向性的影响：例如，一个孩子长期和其父母生活在一起，其父母对某一产品的购买倾向或多或少对孩子的以后的消费行为会产生影响

二是家庭成员的态度及参与程度的影响：购买不同的产品，家庭成员的态度和参与的程度是不同的，例如，家庭购买大件物品时，大家共同参与、商量，而购买日常的生活用品可能就由母亲购买。于是根据家庭成员对购买商品的参与程度与决定作用的不同，可分为丈夫决定型、妻子决定型、子女决定型、共同决定型

三是家庭的生命周期阶段对消费者的影响：消费者家庭生命周期阶段一般可分为单身青年阶段、新婚无子女阶段、子女年幼阶段、子女长大尚未独立阶段、年老夫妻而子女独立阶段、单身老人阶段。家庭处在不同的生命周期阶段，购买行为也是不同的。例如，家庭处在子女年幼阶段时，对玩具、婴儿用品等感兴趣；家庭处在年老夫妻而子女独立阶段时，对保健品、健身用品等感兴趣

序号	因素	内容
③	个人因素	消费者的购买行为与其个人因素有较密切的联系，例如，个人的年龄、性别、职业、受教育程度、经济状况、生活方式等。例如，对书的需求，由于年龄、职业、受教育程度等不同，不同的消费者会选择不同的书，儿童会选择卡通书，年轻人会选择流行小说，老年人会选择有关保健方面的书
④	心理因素	影响消费者购买行为的心理因素包括动机、态度、学习、个性等 学习是指由于经验而引起的个人行为的改变，人类行为大都来源于学习。例如，某顾客要购买一台计算机，由于该顾客对计算机不了解，在购买之前就有一个学习的过程。对企业的营销人员来说，要为顾客学习提供方便，要耐心地回答顾客的咨询，主动向顾客介绍、传递有关产品的信息，让顾客了解和熟悉本企业的产品，来促使顾客购买本企业的产品 通过学习，人们获得了自己对产品的态度。所谓态度是指一个人对某些事物或观念长期持有的好或坏的认识、评价、情感上的感受和行为倾向。态度一经形成，一般难以改变。所以，企业的营销人员最好使其产品与顾客的态度相一致，而不要试图去改变人们的态度，当然，如果改变一种态度所耗费的代价能得到补偿时，则另当别论

可见，影响消费者购买行为的因素是众多的，一个人的选择是文化、社会、个人和心理

因素之间复杂影响和作用的结果。其中，很多因素是营销人员所无法改变的，但是，这些因素在识别那些对产品有兴趣的购买者方面颇有用处。其他因素则受到营销人员的影响，并揭示营销人员如何开发产品、价格、地点和促销，以便引发消费者的强烈的反应。

（3）消费者的购买决策过程

消费者在购买一些比较重要的商品时，其购买决策往往是一个非常复杂的心理活动过程。一般消费者购买决策过程包括唤起需要、搜集信息、比较选择、购买决策、购后评价5个阶段，如图4-11所示。

图4-11 消费者购买决策过程

消费者的购买决策过程具体说明如表4-34所示。

表4-34　　　　　　　　　消费者的购买决策过程具体说明

序号	过程	说明	
①	唤起需要	消费者的需要往往由于受到内部刺激或外部刺激引起的。内部刺激是由于自身的胜利或心理上感到缺少而产生的需要，例如，因为饿了要买食品。外部刺激是来自于消费者外部的客观因素，例如，人员推销、广告、降价等的刺激，或由于受到周围人购买行为的影响	
②	搜集信息	一般来讲，唤起的需要不是马上就能满足，消费者需要搜集有关的信息。消费者信息的来源主要有经验来源、人际来源、商业来源、公众来源等几种，这些信息来源的相对影响随着产品的类别和购买者的特征而变化。一般说来，就某一产品而言，消费者最多的信息来源是商业来源，也即企业营销人员控制的来源；另一方面，最有效的信息来源是人际来源。当然，每一信息来源对于购买决策的影响会起到某些不同的作用	经验来源：消费者在自己购买和使用产品过程中所积累的知识和经验
			人际来源：从周围的人如家庭成员、朋友、同学、同事等处获得的有关产品的信息
			商业来源：消费者从展览会、推销员的推销、广告、促销活动中获得的信息。商业信息一般是消费者主要的信息来源
			公众来源：消费者从大众传播媒体、消费者评审组织等获得信息
③	比较选择	消费者搜集到大量的信息后，要对信息进行整理、分析和选择，以便做出购买决策，如购买品种、品牌、地点、时间等的决策。不同的消费者在购买不同的产品时，比较选择的方法和标准也各不相同。一般从产品属性、品牌信念、相关因素、总评等几方面来分析	产品属性即产品能够满足消费者需要的特性。如计算机的储存能力、显示能力等；照相机的体积大小、摄影的便利性、成像的清晰度等。根据自己的需要和偏好，确定各属性的重要权数，一般越重要的属性赋予的权数越大，需重点考虑
			品牌信念是消费者对某品牌优劣程度的总的看法。由于消费者的个人经验、选择性注意、选择性记忆等的有向，其品牌信念可能与产品的真实的属性并不一致。消费者根据对品牌的信念，分别给不同的品牌一个评价值

续表

序号	过程	说明
		其他相关选择因素主要包括价格、质量、服务项目及水平、交货的及时性、包装、购买的方便性等
		根据各属性的重要性权数及评价值，得出总评价分。由于不同的消费者给予同一商品的各属性的重要程度、评价值的分值是不同的，所以不同的消费者会有不同的选择
④	购买决策	消费者经过比较选择后会有两种可能的结果： 一是决定不买。由于经过比较选择，目前没有找到合适的产品，暂时决定不买 二是形成指向某品牌的购买意向。选择比较后会使消费者对某品牌形成偏好，从而形成购买意向，进而所偏好的某品牌。当然，在购买意向变成实际购买行为之间还有一个时间过程，需要具备一定条件，如消费者有足够的购买力、企业有货等
⑤	购后评价	消费者购买产品后会对产品满足其需求的情况产生一定的感受，如满意或不满意。消费者对购买产品是否满意，将影响到以后的购买行为，如果对产品满意，则在下一次购买中会继续采购该产品，并向他人宣传产品的优点；如果消费者对产品不满意，则在下一次购买中根本不考虑该产品，甚至本次要求退货

（4）消费者购买行为的类型

消费者购买决策随其购买决策类型的不同而不同，例如，在购买一般生活日用品时与购买生活耐用品之间存在很大的差异，一般消费者对较为复杂的和花钱较多的决策往往会投入较多精力去反复权衡，而且会有较多的购买决策参与者。根据消费者购买介入程度和品牌间的差异程度，可将消费者购买行为划分为复杂型、多变型、求证型、习惯型 4 种，如图 4-12 所示。

图 4-12 消费者购买行为的 4 种类型

消费者购买行为的 4 种类型具体说明如表 4-35 所示。

表 4-35 消费者购买行为的 4 种类型具体说明

序号	类型	说明
①	复杂型	即消费者在购买产品时投入较多的时间和精力，并注意各品牌间的主要的差异。一般消费者在购买花钱多、自己又不了解的产品时的购买行为属于该类行为，消费者在了解产品的过程，也是学习的过程。例如，在生活中，购买个人计算机的行为就属于该类购买行为。在介入程度高且品牌差异大的产品经营中，企业的营销人员应该协助消费者学习，帮助其了解产品的性能属性和品牌间的差异，以影响消费者的购买决策
②	求证型	消费者在购买品牌差异不大的产品时，有时也会持慎重态度，这种购买行为属于求证型。这种购买行为一般发生在价格虽高但品牌差异不大的场合，消费者的购买决策可能取决于价格是否合适、购买是否方便、销售人员是否热情等

续表

序号	类型	说明
③	多变型	多变型购买行为常常发生在价格低但是品牌差异大的产品购买中，例如，在饮料市场中，有不同品牌的不同产品，它们在包装、口感、营养等方面存在较大的差异。对于这类产品，消费者可能经常改变品牌选择，不是因为产品本身不好，而是由于产品品种多样化，消费者想尝试不同品牌的不同产品。对于这类产品的营销，企业要在促销上下功夫，例如，降价、反复做广告、让消费者试用、送赠品、中奖等
④	习惯型	这种购买行为常常发生在价格低、经常购买球品牌差异不大的产品购买中。消费者往往对这类产品的购买决策不重视，购买时介入的程度很低，主要凭印象、熟悉程度和被动接受的广告信息等。对于这类产品的营销，主要在广告上下功夫，企业可做简短的、有特色的广告，反复刺激消费者，突出与品牌联系的视觉标志和形象，以便消费者记忆

（5）基于消费者购买过程的营销举措

基于消费者心理活动过程规律的营销活动可采用如表 4-36 所示的举措。

表 4-36　　　　　　　　基于消费者心理活动过程规律的营销举措

序号	要素	举措	内容
①	通过有关手段刺激消费者，使他们对企业的产品产生强烈的需求	可以通过产品、价格、促销等多种策略刺激消费者的需要	在产品方面，开发新产品来刺激消费者，利用新产品的新颖性、时尚性、便利性、先进性等特点来吸引消费者。特别是向群体中有影响的人推荐新产品，通过他再向周围的人推荐。不断地改善产品，消费者对某产品的需求强度会随着时间的推移而改变，为使企业的产品能够继续吸引消费者，必须不断地改善产品，如增加产品的用途、改善产品的质量等
			在价格上，采取价格策略，如实行打折，刺激消费者快速、大量地购买
			促销方面，主要通过上门推销、推销广告、营业推广等手段来唤起消费者购买产品的需要
②	企业要有效地利用不同的途径向消费者传递有关产品的信息	消费者的信息来源是多样化的，且各种信息来源对消费者的购买决策有着不同的影响。企业要有效地利用不同的途径向消费者传递有关产品的信息	市场营销人员要善于识别各种不同的信息来源。在消费者的信息来源中，经验来源是消费者切身的、主观的感受；商业信息起到告知的作用；而人际来源和公众来源具有评价的作用
			通过人员推销、广告、举办展销会等方式向消费者传递有关产品的信息。这是企业向消费者传递信息的主要方法。在激烈的市场竞争中，同类产品或替代品较多，好的产品较多，企业必须做宣传，正所谓"好酒也要吆喝"，否则，产品再好，也难以卖出去
			向顾客提供货真价实的产品，及优质的服务，让买过企业产品的顾客不仅自己成为"回头客"，而且让其为企业充当免费的产品宣传员，去影响其周围人的购买行为。他们的宣传比企业的广告、推销人员的推销更有说服力

续表

序号	要素	举措	内容
③	企业的营销人员要了解消费者的需求，进行有效的市场细分	—	消费者在选择比较时，并不一定对产品的所有属性都视为同等重要。市场营销人员要了解消费者主要需要产品的哪些属性，本企业的产品有哪些属性，以及不同类型的消费者对哪些属性感兴趣，以便进行市场细分，对有不同需求的消费者提供具有不同属性的产品，既可以满足顾客的需要，又可以最大限度地减少因生产不必要的属性所造成的资金、劳动力及时间等方面的浪费
④	要注重和提高消费者的购后满意感	—	消费者的购后满意感取决于消费者对产品的期望和使用后的实际感受，消费者的购后满意感与消费者对产品的期望成反比，而与消费者使用后的实际感受成正比。消费者对产品的期望是根据信息来源，如广告、推销员、周围的人等的介绍而形成的。如果企业夸大产品的优点，消费者就会感受到不能证实的期望，这种不能证实的期望会导致消费者不满意感加大。所以，企业应有保留地宣传其产品的优点，反而会使消费者产生高于期望的满意感，并树立良好的产品形象和诚实的企业形象

3. 组织购买行为分析

（1）组织市场概述

企业的营销对象不仅包括广大消费者，而且包括各类组织。这些组织机构既包括以营利为目的的工业企业和商业企业，而且包括非营利性组织，如政府、医院、学校、社会团体等。这些组织的购买行为与消费者的购买行为不同。与消费者市场相比，组织市场的需求与购买行为有着显著的特点，如表 4-37 所示。

表 4-37　　　　　　　　　　　组织市场的需求与购买行为的特点

序号	特点	说明
①	购买目的复杂多样	组织市场的购买目的复杂多样。例如，生产者的购买目的是为了将原材料、零部件等加工成产品，从中获得利润；中间商购买的目的是为了转售以获得利润；政府机构购买的目的是为了履行政府职能，为公众服务
②	购买对象很广泛	不仅购买生活资料，如日用品、家电、家具等，而且购买生产资料，如原材料、机器设备、办公用品等
③	采购数量和采购金额大	组织采购是组织行为、集体行为，为了满足经营的需要或提供服务等，需要大量购买
④	购买决策主体较多	参与购买决策的人更多，尤其是一些重大的采购决策需要经过有关人员的集体参与，通过一定的程序，才能完成

（2）生产者市场

生产者市场又称产业市场，市场上购买者是一些生产企业，他们购买商品是为了制造其他商品，以供出售或出租等。生产者市场主要由以下产业组成：农业、林业、水产业、矿业、制造业、建筑业、运输业、通信业、金融保险业、服务业等。生产者市场的购买对象主要是原材料、零部件、辅助材料、燃料、机器设备、工具等生产经营所需要的资源。生产者市场是一个庞大的市场，企业必须了解和研究生产者市场及其购买行为。

相对于消费者市场，生产者市场有以下特点，如表 4-38 所示。

表 4-38　　　　　　　　　　　　　生产者市场的特点

序号	特点	说明
①	交易次数少，购买批量大	由于种种原因，生产企业常常设有库存，如周期库存、安全库存、季节性库存等，这些库存要满足较长时间的生产需要。所以，在产业市场中，购买者的次数要比消费者市场中的购买者的购买次数少得多，一次购买数量和金额却很大
②	购买专业性强	生产者市场购买的专业性强表现在以下 3 个方面：第一，购买对象的专业性强，一般有明确的技术要求，不能随意替代；第二，专业人员购买，以确保购买对象的质量，非专业人员对技术要求、货源等不了解；第三，购买过程规范，与消费者市场相比，生产者市场采购更复杂，必须按严格的程序进行，以实现价值工程
③	需求是派生的需求	生产者市场的需求是由消费者市场的需求派生出来的。即生产者市场的需求归根到底是由消费者的需求引出来的。例如，消费者对服装的需求，而导致服装制造厂对布料的需求，进而又导致了纺织厂对棉花的需求
④	需求波动大	根据西方经济学的加速理论，消费者市场需求的微小变化，会引起生产者市场需求较大的波动。因为产业市场的需求波动大，所以生产生产资料的企业往往实行多元化的经营战略，尽可能地增加产品的花色品种，扩大经营范围，以减少经营风险
⑤	需求是缺乏弹性的需求	一般生产者市场的需求受价格变动的影响不大。例如，某组装企业不会因为个别零部件的涨价或跌价，而增加或减少购买量，企业可以通过制定合理的价格而减少因价格波动带来的风险

生产者的购买类型主要有直接重购、修正重购、新购 3 种。具体说明如表 4-39 所示。

表 4-39　　　　　　　　　　　　　生产者的购买类型

序号	类型	说明
①	直接重购	直接重购是指企业的采购部门按以前的采购方案不做任何修改直接进行的采购，即采购对象、供应商、价格、采购方式等都不发生变化。这是一种最简单的采购，程序最少。企业一般会选择以前合作过的、能较好地满足企业需求的供应商继续合作，被选中的供应商会尽最大努力保持产品的质量和服务，以巩固和稳定与老客户的关系。在这种情况下，新的供应商要获得企业的订单，取得合作的机会是很难的，必须要付出较大的努力或让步
②	修正重购	修正重购是指生产企业因种种原因，修订以前的采购方案，改变采购对象的规格、型号、价格或供应商等。企业发生修正重购的原因可能是企业生产需要的改变、原有的供应商不是太理想、供应商推出了更好的新产品等。在这种情况下，原有的供应商会有危机感，为了保住老客户，会努力地改进供应工作，以满足客户的需求。同时给新的供应商提供了机会，新供应商应把握和利用这个机会
③	新购	新购是指生产者企业第一次购买某商品。这是最复杂的购买行为。在这种情况下，各供应商处于平等竞争的地位。供应商应派出优秀的推销员，与采购企业多方接触，尽可能地向其提供有关信息、帮助其解决疑问，减少其疑虑，以便捷足先登，促成交易

广义的采购是指企业有偿地获得经营所需的资源的过程，即企业可以通过支付资金或物品的方式，获得经营所需的商品的所有权或使用权。所以，采购的方式除了以上 3 种常见的方式之外，还有物与物交换、租赁、外包等。例如，某些机器设备单价高，技术更新快，企业使用频率又不高，生产企业用户经常通过租赁的形式获得使用权。

影响生产者购买行为的因素主要有外部环境因素和企业内部因素，具体说明如表 4-40 所示。

表 4-40　　　　　　　　　　　　影响生产者购买行为的因素

序号	因素	说明
①	外部环境因素	生产者购买行为受到外部环境的影响，例如，经济环境、市场环境、技术环境、竞争环境等影响
②	内部组织因素	内部组织因素主要包括：企业的总目标、组织机构的设置及分工、采购管理制度等
③	其他影响因素	生产者购买行为还受到购买决策的参与者的个人因素的影响，例如，职位、权利、经验、知识、责任心、个性等

由于生产企业采购活动的过程复杂、规模大、风险大，因此，参与购买决策的人较多，归纳起来有以下几种，如图 4-13 所示。

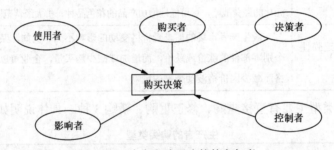

图 4-13　生产者购买决策的参与者

参与决策主体说明如表 4-41 所示。

表 4-41　　　　　　　　　　　　　参与决策主体

序号	决策主体	说明
①	使用者	使用者是企业内部实际使用所购产品的人员，他们能根据实际工作需要提出有关产品的建议。他们是所购产品的最终的检验者 企业的推销人员应多与他们接触，听取他们对产品的意见和建议，以便有针对性地改进企业的产品，更好地满足客户的需求
②	影响者	影响者是指采购企业内外直接或间接影响购买决策的人。采购企业内部的人员有使用者、技术人员、销售人员、质量检验人员、仓储人员等；采购企业外部的人员有供应商、企业的客户、同行企业等。企业的推销人员应广泛地听取各方的意见和建议
③	购买者	购买者是具体执行购买任务的人员，他们直接与供应商打交道。他们的主要任务是寻找和选择供应商、确定购买条件、与供应商谈判等

续表

序号	决策主体	说明
④	决策者	决策者是有权决定最终采购方案的人。在一般的采购工作中,决策者是购买者或采购主管,在重大的采购活动中,决策者是企业的高层领导
⑤	控制者	控制者是指能够控制信息流向参与购买决策的人员,如电话接线员、接待人员、门卫、采购代理等

对于企业的推销人员来说,必须弄清楚生产企业的组织分工、各类人员在组织中的地位与权利、影响力等,以便针对不同的人员采用不同的推销方案。例如,对使用者推销时,应突出产品使用的方便性;对工程技术人员推销时,应强调产品的性能及技术上的先进性;对财务人员介绍时,应突出产品的经济性等。总之,企业的推销人员应在广泛推销的基础上,有重点地向购买者、决策者推销。

生产企业的采购,由于每一次采购的方式、采购的对象等不同,所经过的采购程序也不同。一般要经过表 4-42 所示的步骤。

表 4-42 生产者的购买决策步骤

序号	步骤	内容
①	提出并确认需求	由于生产企业生产经营的需要,由仓储或使用部门等有关部门提出物资的采购需求,包括所需物资的品种、规格、数量、质量、到货时间等。采购部门根据提出的需求、对需求的预测、现有的库存等确定采购的数量。对于特别复杂的、重要的物资采购,这一阶段往往要由采购人员、工程技术、财务人员、物资的使用者等共同确定采购的条件 供应商的销售人员应该设法参加供应商这一阶段的工作,经过自己的努力,取得采购企业的信任,了解采购方企业使用产品的条件和要求,通过价值工程分析,向购买者展示自己产品的优势,帮助购买者正确选择所需的物资。什么是"价值工程分析"呢?这里所说的"价值"是指所购产品的功能与购买该物品所耗费的资源(即成本费用)之间的比例关系,其公式为:V(价值)$=F$(功能)$/C$(成本)。公式中的功能是指产品的用途、效用、作用,也就是产品的使用价值,采购方购买产品,实际上是看中了产品的功能(即使用价值)。而价值分析的目的是耗费最少的资源(即成本费用),生产出或取得最大的功能(即使用价值),从而提高经济效益
②	寻找可能的供应商	企业可从以往合作过的供应商、工商名录、电话簿、广告、展销会、供应商的上门推销留下的资料等中寻找可能的供应商。另外,在实际中,采购企业为了体现公平公正的采购原则,或采购企业对货源不清楚时,常常采用招标采购。在媒体上刊登广告,广泛地寻找供应商 企业应有针对性地进行广告宣传和人员推销,将有关企业和产品的信息传递到目标市场
③	选择和认证供应商	供应商的选择是采购工作的关键。采购管理的重点之一是正确选择和认证供应商。企业可以从多方面去综合地选择供应商,例如,品种、质量、性能、价格、服务、技术条件、运输条件、结算条件、供应能力、交货时间、合作精神等。其中,质量是最基本的条件,因为外购件的质量对采购企业的主导产品的质量起到举足轻重的作用。因此,为了保证采购物品的质量,将质量符合要求的供应商确定为优先合作的对象,必须对供应商进行认证

续表

序号	步骤	内容
④	正式订购	与选定的供应商经过谈判,确定具体的价格和采购条件,包括交货方式、地点、付款的方式、违约责任与赔偿等,正式签订购销合同
⑤	评价采购工作	评价采购工作的主要工作之一就是采购企业对供应商进行评价,主要对供应商提供的物品的使用情况、履行合同的情况等进行检查和评价。评价的结果会影响采购企业是否重新选择供应商。因此,供应商应该密切关注采购企业的购后评价,了解自己是否满足了采购企业的需求,以便改善找出自己工作中的不足,改善自己的经营活动

供应商的推销人员应设法了解采购方企业所处的采购阶段,针对不同的阶段,采取不同的策略。

总之,生产者购买决策过程主要包括提出并确认需求、寻找可能的供应商、选择和认证供应商、正式订购、绩效评价等阶段。对新购来说,这几个阶段都应该经历,对于直接重购和修正重购,则可以省略其中的某些阶段,具体如表 4-43 所示。

表 4-43   生产者购买决策过程经历的主要阶段

购买阶段	新购	修正重购	直接重购
① 提出并确认需求	是	可能	否
② 寻找可能的供应商	是	可能	否
③ 选择和认证供应商	是	可能	否
④ 正式订购	是	是	是
⑤ 绩效评价	是	是	是

在针对生产者进行营销活动时,要在考虑生产者市场购买的特点、购买的类型、购买决策等的基础上确定相应的营销策略,具体如表 4-44 所示。

表 4-44   针对生产者的营销策略

序号	策略	内容
①	产品策略	要正确处理好生产者市场的需求与产品技术上的先进性之间的关系。生产者需要的产品往往结构复杂、技术要求高。企业的营销部门特别要注意与技术部门密切合作,要改变以往销售部门不懂技术工艺、不考虑技术工艺,而技术部门不懂市场、不考虑市场的做法,即不能不了解市场,只管"闭门造车",也不能片面地追求技术上的先进性
		要在服务上下功夫,不要过分强调生产者市场上产品的包装。在营销学中的产品有 3 个层次,即核心产品、形式产品、附加产品。包装属于形式产品。在消费者市场中,包装起到保护产品和促进销售的功能。而在生产者市场中,生产者更强调附加产品,例如,售前服务、售中服务(产品性能规格的介绍等)、售后服务(包括销售配送、安装调试、技术培训、操作培训等)
②	价格策略	在生产者市场上,产品的价格比较稳定,价格的需求弹性小。定价策略往往不会成为扩大销售的决定性的因素,但是也不排除销售中可采用数量折扣、现金折扣等

序号	策略	内容
③	分销策略	生产者市场的分销渠道一般是短渠道和直接渠道，渠道选择余地不大。生产者为了保证生产经营的连续性和稳定性，一般强调渠道的稳定性，通过对有关供应商的质量、成本、供应能力、服务等方面的选择和认证，就会与合适的供应商建立长期的、稳定的合作关系
④	促销策略	特别强调人员推销。由于生产者市场产品技术性强、结构复杂，要求推销人员不仅有营销知识，而且应有一定的专业技术知识，因为推销人员不仅要向客户提供有关信息，解答客户的疑问，而且还要能帮助客户解决技术问题 生产者市场的广告宣传区别于消费者市场的广告宣传。在广告中，一般强调技术性、理智性的宣传，较少带有感情色彩，另外，广告选择的媒介多以专业杂志为主，较少采用广播、电视等大众媒介

（3）中间商市场

中间商市场又称转卖者市场，这类市场的购买者是中间商，他们购买商品的目的是为了转售或出租给他人以获得利润。中间商市场的产生与发展是社会化大生产和社会分工的必然结果，也是经济合理地组织商品流通的必要条件，因为从社会的角度看，中间商具有集中商品、平衡供求、扩散商品的职能；从生产者的角度看，中间商承担了生产企业的产品销售的职能；从消费者的角度看，中间商的存在使消费者的购买变得十分方便。

中间商购买行为与生产者市场相比，有一些相似之处，例如，购买类型、购买决策过程、购买决策的参与者、影响购买行为的因素等，但是与生产者市场相比，中间商市场有其自身的特点，如表 4-45 所示。

表 4-45　　　　　　　　　　　　　　中间商市场的特点

序号	特点	说明
①	购买行为源于消费者的需求	与生产者相比，中间商离消费者最近，中间商的需求更直接地反映了消费者的需求，常常受到消费者的需求的影响与制约
②	对价格更重视	中间商的职能是为卖而买，从中获取利润。而进价过高，会影响其竞争力和利润，所以中间商对价格更重视
③	需要供应商为其提供广告支持	中间商经营的范围较广泛，中间商无力对所有的商品进行广告宣传，所以中间商需要供应商协助其做产品广告
④	需要供应商协助其对顾客提供服务	中间商不是产品的生产企业，擅长做交易，对产品的有关的技术不擅长。特别是对于技术含量较高的产品，中间商需要供应商提供技术服务、售后服务，以提高产品的市场竞争力
⑤	对交货时间要求高	中间商一旦向供应商订货，就希望供应商尽快交货，否则就会发生缺货脱销，缺货会给企业造成损失，如销售延迟、销售损失、失去顾客等，使企业失去赚钱的机会、失去信誉。特别是对于市场寿命周期短的商品，如流行性商品，中间商对交货时间要求更高

中间商购买决策的内容如表 4-46 所示。

表 4-46　　　　　　　　　　　　　　　　　中间商购买决策的内容

序号	内容	说明
①	确定品种组合	单一组合，即只经营某一生产企业的不同花色品种的同类产品，例如，某品牌服装专卖店
		深度组合，即经营许多生产企业的同类产品，例如，某西装店销售来自不同服装生产企业的不同品牌的西装
		广度组合，即经营多种系列的相关产品，例如，某家电商场经营电冰箱、电视机、空调、洗衣机、消毒柜、手机等
		混杂组合，即经营多种系列彼此无关的产品，例如，百货商店经营食品、服装、家电、文具等
②	引进新产品的决策	生产企业开发新产品往往可能是为了完成某项任务，而中间商在进行新产品引进决策时，主要看该新产品能否为自己带来利润，如果有利可图，就引进新产品
③	供应商的选择决策	中间商在选择供应商时一般比较慎重，往往实力较弱的中间商会选择比较畅销、知名度较大的品牌，想借助供应商的良好信誉来扩大销售；而实力较强的中间商除了会经营比较畅销、知名度较大的品牌之外，往往还会选择合适的生产企业生产中间商自有品牌产品，一般这类生产企业实力较弱，产品质量好，为了打开产品的市场，以低价将产品卖给中间商，想借助中间商的信誉、知名度来扩大产品的影响
④	改善交易条件	与生产者相比，中间商更重视交易条件，会向供应商提出各种能够有利于自己的交易条件，例如，要求给予更多的价格优惠、增加服务、广告津贴等

针对中间商，可采用如表 4-47 所示的营销策略。

表 4-47　　　　　　　　　　　　　　　　　针对中间商的营销策略

序号	策略	内容
①	慎重选择中间商	中间商的信誉。信誉好的中间商能吸引更多的顾客，扩大产品的销售
		财务状况。财务状况不仅可以反映其以往的销售业绩，而且可以及时支付货款，加速资金周转
		对产品的熟悉程度。中间商对产品熟悉，了解产品的质量、性能、用途等，能较好地回答顾客的咨询，有利于产品销售
		管理水平。中间商的管理水平高，有利于扩大产品的销售，有利于树立产品良好的市场形象。在其他条件相同的情况下，企业应尽量选择管理水平相对较高的中间商
		覆盖的区域与规模。中间商销售区域大小与扩大市场面有直接的关系，因此要选择贸易覆盖区域较大的中间商经销自己的产品，以扩大产品的销售。此外，在选择中间商时还应该考虑中间商的规模大小，并根据本企业产品的特点来选择合适的中间商
		能对用户提供更多的服务。现代经营十分强调对用户提供各种服务，生产企业往往把中间商能否提供各种服务，如送货上门、技术指导、更换零部件、维修保养等，作为选择中间商时加以考虑的重要因素

续表

序号	策略	内容
②	对合适的中间商进行适当的激励	向中间商提供合适的产品，特别注意在价格和交货期上满足中间商的要求，企业要努力降低成本，提高市场响应能力
		加强产品的宣传，减少中间商的销售阻力。企业也可以给中间商广告津贴，以调动中间商销售产品的积极性
		给业绩好的中间商奖励，以调动其积极性。奖励的形式可以多种多样，例如，给予折扣或折让，根据销售额给予返利、参股、技术或资金的支持等
③	及时与供应商进行信息沟通	企业一方面将自己的信息及时传递给中间商，如有关新产品的信息，让中间商帮助企业宣传新产品；另一方面及时从中间商那里获得最新的市场信息，以改善产品，更好地适应市场的需求

（4）政府采购

随着采购管理的规范化、法制化，政府采购的市场将越来越大。作为政府采购，不同于消费者市场、生产者市场、中间商市场的采购。它要使用公共资金，形成公共支出，为社会办事，因此，它要对社会负责。所有这一切，就需要整个社会对政府采购行为做出硬性的规定，形成特有的采购形式。我国于 2003 年 1 月 1 日颁布并实施了《中华人民共和国政府采购法》。政府采购是相对于消费者购买、生产者购买、中间商购买等而言的一种采购管理制度。

政府采购是利用财政资金的各级政府机关、事业单位或其他组织，为了开展正常的政务活动或为公众提供公共服务的需要，在财政的监督下，按一定的形式、方法和程序，对货物、工程或服务的购买。

各级政府机构购买商品和服务是为了行使政府职能，如维持政府机构运转、加强国防建设、改善基础设施、扶持重点产业、发展教育事业、兴办社会福利事业等。巨额的政府支出形成了包括各种商品和服务的巨大市场需求。

与营利性组织市场相比，政府采购有如表 4-48 所示的特点。

表 4-48　　　　　　　　政府采购的特点

序号	特点	说明
①	采购目的的公共性	政府采购的目的是为了履行政府职能或为公众提供公共服务。政府采购要兼顾社会效益和经济效益。个人生活采购是为了满足个人或家庭的生活需要，企业采购的主要目的是为了赢利。所以，在采购目的上，政府采购区别于个人的生活采购和企业采购
②	采购资金来源于财政	政府采购资金来自于纳税人的税收所形成的公共资金。而个人生活采购或企业采购的资金来源于个人或企业自己的或筹集来的资金。实际上，正是采购资金的来源不同才将政府采购单独列出来研究
③	采购的规范性	政府采购的规范性表现在对供应商的选择、对采购产品的选择、采购的方法和程序等有一定的要求。例如，对供应商除了对专业资格要求之外，还要审查基本资格，如是否有违法行为，是否注重环境保护等

续表

序号	特点	说明
④	采购的公开性	整个采购过程是公开的,并公开接受有关方面的监督,以体现政府采购的公开、公平、公正
⑤	采购的广泛性	政府采购的对象根据实际需要,可以是生活资料、生产资料、国防用品等
⑥	采购数额巨大	从宏观角度看,政府始终是各类市场中最大的用户。我国每年有上千亿元的政府预算用于政府采购。对于市场营销者来说,这是一个巨大的诱人的市场

由此可见,作为政府采购的供应商要求比一般采购对供应商的要求更高。一旦成为政府采购的供应商,销售资金可以可靠地、及时地回笼,加速企业资金的周转。因此,政府采购是一个非常有潜力的市场。

(5)政府采购的主要参与者

与一般采购不同,参与政府采购的有关机构较多,主要有如表 4-49 所示参与者。

表 4-49　　　　　　　　　　政府采购的主要参与者

序号	要素	内容
①	采购人	需要利用财政资金采购的各级国家机关、事业单位或其他的组织
②	供应商	依法取得为政府采购提供采购货物、工程或服务的组织或个人
③	政府采购机构	政府设立的负责本级财政性资金的集中采购和采购招标组织工作的专门机构
④	招标代理机构	依法取得招标代理资格,从事招标代理业务的社会中介组织。招标人委托政府采购业务代理机构(以下简称代理机构)招标的,招标人应与代理机构签订委托协议,并报同级政府采购管理机关备案
⑤	主管机构	对政府采购起到管理和监督作用的财政部门。财政部门负责政府采购的管理和监督工作,通过管理和监督,使政府采购应遵循的公开、公平、公正、效益及维护公共利益的原则落到实处。财政部门对政府采购的监督包括内部监督及政府采购管理机关对采购活动的监督

政府采购的步骤如表 4-50 所示。

表 4-50　　　　　　　　　　政府采购的步骤

序号	步骤	说明
①	招标	政府采购机构在官方指定的媒体上公开刊登招标通告,通告的主要内容是:采购人的单位名称,采购对象的名称、规格、数量、质量等要求,供应商的资格要求,投标的时间及地点等,开标的时间及地点等,发售招标文件的时间及地点等
②	投标	有兴趣的供应商可以在购买招标书和交纳保证金后,在规定的时间内,准备投标书,投标书的内容要与招标书的要求相一致。在规定的投标日期前提交投标文件。在开标以前,所有的投标文件必须密封,妥善保管
③	开标	开标就是招标单位在招标公告规定的时间和地点,以公开的方式,当众进行验标、拆开投标资料、唱标、宣布评标原则、宣布评标的时间和地点等

续表

序号	步骤	说明
④	评标	一般有评标委员会对投标书的交易条件、技术条件及法律条件等进行评审、比较，选出最佳的投标人。评标委员会一般有采购人、招标机构、技术、法律、经济等方面的专家组成，委员会的人数一般是 5 人以上的单数，以便通过举手表决来确定最佳的投标人
⑤	授标及签订合同	决标后向中标的供应商发出中标通知书，同时也通知其他没有中标的投标人，并退还投标保证金
⑥	结算	采购人凭合同、到货验收单等资料到财政部门办理付款手续，由财政部门直接向供应商支付货款

　　总之，作为企业的营销人员应广泛地搜集有关政府采购的信息，与政府采购部门多联系，并会合理地报价，制作规范的投标书。

三、制订营销战略

1. 战略与企业战略的概述

（1）战略

　　战略这个词的意义是指挥军队的艺术和科学。在经营中运用这个词，是用来描述一个组织如何实现它的目标和使命的打算。战略包括对实现组织目标和使命的各种方案的拟定和评价，以及最终选定将要实行的方案。

（2）企业战略的含义

　　企业战略是企业面对激烈变化、严峻挑战的环境，以未来为主导，为求得长期生存和不断发展，将其主要目标、方针、策略和行动信号构成一个协调的整体结构和总体行动方案而进行的谋划。

　　企业战略是企业战略思想的集中体现，是企业经营范围的科学规定，同时又是制订规划的基础。

　　企业战略从其制定要求看，就是利用机会和威胁评价现在和未来的环境，从优势和劣势的角度评价企业现状，进而选择和确定企业的总体、长远目标，制订和抉择实现目标的行动方案。

（3）企业战略的特点

　　企业战略具有表 4-51 所示的一些特点。

表 4-51　　　　　　　　　　企业战略的特点

序号	特点	说明
①	全局性	企业战略是以企业的全局为对象，根据企业总体发展的需要而制订的，它所规定是企业的总体行动，追求的是企业的总体效果
②	长远性	企业战略既是企业谋求长远发展要求的反映，又是企业对未来较长时期内如何生存和发展的通盘考虑。虽然它的制订要以企业外部环境和内部条件的当前状况为出发点，并且对企业当前的生产经营活动有指导、限制作用，但是这一切也是为了更长远的发展，是长远发展的起步。凡是为适应环境条件的变化所确定的长期基本不变的行动目标和实现目标的行动方案都是战略

序号	特点	说明
③	抗争性	企业战略是关于企业在激烈的竞争中如何与竞争对手抗衡的行动方案，同时也是针对来自各方面的许多冲击、压力、威胁和困难，迎接这些挑战的行动方案。企业制定战略就是为了取得优势地位，战胜对手，保证自己的生存和发展
④	指导性	企业战略不是仅仅规划3~5年的一系列数字，也不是对过去或未来预算中的数字进行合理的解释，而是透过表象研究实质性的问题，解决企业中的主要矛盾，确定企业的发展方向与基本趋势，也规定了企业具体营销活动的基调
⑤	客观性	企业战略是以未来为主导的，但不是对企业最佳愿望的表述和描绘，不是仅仅靠想象创造出来的未来世界，也不是靠最高领导人的信念或直觉决定的，它是在充分认识企业的营销环境，估价企业自身的经营资源及能力的基础上制定的，是既体现企业目标又切实可行的发展规划
⑥	可调性	企业战略是在环境与企业能力的平衡下制定的。但构成战略的因素在不断地变化，外部环境也在不断地运动，企业战略必须具备一定的"弹性"，做到能够在基本方向不变的情况下，对战略的局部或非根本性方面修改和校正，以在变化的诸因素中求得企业内部条件与环境变化的相对平衡
⑦	广泛性	企业战略必须被企业中的所有管理人员所理解。它不是企业中少数人的思想汇集，而应当有比较广泛的思想基础

（4）企业战略的意义

企业战略对于企业的发展具有重要的意义与作用，具体如表4-52所示。

表4-52　　　　　　　　　　　　　　　　企业战略的意义

序号	意义	内容
①	保证企业正确进行长期发展决策的必然要求	在现代科技推动下，产生了更多的资金密集型和技术密集型产品，使经营此类产品的企业初始投资远远高于经营劳动密集型产品的企业，若经营决策失误，则造成的损失更大，后果更严重，也将更难以挽回
②	有效提升企业竞争力的客观要求	随着市场体系的不断完善，竞争机制的作用日益加强，要求企业进行着眼于长期发展的战略规划与管理。正确的战略使企业在竞争中勇往直前立于不败之地，没有战略的企业不可能与竞争对手抗衡
③	适应消费结构的迅速变化的客观要求	以满足消费者需求为宗旨的企业营销活动，为适应现代社会市场需求的复杂化、分散化、多样化、新奇化、个性化的倾向，必须进行战略规划，以更好地识别消费需求的发展趋向，并在此基础上把握企业的市场机会
④	增加企业凝聚力的客观要求	依靠企业员工，充分发挥他们的积极性与创造性，是企业发展的基本条件。企业战略可以使企业内部领导与员工统一思想，统一行动

2. 制订营销战略

市场营销战略规划的制订是指这样的一种管理过程，即企业的最高管理层通过规划企业的基本任务、目标以及业务组合，使企业的资源和能力同不断变化着的营销环境之间保持着与战略适应的关系。战略规划的主要内容和过程，包括以下方面：① 规定企业任务；② 确定企业目标；③ 安排企业的业务组合；④ 制订企业增长战略。

（1）规定企业任务

企业的战略任务又称企业方向，是指在未来一个相当长的时期内，企业营销工作服务的对象、项目和预期达到的目的。战略任务是企业市场营销战略的首要内容。它涉及企业的经营范围及企业在社会分工中的地位，并把本企业和其他类型的企业区别开来。企业的任务随着内外诸因素的变化而相应变化。企业任务一般用任务书来表达。

企业的战略任务通过规定企业的业务活动领域和经营范围表现出来，主要回答"本企业是干什么的？"、"主要市场在哪里？"、"顾客的主要追求是什么？"、"企业应该怎样去满足这些需求？"等问题。这些问题具体表现为表 4-53 所示的 4 个方面的内容。

表 4-53　　　　　　　　　　　　企业战略任务的内容

序号	内容	说明
①	服务方向	即企业是为哪些购买者服务的
②	产品结构	包括质量结构、品种结构、档次结构等，即企业拿什么样的产品来为购买者服务
③	服务项目	即企业为购买者提供哪些方面的服务
④	市场范围	企业服务的市场有多大

在确定企业任务时，企业需考虑以下 5 个方面的主要因素。第一，企业过去历史的突出特征。第二，企业周围环境的发展变化。企业周围环境的发展变化会给企业造成一些环境威胁或市场机会。第三，企业决策层的意图。第四，企业的资源情况。这个因素决定企业可能经营什么业务。第五，企业的特有能力。

（2）确定企业目标

战略目标是企业营销活动的总目标，是企业在一定时期内追求和想要取得的成果。企业的营销战略目标是一个综合的或多元的目标体系，一般包括 4 个方面的内容：市场目标，发展目标，利益目标，贡献目标。

确定企业战略目标的具体要求如表 4-54 所示。

表 4-54　　　　　　　　　　　　确定企业战略目标的具体要求

序号	要求	说明
①	层次化	企业的最高管理层规定了企业的任务之后，还要把企业的任务具体化为一系列的各级组织层次的目标。各级经理应当对其目标心中有数，并对其目标的实现完全负责，这种制度叫做目标管理
②	数量化	目标还应尽可能数量化
③	适用性	这就是说，企业的最高管理层不能根据其主观愿望来规定目标水平，而应当根据对市场机会和资源条件的调查研究和分析来规定适当的目标水平。这样规定的企业目标才能实现
④	协调一致性	有些企业的最高管理层提出的各种目标往往是互相矛盾的

（3）安排企业的业务组合

在确定了企业任务和目标的基础上，企业的最高管理者还要对业务（或产品）组合进行分析和安排，即确定哪些业务或产品最能使企业扬长避短，发挥竞争优势，从而能最有效地满足市场需要并战胜竞争者。

企业的最高管理层在制订业务投资组合计划时，首先要把所有业务分成若干"战略业务单位"（Strategic Business Units，SBUs）。一个战略业务单位具有如下特征：它是单独的业务或一组有关的业务，它有不同的任务，它有其竞争者，它有认真负责的经理，它掌握一定的资源，它能从战略计划中得到好处，它可以独立计划其他业务。

企业的最高管理层在制订业务投资组合计划的过程中还要对各个战略业务单位的经营效益加以分析、评价，以便确定哪些单位应当发展、维持，哪些单位应该减少或淘汰。如何进行分析和评估呢？其中最著名的分类和评价方法有两种：一是美国波士顿咨询集团的方法；二是通用电气公司的方法。

① 波士顿咨询集团法（BCG 法）。波士顿咨询集团（Boston Cosulting Group）是美国一家著名管理咨询公司，该公司建议企业用"市场增长率—市场占有率矩阵"进行评估，简称 BCG 法。

通过分析，可将所有业务单位（或产品）分为 4 类：明星类、金牛类、问题类、瘦狗类。

各业务单位在矩阵中的位置不是固定不变的，经过一定时间总要发生变化，这种变化有两种可能：一是对企业有利的变化趋势，即按下列顺序变动：问题类—明星类—金牛类；二是不利的变化趋势，即明星类—问题类—瘦狗类。企业决策者应力争有利的变化趋势，避免不利的变化趋势。

在对各业务单位进行分析之后，企业应着手制订业务组合计划，确定对各个业务单位的投资战略。可供选择的战略有以下几个：拓展战略、维持战略、收割战略、放弃战略。

企业通过上述战略可以达到优化业务（或产品）组合的目的。但是，需要指出的是，上述 4 类战略业务单位在矩阵图中的位置不是固定不变的，任何产品都有其生命的周期，随着时间推移，这 4 类战略业务单位在矩阵图中的位置就会发生变化。

② 通用电器公司法（GE 法）。通用电器公司（General Elecfic）分析业务或产品组合的方法称为"战略业务规划网络"（Stratigic Business Planning，"GE"法）。这种方法认为，除市场增长率和相对市场占有率之外，还需要考虑更多的影响因素。这些因素可分为两大类：行业吸引力，其中包括的因素有市场大小、市场年增长率、历史的利润率、竞争强度、技术要求和由通货膨胀所引起的脆弱性、能源要求、环境影响以及社会、政治、法律的因素等；企业的战略业务单位的业务力量，即战略业务单位在本行业中的竞争能力，其中包括的因素有市场占有率、市场占有增长率、产品质量、品牌信誉、商业网、促销力、生产能力、生产效率、单位成本、原料供应、研究与开发成绩以及管理人员等。

企业的最高管理层对上述两大变量中的各个因素都要给出分数，而且各个因素都要加权，就可求出各个变量的加权平均分数。

多因素投资组合矩阵图分为 3 个地带：左上角地带（又叫做"绿色地带"，这个地带的 3 个小格是"大强"、"中强"、"大中"）；从左下角到右上角的对角线地带（又叫做"黄色地带"，这个地带的 3 个小格是"大强"、"中中"、"大弱"）；右下角地带（又叫做"红色地带"，这个地带的 3 个小格是"小弱"、"小中"、"中弱"）。

（4）制订企业增长战略

企业的增长战略主要分为 3 类：密集化增长（Intensive Growth）、一体化增长（Integrative Growth）、多角化增长（Diversification Growth，又叫多元化增长）。每种各自又包括 3 种具体形式，共 9 种形式。

① 密集化增长战略

密集化增长战略是指企业在现有的生产领域内集中力量改进现有产品以扩大市场范围的战略。这样，就形成了密集化发展战略的 3 种形式：市场渗透战略、市场开发战略和产品开发战略，如表 4-55 所示。

表 4-55　　　　　　　　　　　　　　　密集化增长战略

序号	形式	含义	方法
①	市场渗透战略	市场渗透战略就是企业在原有产品和市场的基础上，通过改善产品、服务等营销手段方法，逐步扩大销售，以占领更大的市场的战略	市场渗透的基本方法有 3 种：通过增加产品新的用途、在某些地区增设商业网点，借助多渠道将同一产品送达同一市场等方式来增加顾客的购买量；通过创名牌、提高品牌知名度、树立良好企业形象的方法，吸引购买竞争者产品的顾客，转而购买本企业的产品；企业通过改进广告、宣传、展销、赠送样品、加强推销工作等方式来刺激潜在顾客购买。也可采取短期削价等措施，在现有市场上扩大现有产品的销售
②	市场开发战略	市场开发战略是指企业将现有产品投放到新的市场以扩大市场范围的战略。这是当老产品进入成熟期和衰退期后，已经无法在老市场上进一步渗透时所采取的战略	市场开发的方式主要有两种：市场面的开发，即开发新的细分市场；区域市场的开发，即努力使现有产品打入新的地区市场
③	产品开发战略	产品开发战略就是通过改进老产品或开发新产品的办法来扩大市场范围的战略。其基本方法是增加产品的花色品种，增加产品的新功能或新用途，以满足不同消费者的需求	具体做法是企业可通过增加产品的花色品种、规格、型号等，向现有市场提供新产品或改进产品

② 一体化增长战略

一体化增长战略是指企业利用自己在产品、技术、市场上的优势，向企业外部扩展的战略。这是一种利用现有能力向生产的深度和广度扩展的战略。采用这一战略有利于稳定企业的产销，从而使企业在竞争中获胜；也有利于企业扩大生产规模，提高经济效益。因而，它是那些有广阔发展前途的企业，或者是拥有名牌产品的企业，发展自身以扩大其市场占有率的一种增长战略。

根据商品从生产到销售的物资流向，形成了一个从后向前的营销系统，据此，一体化增长战略可分为 3 种类型：增加与物流方向相反的产品生产经营叫后向一体化；增加与物流方向相同的产品生产经营叫前向一体化；增加处在同一阶段的产品生产经营为水平一体化，如表 4-56 所示。

表 4-56　　　　　　　　　　　　　　　一体化增长战略

序号	形式	说明
①	后向一体化	生产企业通过建立、购买、联合那些原材料或初级产品的供应企业，向后控制供应商，使供应和生产一体化，实现供产结合

续表

序号	形式	说明
②	前向一体化	指生产企业通过建立、购买、联合那些使用或销售本企业产品的企业，向前控制分销系统，实行产销结合。一般来说，这是生产原材料或初级产品的企业实行深加工时采用的战略。如汽车制造商自设分销系统，或制造商通过一定形式控制批发商、代理商或零售商；或自己经营加工业，如木材公司附设家具厂自己生产家具等。采用这一战略，有利于企业扩大生产，增加销售
③	水平一体化	指生产企业通过建立、收买、合并或联合同行业的竞争者以扩大生产规模

一体化增长战略在实际应用中有 3 条途径，如表 4-57 所示。

表 4-57　　　　　　　　　　　　一体化增长战略的实现途径

序号	途径	说明
①	企业利用自己的力量，在生产经营中把自己的产品扩大到前向或后向生产的产品中去	这条途径的优点是企业能够掌握扩大再生产的主动权，可以按本企业的要求发展新产品
②	兼并或购买其他企业	采用这种途径需要企业有畅销的产品和充足的资金
③	与其他相关的企业联合	共同开发新产品和扩大营销。这条途径的最大好处是可以冲破资金和技术的限制，不用增加投资，可以在较短的时间内形成更大的生产能力，或者生产出单个企业不能完成的产品项目

在高度发达的市场经济的条件下，上述一体化战略都是在市场竞争中自然实现的。竞争具有一种择优机制，可实现资源的优化组合，达到产业结构的合理化，从而有利于整个社会经济效率的提高。因此，企业在运用一体化战略时，应注意以下几点。① 要讲求经济效益。讲求经济效益是企业一切经济工作的核心，也是企业选择市场发展战略的核心问题。否则，再好的战略也是无用的。② 要重视产品质量。在企业进行联合时，一定要注意保持产品质量。忽视产品质量，片面追求上规模，不仅不会使企业发展，反而有可能降低企业声誉，造成更大损失。③ 要避免造成垄断。在实行水平一体化的过程中，不要联合过多的企业，过多就会出现独家垄断的现象。

③ 多角化增长

多角化也称"多样化"或"多元化"。多角化增长就是企业通过增加产品种类，跨行业生产经营多种产品和业务，扩大企业的生产范围和市场范围，使企业的特长充分发挥，使企业的人力、物力、财力等资源得到充分利用，从而扩大企业规模，提高经营效益。

企业实现多角化增长的必要性：第一，原有产品或劳务需求规模与经营规模的有限性；第二，外界环境与市场需求的变化性；第三，单一经营的风险性与多种经营的安全性。

多角化增长的主要方式有 3 种，具体如表 4-58 所示。

表 4-58　　　　　　　　　　　　多角化增长的主要方式

序号	方式	说明
①	同心多角化	同心多角化即企业利用原有的技术、特长、经验等发展新产品，增加产品种类，从同一圆心向外扩大业务经营范围
②	水平多角化	水平多角化即企业利用原有市场，采用不同的技术来发展新产品，增加产品种类

续表

序号	方式	说明
③	集团多角化	集团多角化即大企业收购、兼并其他行业的企业，或者在其他行业投资，把业务扩展到其他行业中去，新产品、新业务与企业的现有产品、技术、市场毫无关系。也就是说，企业既不以原有技术也不以原有市场为依托，向技术和市场完全不同的产品或劳务项目发展。它是实力雄厚的大企业集团采用的一种经营战略

企业实行多角化增长战略是以企业的技术、市场为基础条件的，因而实现多角化的途径主要有两条：一条是通过企业内部扩展其技术基础实现，一条是通过企业外部合并或联合别的企业来实现。前者是企业在原有技术基础上不断扩展，增添新的设备和技术力量，以适应跨行业经营的需要；后者则是把不同行业的企业进行合并或联合，因而它特别适合于集团多角化增长。

运用多角化增长战略的注意事项。运用多角化增长战略，要求企业自身具有拓展经营项目的实力和管理更大规模企业的能力：具有足够的资金支持，具备相关专业人才作为技术保证，具备关系密切的分销渠道作为后盾或拥有迅速组建分销渠道的能力，企业的知名度高，企业综合管理能力强等。显然，并不是所有具备一定规模的企业都拥有上述优势。若企业运用多角化发展战略条件还不成熟，不如稳扎稳打。具备足够实力和条件的企业在运用多角化增长战略时，也不可盲目追求经营范围的全面与经营规模的宏大。规模和收益的关系既对立又统一，没有规模固然没有好的收益，但也不是规模越大，收益就一定越大。随着规模的扩大，收益的变化一般有 3 个阶段：一是规模扩大，收益增加，收益增加的幅度大于规模扩大的幅度，这是规模收益递增的阶段；二是收益增加的幅度与规模扩大的幅度相等，这是一个短暂的过渡阶段；三是收益增加的幅度小于规模扩大的幅度，甚至收益绝对减少，这是规模收益递减阶段。因此，盲目追求规模是不可取的。

第三节 讨论与总结（习题）

一、案例——环境分析

2011 中国网络游戏行业三大给力关键词

2011 年中国网络游戏产业规模已达到 410 亿元，同比增长率为 21.3%。作为中国文化娱乐产业最大的一个细分市场，市场增长率从 2007 年的至高点开始下滑，预计在未来 3 年内将进入平稳发展期。处于转型中的中国网游产业，面对产品同质化竞争加剧、主流玩家 APRU 值下降及国内市场空间受限等诸多因素的困扰，总结完美时空、空中网、麒麟游戏等企业的转型之路，艺恩咨询研究发现，强攻海外市场、开发 3D 网游与涉足影视产业成为中国网游业今年重新踏上"黄金期"的 3 大支柱。

给力关键词一：强攻海外市场，拓展国际空间

根据艺恩咨询的统计数据，2010 年中国网络游戏出口总规模达到 2.2 亿美元，同比增长

107%，是同期整体市场增长率的 4.29 倍。网游出口规模的快速增长，来源于中国网游产品品质的提升及海外销售渠道的拓展。在众多游戏出品商中，空中网在海外出口业务上的成绩是最为可圈可点的。其一，空中网卓越的 3D 网游引擎自主研发能力；其二，丰富的海外游戏公司合作经验，对海外游戏市场熟知，且在发行渠道上有着得天独厚的优势。例如，《龙OL》发行范围全球超过 80 个国家地区，并且是进入中东市场的 MMORPG 先驱之一。无论内容、质量还是画面均有领先优势，在韩国 RPG 类游戏最高排名第二，搜索排名第一，《圣魔之血》马来西亚版人数在当地 online game 排名第四。基于空中网多年来在外海市场的口碑，目前多家海外代理商对于空中网的新作《功夫英雄》也非常关注。

艺恩咨询研究发现，游戏题材、环节及引擎技术决定了产品的海外市场空间。首先，选择无文化壁垒和容易认知的游戏产品。这一规则的地域性较强，很多公司的办法是直接制作魔幻题材的作品，以满足西方玩家口味。而另一些公司则在作品策划阶段就注意把握共同的人性和国际化题材。例如，面向某国家的游戏版本中人物造型采用当地传统服饰，提高亲切感。其二，游戏内容的创新，从 RPG 平衡系统、即时深度互动、道具购买环节等环节加入新的元素。其三，在游戏品质上与国外市场接轨，高品质画面的 3D 引擎游戏深受青睐。

给力关键词二：重视 90 后玩家，TPS 异军突起

根据艺恩咨询的调研，2010 年 20 岁以下的游戏玩家所占比重首次超过 50%，90 后首次成为网游玩家的主力军。90 后玩家中 85.8%有付费习惯，高出整体人群 42 个百分点；平均网游消费水平为 153 元/月，高出整体网络人群 45.7%。艺恩咨询认为科学分析 90 后玩家的游戏偏好和付费习惯，能成为网游市场复苏的一剂良药。54.7%的 90 后玩家偏爱 3D 大型网游，看似小众产品的射击类游戏是最爱的游戏类型。

面对市场的新变化，各大网游公司推出多款 3D 仿真风格的网络游戏，以空中网代理运营的《坦克世界》最为吸引眼球。该游戏是一款战争类 3D 仿真 TPS 网络游戏，结合对战、策略、模拟与线上角色扮演等元素，囊括二战期间主流坦克装甲车辆。目前，此款游戏在俄罗斯的在线人数已超越《魔兽》，加之欧美玩家的数量，总数已突破 100 万。据业内专家估计，此款游戏国内的活跃玩家数量也已突破百万。

给力关键词三：涉足影视产业，营销与运营并举

网游改编成影视剧，而或将影视剧改编成网游，这种网游与影视"谈恋爱"情境在 2010年愈加普遍。影视剧作为主流的文化艺术产品，能够在短期内形成社会关注热点，可作为网游产品营销的重要渠道。2010 年搜狐畅游全资收购晶茂传媒，电影映前广告成为畅游营销的主渠道之一。营销之后是投资与参与运营。完美时空、盛大等网游企业通过收购进入影视产业，而华谊兄弟则通过投资涉足网游运营。

网游企业涉足影视出于企业发展战略的思考。网游行业从去年开始增速放缓，市场上游戏产品同质化严重，忠实玩家比重下降，网游产品生命周期缩短。主流网游产品历经多年运营，传统的产品升级及新资料片发布对玩家的黏度在下降，研发新品成为当务之急。而将优秀的影视剧改编成网游既能获取优质题材作品又继承影视作已有的品牌知名度与影响力。除此以外，影视行业的高增长率与巨额资金需求也被网游公司所看重。

2011 年中国文化娱乐行业将进入一个新的增长期。网游、影视、动漫及演出等细分行业的快速发展与相互融合成为必然趋势。网游行业必将借力于整体文化娱乐行业的发展大潮，在业务创新的基础上寻找到新的最佳增长点。

请结合案例讨论：

① 中国网络游戏产业将出现了哪些发展趋势？

② 试采用 PEST 分析法，撰写一份网络游戏市场环境分析报告。

二、案例——动机探究

李敏导购电视机"望、闻、问、切"探动机

李敏是一家彩色电视机卖场的营销导购员，她模样甜甜的，总是笑呵呵地面对一切；她能说会道，能将甜言蜜语送到顾客的心坎上；她会察言观色，善于揣摩顾客的心理。李敏不仅在卖场同事中人缘好，而且深受顾客的信赖。这都缘于她真心诚意地对待同事和顾客，言谈举止都恰到好处，也缘于她对电视机基本知识的全面了解，对商品主打卖点的灵活掌握，针对不同的顾客善于分类，并能准确揣摩其购买心理……

可见，把握顾客类型和购买心理在营销导购中的作用非同一般。

一天，有一位 A 顾客来到李敏工作的甲品牌彩电卖场。

李敏：欢迎光临！

李敏再定睛一看，此人戴副近视眼镜，掖下夹着一个考究的手包，西装革履，全身笔挺，年龄大约 30 岁的样子。

李敏脑海里立刻产生了这样一个概念：此人是青年知识分子，接受过相当的教育，应该收入稳定，对衣着这么讲究，那对电器也应该比较讲究。

李敏：我们甲品牌彩电是国内一大名品，在去年的中国家电协会进行的消费者满意度调查中获"最具信赖的品牌"称号，现在市场占有率高达 38%。

并连忙将宣传资料递给顾客 A。

顾客 A：最近推出了哪些新品？

李敏暗自庆幸自己刚刚判断正确，该顾客还会更青睐很大气的新潮液晶彩电，具有求新型的购买心理动机。

李敏：临近奥运了，为了便于大家提高观看奥运赛事，最近我们品牌推出了"全高清"系列电视。

顾客 A：哦，那好啊。这种彩电有什么特点呢？

李敏："全高清"从显示屏体上讲指的就是在市面上经常可以见到的"FULL HD"屏；从显示技术上讲，全高清液晶的物理显示分辨率要达到 1 920 像素×1 080 像素，也就是水平方向的分辨率要达到 1 920 像素，垂直方向的分辨率要达到 1 080 条扫描线。

李敏停顿了几秒，看看顾客 A，感觉对方还没有完全理解，于是继续介绍。

李敏：想真正享受到高清赛事的精彩体验，推荐您选用以 52 英寸为代表的大屏幕液晶电视。因为大屏幕全高清液晶的画面解析度更强，能真实再现画面的细微变化。而且大屏幕液晶更方便家人亲友同时观赏，如果再配上旋转底座让屏幕轻松转动，则更适宜家庭和体育发烧友选择。

顾客 A：你具体指的是哪一款机型？

李敏感觉该顾客确实已接受了自己的观点，并认为此时应聚焦锁定具体机型，不应再进行泛泛而谈，以免顾客左顾右盼，难以下定决心。

李敏：我们甲品牌的 L52M71F 自上市以来，就以外观优雅、功能齐备等诸多优势成为选购焦点。

为了增强可信度，李敏引导顾客 A 来到此型号的样机前，并随手指着正在播放着的样机。

李敏：就是这一款。

李敏迅速递呈该款机型的宣传广告册。

李敏：这里有该款机型的具体参数。

顾客 A：这款彩电价格是多少？

李敏：像这样同一规格的一款全进口的彩色价格都在 22 000 元以上，我们这一款原价是 18 999 元，为支持国人观看奥运，现将售价调整到 15 999 元。

李敏认为，此时应抓住时机，促其成交。于是利用近期的捐款实事进行激励，她进一步补充。

李敏：此前，像这样型号的大屏幕彩电无一例外全是进口的，你也知道我们是民族大品牌，该款机型的面市，一改大屏幕全高清液晶市场国外品牌独霸的格局，特别是在抗震救灾、重建家园、迎接奥运的最近两个月，更是倍受业界和广大消费者的青睐。

顾客 A：听该品牌制造商在抗震救灾奉献爱心中捐款超过了 1 个亿，比那些一毛不拔的"洋公鸡"们强多了。确实应该支持国企买国货！

接着，李敏带领顾客 A 办理了结算和送货手续。

不一会儿，有结伴而来的两位顾客 B、C 来到本卖场。

李敏：欢迎光临甲品牌彩电卖场！

李敏看两位顾客中 B 是一位中年人，C 是一位青年人，看来并不好确定他们的购买类型。于是上前补充问道。

李敏：您两位准备看普通彩电呢？还是背投、液晶呢？

顾客 B 摆摆手，说道：我们自己来看。

李敏见顾客 C 对 B 毕恭毕敬，再从年龄来看，觉得来者不像是给家庭购买，很可能是同事，而且是上下级关系。

李敏还想继续介绍，顾客 B 厌烦地说道：我们只是来比较一下价格。

李敏终于明白了，来者大概已对彩电有了比较集中的购买目标，而且了解也比较全面了，属专家型的顾客，最好随他自由选择，等对方发问时再上前为其说明商品的特性即可，否则较难应付。

两位顾客 B、C 看了一会儿，就朝卖场外走去。

李敏：两位慢走，欢迎下次光临！

接着，又有一群顾客边走边议地走进了甲品牌电视机卖场。

李敏：欢迎各位光临甲品牌彩电卖场！

李敏见这群顾客有 5 位，穿着非常朴素。

李敏猜想他们要么是来商场消闲的，要么是想购买小型便宜彩电的，李敏连忙迎上去，以试探的口吻询问。

李敏：请问几位准备看什么款式的彩电？

其中一位答道：想看小的，又有些优惠的。

另一位抢答道：只要能看到节目就行了呗！

李敏：几位请这边来。

李敏指着一款 21 英寸的纯平彩电，继续介绍。

李敏：这款彩电正在做促销活动，原来价格是 799 元，现在只需 599 元就可以搬回家去看了。

几位顾客左看看右看看，然后他们自己讨论开了。

一位顾客：外边修理店的像这样的彩电只要 400 元。

另一位顾客：可那是旧的呀！

第三位顾客：还不是一样的看？

······

李敏看他们讨论得差不多了，于是引导道：外边修理店的像这款规格的彩电价格是便宜，大家也知道，彩电是有寿命周期的，你要买回家，只怕看不长就坏了，或者本来买回的就是过期的彩电，效果肯定不如这台。

李敏看其中几位不住地点头，接着介绍：商场充分考虑到顾客的收看环境，这几天还有促销活动呢，每购买一台这款机型的彩电还会加送一套天线呢！

李敏看看几位顾客，觉得机会成熟了，于是用现身说法进一步地介绍。

李敏：不瞒几位，我也是打工的，我与几位的收入和生活状况差不多。这次活动确实难得，我已经在昨天给自己买了一台这样的彩电。

几位顾客一时无语。一会儿后······

一位说道：买呗，这买了就是一整套哟，又有了天线，我们的境况也没法安装有线嘛！

还有一位补充道：这一买，可以马上抱回去看节目了。

李敏看几位都同意购买，就带领他们办理了购买手续。

请结合案例讨论：

① 案例中，李敏将接待的消费者分为了哪几个类型？

② 李敏在营销导购中巧用了哪些消费者购买心理动机？

三、考核

以小组为单位完成任务，以学生个人为单位实行考核。

	案例讨论			环境分析报告的撰写			得分
	自评	同学评	教师评	自评	同学评	教师评	
学生 1							
学生 2							
学生 3							
学生 4							
学生 5							

说明：① 每个人的总分为 100 分

② 每人每项为 50 分制，计分标准为：参加讨论但不积极计 1～15 分，积极讨论但未制订方案计 16～30 分，积极讨论但方案不完善计 31～40 分，积极讨论且方案较完善计 41～50 分

③ 采用分层打分制，建议权重计为：自评分占 0.2，同学评分占 0.3，教师评分占 0.5，然后加权算出每位同学的综合成绩

第五章　数码产品营销

导读　　本章以数码产品营销为载体，安排如下内容。① 数码产品营销知识链接：认识数码产品、数码产品营销趋势；② 营销实务：寻找目标市场、开展营销洽谈、制定投标文件；③ 讨论与总结（习题）：案例——市场细分、案例——客户沟通、项目考核。

描述

学习目标	教学建议	课时计划
① 了解常见的数码产品及维护要点 ② 理解并掌握数码产品的营销趋势 ③ 掌握寻找目标市场、进行营销洽谈、制订招投标文件的基本知识，并具备相应的实践能力 ④ 在作业中培养学生的团队精神	条件允许时，尽量在理论实践一体化教室或实训基地中实施教学	计划 12 学时，其中安排任务 1 学时，3 学时，实践作业 6 学时，考核评价 2 学时

作业流程

进行笔记本电脑（或某一指定的数码产品）市场调查，细分市场，有针对性地进行这种产品的招标。其操作应涉及如下作业环节：

（1）进行指定产品的市场调查；

（2）细分并寻找目标市场；

（3）有针对性了解目标客户；

（4）撰写产品的招标书。

案例

案例 1　2011 年 2 月中国家用笔记本电脑市场调研报告

2011 年 2 月，中国家用笔记本电脑市场的表现与整体市场较为相似，但家用市场的消费者相对更加注重产品的性价比，对主流配置的产品青睐有加。互联网消费调研中心 ZDC 根据笔记本电脑关注数据推出 2011 年 2 月中国家用笔记本电脑市场关注度研究报告。

报告摘要：

- 联想领衔家用市场，宏碁、苹果、方正在家用市场表现突出。
- 惠普 G42-474TX（LG315PA）最受用户关注，高性价比的主流配置产品备受青睐。

- 4 000～4 999 元产品关注比例近半，英特尔酷睿 i 产品仍占主流。
- 独立显卡成为多数用户选择，14 英寸笔记本电脑地位稳固。

一、品牌关注比例格局分析

1. 联想领衔家用市场，但优势较小

2011 年 2 月中国家用笔记本电脑市场中，联想以 22.4% 的关注比例成为最受用户关注的品牌，如图 5-1 所示。但与整体市场相比，联想在家用市场的优势相对较小，关注比例仅较位居人气亚军的华硕高出 7.1%。

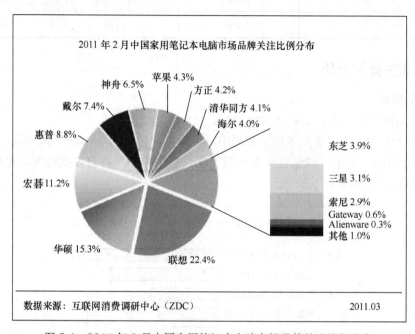

图 5-1　2011 年 2 月中国家用笔记本电脑市场品牌关注比例分布

2. 宏碁、苹果、方正在家用市场表现突出

2011 年 2 月，宏碁在家用笔记本电脑市场获得了 11.2% 的关注比例，跻身人气品牌前 3 位，较其在整体市场中的表现更为突出。而在整体市场没有进入人气前 10 的苹果，在家用市场也上升至第 7 位，如表 5-1 所示。同时，方正的排名和关注比例也较整体市场有所上升。

表 5-1　　2011 年 2 月中国笔记本电脑整体市场与家用市场品牌关注比例对比

排名	整体市场		家用市场	
	品牌	关注比例	品牌	关注比例
1	联想	31.9%	联想	22.4%
2	华硕	12.4%	华硕	15.3%
3	惠普	10.4%	宏碁	11.2%
4	宏碁	8.8%	惠普	8.8%
5	戴尔	6.9%	戴尔	7.4%

续表

排名	整体市场		家用市场	
	品牌	关注比例	品牌	关注比例
6	神舟	5.3%	神舟	6.5%
7	东芝	3.5%	苹果	4.3%
8	清华同方	3.4%	方正	4.2%
9	海尔	3.3%	清华同方	4.1%
10	方正	3.2%	海尔	4.0%

二、产品关注比例分析

1. 产品型号

（1）5 品牌上榜，惠普 G42-474TX（LG315PA）夺冠

2011 年 2 月中国家用笔记本电脑市场中，最受用户关注的 10 款产品分别被 5 个品牌瓜分，如图 5-2 所示。其中，联想有 4 款产品上榜，惠普和戴尔各自占据两席，宏碁、华硕则各有一款产品登上榜单。

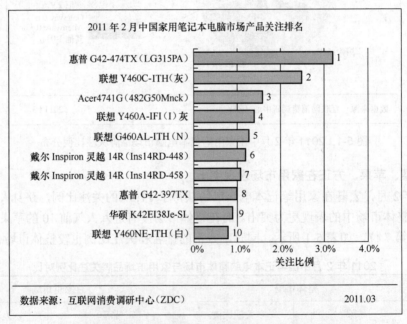

图 5-2　2011 年 2 月中国家用笔记本电脑市场产品关注排名

惠普 G42-474TX（LG315PA）在 2011 年 2 月吸引了 3.2%的用户目光，成为最受用户关注的产品。联想 Y460C-ITH（灰）紧随其后，获得了 2.5%的关注比例。

（2）高性价比的主流配置产品备受关注

从产品参数来看，家用笔记本电脑用户相对更为看重产品的性价比。上榜的 10 款产品多采用英特尔酷睿 i 系列处理器，搭配独立显卡和 2GB 内存，其中有 8 款产品价位在 5 000 元

以下，如表 5-2 所示。

表 5-2　　　2011 年 2 月中国家用笔记本电脑市场最受用户关注的 10 款产品及参数

排名	产品名称	价格	处理器系列	显卡类型	内存容量
1	惠普 G42-474TX（LG315PA）	4 300	英特尔 酷睿 i3	独立显卡	2GB
2	联想 Y460C-ITH（灰）	4 799	英特尔 酷睿 i3	独立显卡	2GB
3	Acer 4741G（482G50Mnck）	4 899	英特尔 酷睿 i5	独立显卡	2GB
4	联想 Y460A-IFI（I）灰	5 999	英特尔 酷睿 i5	双显卡切换	4GB
5	联想 G460AL-ITH（N）	4 150	英特尔 酷睿 i3	独立显卡	2GB
6	戴尔 Inspiron 灵越 14R(Ins14RD-448)	4 749	英特尔 酷睿 i3	独立显卡	2GB
7	戴尔 Inspiron 灵越 14R(Ins14RD- 458)	5 699	英特尔 酷睿 i5	独立显卡	4GB
8	惠普 G42-397TX	3 999	英特尔 酷睿 i3	独立显卡	2GB
9	华硕 K42EI38Je-SL	3 950	英特尔 酷睿 i3	独立显卡	2GB
10	联想 Y460NE-ITH（白）	4 650	英特尔 酷睿 i3	独立显卡	2GB

2. 产品特征

（1）不同价位段产品分析：4 000～4 999 元产品关注比例近半

4 000～4 999 元价位段产品在家用笔记本电脑市场获得了 45.9%的用户关注，中低端产品成为用户目光的聚焦点，这点与整体笔记本电脑市场表现一致。3 000～3 999 元产品与5 000～5 999 元产品在 2011 年 2 月吸引的用户比例较为接近，分别为 19.4%和 16.3%，如图 5-3 所示。

与整体笔记本电脑市场相比，家庭用户对中高端产品的关注相对稍低，性价比往往成为其选购产品时的重要衡量标准。

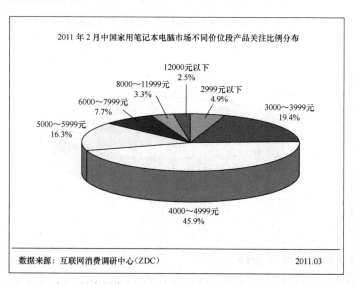

图 5-3　2011 年 2 月中国家用笔记本电脑市场不同价位段产品关注比例分布

（2）不同处理器产品分析：英特尔酷睿 i 产品仍占主流

从处理器类型来看，英特尔酷睿 i 系列产品在家用笔记本电脑市场仍然占据着绝对主流地位，有超过 7 成的用户更为关注采用这一处理器的产品。而在整体市场中受到较多关注的英特尔奔腾双核处理器产品在家用市场仅吸引了 4.1%的用户目光。

英特尔 Sandy Bridge 处理器由于在 2011 年 2 月陷入了"缺陷门"事件，人气并没有明显的提升。而家用市场的用户对其关注程度较整体市场更低，关注比例仅为 0.3%，如图 5-4 所示。

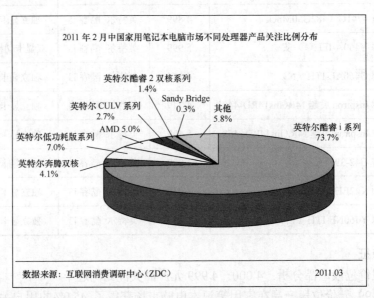

图 5-4　2011 年 2 月中国家用笔记本电脑市场不同处理器产品关注比例分布

（3）不同显卡产品分析：独立显卡成为多数用户选择

独立显卡作为近来用户的主流选择，在家用笔记本电脑市场也吸引了 77.6%的用户关注，关注比例较整体市场高出 5.4%。采用集成显卡和双显卡切换的笔记本电脑在家用市场人气则稍低，关注比例为 13.2%和 9.2%，分别低于整体市场 4.6%和 0.8%，如图 5-5 所示。

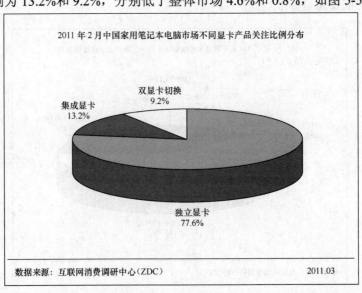

图 5-5　2011 年 2 月中国家用笔记本电脑市场不同显卡产品关注比例分布

（4）不同屏幕尺寸产品分析：14英寸笔记本电脑地位稳固

从屏幕尺寸来看，14英寸笔记本电脑在2011年2月的家用市场吸引了70.4%的用户目光，以绝对优势领先于其他尺寸产品。15英寸和13英寸产品获得的关注比例较为接近，分别为11.5%和10.3%。12英寸笔记本电脑在家用市场的人气偏低，关注比例仅为0.7%，如图5-6所示。

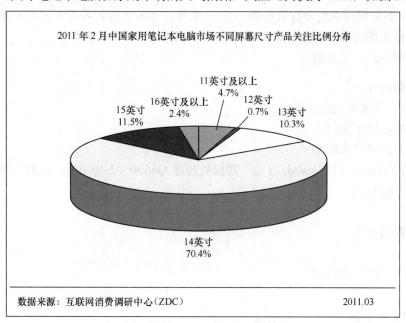

图5-6　2011年2月中国家用笔记本电脑市场不同屏幕尺寸产品关注比例分布

案例2　NX广播电视监测中心广播电视监测平台设备及UPS电源系统采购项目招标公告

截至日期：

采购编码：

采购主体：政府

信息类别：货物采购

所属行业：网络通信计算机

所属地区：NX

详细内容：

NX广播电视监测中心广播电视监测平台设备及UPS电源系统采购项目招标公告

NX中天世纪招标有限公司受NX广播电视监测中心的委托，为广播电视监测平台设备及UPS电源系统采购项目所需货物以及相关服务进行代理采购业务。本项目采用公开招标，现邀请合格供应商就本项目所需采购的货物以及有关服务提交密封投标文件。具体事项如下。

一、采购人：NX广播电视监测中心

联系人：刘大明　　　　　　　　　　　电话：××××-×××××××

二、招标代理机构：NX中天世纪招标有限公司

联系人：孙小五　　　　　　　　　　　传真：××××-×××××××

联系电话：××××-×××××××　　　　电子邮箱：×××××@××××××

投标保证金转账、电汇请汇至：

账户名：NX 中天世纪招标有限公司

开户行：中国银行 NX 市中山北街支行　　账号：××××××××××××

投标保证金现金请交至：

账户名：NX 中天世纪招标有限公司

开户行：NX 银行 XX 分行营业部　　　　账号：××××××××××××

三、招标文件编号：ZTSJ-NZC/A10080 委托编号：2010NCZ0519

四、采购方式：公开招标

五、采购内容：

第一标段　广播电视监测平台

（一）中心控制系统

工作站立卧可转换机箱

① 英特尔&reg；酷睿&#8482；② 四核处理器 Q6600（2.40GHz，4MB 二级高速缓存，1 066MHz 前端总线）

……

（二）存储系统

……

第二标段 UPS 电源系统

……

六、供应商资格

1．营业执照及税务登记证

2．组织机构代码证

3．法人授权委托书

4．制造生产厂家授权书

5．由投标人所在省（市）/县（区）检察机关出具的无行贿犯罪档案记录的书面告知函

6．与此项目相关的其他资质文件

备注：详细的资质要求与技术参数详见招标文件，以发出的招标文件为准。

七、领取招标文件的时间：2010 年 9 月 27 日～10 月 19 日（节假日除外）[上午 8:00～12:00 及下午 14:00～18:00]

有意投标的单位可在上述时间领取一套完整的招标文件。

领取地点：NX 中天世纪招标有限公司

领 取 人：孙小五

领取地址：NX 市黄河东路 888 号

八、投标截止时间：2010 年 10 月 20 日上午 9:00 时整

九、开标时间：2010 年 10 月 20 日上午 9:00 时整

十、开标地点：NX 招投标交易服务中心

地　　址：NX 市 XX 区公园街 3 号

NX 中天世纪招标有限公司

2010 年 9 月 27 日

相关附件：（略）

第一节　数码产品营销知识链接

一、认识数码产品

1. 数码产品简介

数码产品就是通过软硬件的组建，利用二进制语言或者某些特殊数字语言进行对某一类文件进行传输、存储、编制、解码，由此带来一定应用感受的消费产品。数码产品包括手机、数码相机、数码摄像机、MP3、MP4、计算机、掌上电脑、游戏机、打印机、扫描仪、移动存储设备、显示器、光盘播放器和蓝牙耳机等。

随着科技的发展，计算机的出现、发展带动了一批以数字为记载标识的产品，取代了传统的胶片、录影带、录音带等。时下，电视、计算机、通信器材、移动或者便携的电子工具，在相当程度上都采用了数字化。数码产品与我们的生活息息相关，它无处不在，它的便利、功能的强大、工作质量的精悍，深受广大消费者的喜爱和青睐。

2. 数码产品的使用维护方法

随着科技的迅猛发展，数码产品层出不穷，其具体功能和使用方法须参见各自的说明书。一般的数码产品，其记忆的存储卡、操作的触摸屏、提供动力的电源都是其共有的部件，而且使用频率高，如果正确使用维护这 3 个部件，也就能正确使用维护数码产品整机。

（1）存储卡的使用维护

存储卡是数码产品上较贵重的部件，必须精心保护，其使用维护注意事项如表 5-3 所示。

表 5-3　　　　　　　　　　　　存储卡的使用维护注意事项

序号	事项	具体说明
①	避免撞压	不对存储卡施以重压，不弯曲存储卡，避免存储卡掉落和受到撞击
②	湿温适当	避免在高温、高湿度环境下使用和存放存储卡，不得将存储卡置于高温或直射阳光下
③	防磁防电	存放存储卡要避静电、避磁场（如避开电视机、音箱），在存放和运输途中，尽可能将已存储有影像文件的存储卡置于防静电盒中
④	避免触点	不随意拆卸存储卡、避免触及存储卡的电触点
⑤	远离腐物	将存储卡远离液体和腐蚀性材料
⑥	断电取卡	向数码产品装载或从数码相机内取出存储卡时，要在关闭数码产品的情况下进行。当存储卡正在工作时，不要试图从机器中取出存储卡
⑦	及时储存	已保存于存储卡上的信息应及时下载到计算机进行备份
⑧	充足电量	用数码产品对存储卡进行格式化处理，或删除存储卡上已大量存储的所有信息时，必须保证数码产品的电池有充足的电量以保证能完成操作

（2）触摸屏的使用维护

不同种类的触摸屏的使用维护方法不同，具体如表 5-4 所示。

表 5-4 触摸屏的使用维护注意事项

序号	种类	使用维护方法
①	表面声波触摸屏	适用于任何非露天的未知使用对象的场合，尤其适合于环境较干净、灰尘少的场合。表面声波触摸屏的感应介质是手指（非指甲、戴手套也可）、橡皮等较软的能与玻璃完全吻合的物品
②	电阻压力触摸屏	电阻压力触摸屏的缺陷是怕划伤，因此，该触摸屏适合已知对象的固定人员操作使用。对于电阻压力触摸屏只要给它压力就行，不管是手指、笔杆或其他物品均可触摸，但不能用尖锐或锋利的物品操作
③	电容感应触摸屏	不适合在有电磁场干扰和要求精密的场合使用。该触摸屏仅能用手指（非指甲）和肉体接触操作
④	红外感应触摸屏	适合于多种非露天的未知使用对象的场合。红外触摸屏的感应介质是任何可阻挡光线的物品，如手指、笔杆、小棍棒等

（3）电池的使用维护

在数码产品的使用中，电池永远是耗费最多的部分。电池是盛有电解质溶液和金属电极以产生电流的杯、槽，其他容器或复合容器的部分空间。通俗地说，电池就是一种可以将化学能转化为电能，并且可以储存、释放电能的一类装置。电池的种类繁多，且各具特色，其种类及使用维护注意事项分别如图 5-7 和表 5-5 所示。

图 5-7　各种电池的实物图

表 5-5 电池的特点及使用维护注意事项

序号	种类	特点及维护	
①	一次性锌锰碱性干电池	这种电池价格比较便宜，且电量较好，储存时间长，温度适应条件好，适用于中小电流密度的放电。其缺点是一般内阻比较大，所以数码产品使用碱性电池工作时间较短，电池放电过快，但电池放置一段时间后仍可正常使用	
②	纽扣电池	碳性与碱性	碳性纽扣电池最常见，也最便宜；碱性的纽扣电池虽然贵一点，但是放电效果好。纽扣电池多用在计算器、电子玩具、助听器、打火机、手表等物品中

续表

序号	种类	特点及维护
③	锌—氧化银	它是纽扣电池中的佼佼者，主要的用于计算器，助听器，相机，手表等。特别指出一点，这种电池的防漏液效果特别好，而且长效使用效果也不错
④	锌—空气	这种电池比较特殊，唯一的民用市场产品就是高档的电子耳蜗、电子助听器
⑤	锂—二氧化锰	用在电子词典、主板 CMOS 电池、手表等物品中
⑥	镍镉充电纽扣电池	记忆效应是针对镍镉电池而言的。由于传统工艺中负极为烧结式，镉晶粒较粗，所以镍镉电池在被完全放电之前就重新充电，镉晶粒容易聚集成块而使电池放电时形成次级放电平台，在以后的放电过程中电池将只记得这一低容量；同样在每一次使用中，任何一次不完全的放电都将加深这一效应，使电池的容量变得更低
⑦	镍氢充电纽扣电池	镍氢电池由氢氧化镍正极、储氢合金负极、隔膜纸、电解液、钢壳、顶盖、密封圈等组成。镍镉电池正极板上的活性物质由氧化镍粉和石墨粉组成，石墨不参加化学反应，其主要作用是增强导电性

（4）数码产品延长使用寿命周期的方法

数码产品延长使用寿命周期的方法如表 5-6 所示。

表 5-6　　　　　　　　　　　数码产品延长使用生命周期的方法

序号	事项	具体说明
使用前	电池的充电要适当	通常情况下给第一次使用的电池（或好几个月没有用过的电池）充电，锂电池一定要超过 6 h，镍氢电池则一定要超过 14 h，否则日后电池寿命会缩短。电池还有残余电量时，尽量不要重复充电，以确保电池寿命
	环境的温差不要太大	一般情况下，数码产品只适应在 0～40℃的温度里工作
使用中	避免电池过放电	使用过程中要避免出现过放电情况，过放电就是一次消耗电能超过限度。目前，数码产品用的主要使用锂电池和镍氢电池。锂电池在放电时，一般要留下 3%～5%的电量，不要让电池耗尽而使机器自动关机；而镍氢电池则可尽情使用，直到将最后一点电量用光为止
	避免强光直射显示屏	夏天的太阳光特强烈，千万不要把显示屏头对着强烈的太阳或其他强光源
	防水防潮	数码产品如果储存或工作在湿度较大的环境中，容易造成电路故障；反之，储存或工作在适当的环境中，数码产品生命周期将达最佳状态，如数码摄像机的磁头工作在相对湿度为 40%时寿命最长，可达到 1 000 h
	防震防摔	许多数码产品既是一个光电设备，也是一个精密的机械设备，携带和使用中要注意防震、防摔

续表

序号	事项	具体说明
使用中	防烟避尘	应当工作和储存在清洁的环境中，这样可以减少因外界灰尘、污物、油烟等污染而引起故障的可能性
	远离磁场	数码产品是光电一体的精密设备，对强磁场和电场都很敏感，它们会影响到正常性能发挥，直接影响到使用效果，甚至导致数码产品无法操作。数码产品不能靠近有磁力线之物体，如马达、变压器、扬声器、磁铁等，就是收音机、电视机天线也可能产生影响
	工作中不要任意切断电源	数码产品的所有功能，包括机械部分的动作都是有微电脑控制指挥的，在工作中切断电源后再接通电源，很可能造成控制中断、动作混乱，可能还会使机械转动部件产生错位而不能使用
使用后	电池的清洁保存	为了避免电量流失的问题发生，要保持电池两端的接触点和电池盖子的内部干净。如果电池表面很脏的话要使用柔软、清洁的干布轻轻地拂拭
	不要去晒"太阳浴"	数码产品长时间受强光照射或者受热都会使机壳变形，所以在使用和保存时要注意不要将机器置于强光下长时间暴晒，也不要将机器放在暖气管道或电热设备附近
	远离化学药品防腐蚀	在污染很大的地方使用后，应及时清洁卫生，不能用酒精、石油醚一类有溶解力的液体擦拭，以免发生反应、损坏机体外壳或腐蚀内部电路
	零件更新及参数调整	一些数码产品是十分精密、复杂的机电一体化设备，很多零件属于常规消耗品，如机芯中的大部分零件，除了需要进行定期的清洁、检查外，还需要定期更新及进行相应的参数调整，以确保机器工作在最佳状态

3. 最新 10 大数码产品简介

数码产品的好处不言而喻，记录美景、聆听天籁、游戏休闲，甚至炒股票、看电影，样样都行。随着数字产业的发展和人们生活需求的提高，2008 年以来出现了更多的数码产品，而且它们正在融入我们的生活。

（1）全球第一薄的笔记本

全世界网友翘首期待了很久的全球第一轻薄的苹果 MacBook Air 笔记本，从 2008 年 1 月 15 日诞生之际开始就受到了业界及消费者的强烈关注。如图 5-8 所示，这个可以装在信封里的笔记本电脑，算得上是笔记本史上最成功最伟大的艺术杰作之一，它不仅凝聚了当今包括工业设计、材料工程学以及半导体技术等多方面的高尖研究成果，将笔记本电脑的最小厚度降到了不可思议的 0.4 cm，而且更重要的是它对消费者乃至整个业界，都进行了一次非常出色而高效的思想认识上的升华和洗脑——原来，笔记本电脑轻薄设计可以达到如此境界！

（2）从没见过的"数字轿车"

在个人、家庭娱乐产品"沦陷"之后，数字

图 5-8　全球第一薄的笔记本

化狂潮开始向汽车行业发起进攻，越来越多的汽车制造商转战"数字市场"。北京车展上"数字化"最彻底的荣威 550 数字化进程已经超出了人们的想像，连发动机都能提供"超频"选择，如图 5-9 和图 5-10 所示。

荣威 550 采用了全新的数字化仪表盘，在这部车上可以看到很多大屏幕的信息系统。这个数字梦幻仪表盘以英国著名"Silver Stone"（银石）赛道命名，以红光线环绕四周，时速表采用全数字液晶屏，中央转速表采用脉冲式感应设计，动感十足。数字化仪表盘能够兼容多种媒体的播放形式，包括蓝牙、免提、USB、接入等功能。仪表盘采用数字化后最大的优势在于其信息容量大幅增加，而且 CPU 的采用可以增加汽车的智能化，集显示、控制于一体。仪表盘将成为整辆车的信息中心、控制中心，使汽车变得更加安全、可靠，维修检测更加容易，还能对车况进行实时监视，防患于未然。

图 5-9　数字轿车的整车外形

图 5-10　数字轿车的仪表盘

（3）米奇版儿童 DC

肯高图丽公司近日推出的米奇主题相机，如图 5-11 所示。据悉，这款型号为 DMC-50 的数码相机目前刚刚登陆日本市场，开放售价大约只要 970 元人民币。在具体性能方面，DMC-50 只搭载了一块 1/2.5 英寸的 503 万像素 CMOS 及 44 mm 等效焦距、F3 最大光圈的定焦镜头（最近对焦距离为 1.5 m）。另外，它支持 640×480/15fps 的视频拍摄，带有一块 2.4 英寸 LCD，内置 128MB 内存。DMC-50 最大可支持 1GB 的 SD 存储卡，它内置可充电电池，3 围是 106 mm×20.5 mm×60 mm，重量为 99.8 g。显然，DMC-50 从任何参数方面都不能与目前的主流 DC 相提并论，但是作为一款针对儿童的、廉价的，同时又是采用了米奇主题的产品，似乎是个不错的创意。

图 5-11　米奇版儿童 DC

（4）太阳能 MP3 播放器

日本 Thanko 公司推出一款太阳能 MP3 播放器，如图 5-12 所示，其采用 1.8 英寸 220 像素×176 像素分辨率的 TFT 屏，内置 4G 容量，兼容 mini SD 卡扩充。从操作界面来看，这款播放器采用国内的瑞芯微芯片，支持 AVI 视频，兼容多种音频格式，FM 收音、图片浏览、文本阅读、游戏等功能齐全。

（5）高尔夫球大小的扬声器

索尼公司近日公布了新款的迷你扬声器产品，型号为 HT-IS100，如图 5-13 所示。该扬声器的外观大小为 43 mm×43 mm，和一款高尔夫球 42.67 mm×42.67 mm 的大小大致相同。HT-IS100 扬声器的最带输出功率为 425 W，带有 3 个 HDMI 输入接口，并配有 S-Master 音频系统。此外，索尼公司还公布了一款型号为 HT-CT100 的 5.1 声道箱产品，内置有低音喇叭和扬声器。

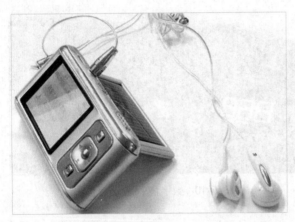
图 5-12 太阳能 MP3 播放器

图 5-13 高尔夫球大小的扬声器

（6）007 用的摄像机

受 007 电影的影响，日本一家名为"Digital Cow Boy"的公司于最近推出了一款型号为 DVR-SP 的超小超轻的视频录像机，如图 5-14 所示。它的外观尺寸是 73 mm×20 mm×11 mm，和普通的打火机一样大，重量也只有 18 g。这款超小型录像机可以在 MicroSD 卡（最大可支持 2GB）上录制 176×144（3GP 格式）的视频内容，可通过 USB 2.0 接口与 PC 连接。另外，它还有内置锂电池，可提供最长 2 h 的使用时间。据 Digital Cow Boy 的报价，DVR-SP 超小型录像机的价格是 14 800 日元，约合人民币 977 元。

图 5-14 007 用的摄像机

（7）全球最小投影机

如图 5-15 所示，Earth Trek 公司宣称这款产品是目前全球最小的投影机，其 3 围尺寸只有 105 mm×58 mm×25mm，重量仅为 160 g，然而它却可以投影出最大 22 英寸的影像（比任何数码相框或者相机上的 LCD 都要大很多，但是分辨率想必不会太高）。更重要的是，90-805R 还可以直接读取 SD 存储卡，并且支持 AV 输入端口（3.5 mm 端口），因此，能够非常方便地展示照片。

（8）双网双待智能手机

在摩托罗拉官方网站亮相的摩托罗拉"明" A1800（如图 5-16 所示），虽然在整体外观设计上，该机和过去的 A1200 几乎没有多少明显的改变，但是在一些局部细节的设计上，如为了体现出升级版的特色，该机还是进行了一些改变，比如将液态金属工艺应用在透明翻盖上，让手机显得更加尊贵。此外，在摩托罗拉 A1800 机身两边按键的处理上，这款手机也体现出了新一代产品的特征，如在机身左边除了音量键和菜单/确定键之外，取消了过去的耳机接口，而在机身右边则保持语音快捷键和拍照键的同时，使用了集充电、数据传输和耳机接口等功能于一身的 mini-USB 接口等。

图 5-15　全球最小投影机

图 5-16　双网双待智能手机

（9）顶级娱乐手机

日本 NTT Docomo 发布的一系列夏季新机，其中的夏普 SH906i 算是 906i 系列里面人气最高的一款，也是 906i 系列中唯一支持触摸屏的机型，如图 5-17 所示。SH906i 采用夏普经典的回旋二轴翻盖设计，屏幕旋至背面后，可通过触摸屏实现阅读信息、观看移动电视、上网、拍照等功能。SH906i 的屏幕依然是个亮点，搭载 3 英寸 1 600 万色的移动 ASV 屏幕，分辨率为最高配的 854×480（全宽 VGA），提供了 2000 : 1 的对比度，并具有上下左右 4 个角度的防窥视功能。1SEG 数字电视、520 万像素摄像头也是 SH906i 的主要卖点。这款性能强大的旗舰手机 2008 年 6 月初已在日本发售。

（10）大屏幕的 GPS

开车最让人担心的就是路途上的偏差，有时还会因为不熟悉路况而面临诸多困扰。有了 GPS 导航仪，这些问题就能迎刃而解。当 4.3 寸屏还是主流的时候，盈科创展已经推出其首款 7 寸屏 GPS868；没过多久，它又推出了带电子狗地图的 7 寸屏新品神行者 868A，在市场上赢得一片掌声。神行者 7 寸屏的产品是对 7 寸 GPS 市场的初步试水。而且，神行者即将推出带蓝牙功能的神行者 868B，如图 5-18 所示，868B 具有蓝牙、FM、无线倒车后视等相当完备的功能。

图 5-17　顶级娱乐手机　　　　　　　　图 5-18　大屏幕的 GPS

二、数码产品的营销趋势

随着数字产业的发展和人们生活需求的提高，越来越多的电子产品诞生并融入人们的生活。近两年来数码产品的发展趋势有 3 条主线：基于技术的趋势；改变整个社会的宽带革命相关的趋势，即人们运用技术的方式和价值链的转变；基于人口统计学和其他因素的消费趋势的变革。由于这 3 条主线的作用，数码产品日趋呈现如下 8 大趋势。

1. 电视与网络相连

宽带为设备、便携式存储方案、网络技术和 DRM（内容数字版权保护加密技术）等的发展提供了平台。据 Nielsen/NetRatings 调查，近 3/4 的美国网民在家中通过宽带上网。根据 Pacifie Media Associates 调查，与媒体中心连接的高清晰度电视在 2008 年增长 2 倍。NetGear、DLink's Media Lounge 和 Apple 生产的机顶盒正改变着电视机的面貌，让消费者能够在网上下载并购买内容，并通过他们的电视机连续欣赏这些内容。同样，微软的 Xbox 和索尼的 Playstation 3 也都定义为家庭宽带娱乐门户。

2. WiMAX 技术大量应用

WiMAX（即全球微波互联接入）技术凭借两大业界巨头的投资实现了腾飞。英特尔在 Clearwire 上投入 6 亿美元，摩托罗拉在 Clearwire 的投资上追加了 3 亿美元。这将会在未来的两年中刺激这种无线技术的应用，并激发笔记本电脑和其他便携式设备的需求量。

3. 移动设备持续强劲增长

根据 Strategy Analytics（即美国战略分析公司）统计，2006 年、2007 年手机的销售量均达到 10 亿部，而且大部分手机都有照相功能。传统的无线产业认为用户所追求的是一部集成了诸多功能的手机，但 In-Stat 调查显示，大部分用户都会携带多种通信设备，有 15% 以上的人会带两部手机。Cingular 和 Verizon 等厂商推出的功能更新、性能更好的新设备值得关注。此外，移动电视也呼之欲出，但通过手机传播的音乐已经开始大行其道。每 10 亿部手机中就有 2.5 万部具备音乐播放功能，Stragtegy Analytics 的研究结果预计，音乐手机的销售量会超 8 亿部。

4. 视频产品正在变革

视频产品随着互联网行业正在变革。Google 近期以 16 亿美元收购了 YouTube，News Corp 以 5.8 亿美元收购了 MySjpace，这些都表明社会网络是一桩大生意。这不仅仅是对现有内容的重新定位，在信息存储和内容消费个性化进程中，数字化和技术进步的融合还会给消费电子产品经销商和内容提供商带来新的机遇和挑战。

传统的广播和有线电视正在和新兴的诸如 VOD、HD、IPTV 发生着激烈的冲突，宽带和无线技术也正在互相竞争。iSuppli Corp 统计，全球 IPTV 用户到 2010 年已超过 6.3 亿，这已引发新老视频提供商之间的激烈竞争。

5. 搜索引擎越发重要

Forrester Research 统计，有 30% 的上网用户会选择购物搜索引擎。Shopping.com、Shopzilla 和 PriceGrabber 等网站正在与新兴的 Like.com、Jellyfish 或 ShopWiki 等网站竞争。与依靠零售商提供数据的网站不同，ShopWiki 利用网络爬行和提取技术从 12 万网上零售商处找出对应产品。它同时整合了由 ShopWiki 编辑提供的用户购买指南和产品的视频预览。ShopWiki 最重要的进步就是依靠复杂的技术更好地了解到了访问者的需求。

6. 数码影像牵动互动功能

根据 CEA 的市场研究报告显示，数码相机的销售将会大幅度增长，消费者拍摄的照片比以前要多得多。这也使得在线打印和共享市场变得越来越热门，并正引起一些大公司的注意。惠普收购了在线图片网站 Snapfish，雅虎收购了在线图片共享网站 Flickr。Ofoto 作为早期市场的主要竞争者，2001 年被伊斯曼·柯达公司收购，即现在人们所熟悉的柯达 EasyShare。Shutterfly 决定走自主发展的道路，并准备以 IPO 形式一次性出售价值 9 200 万美元的普通股，这个决定是在 Tabblo、Photobucket 和 Riya 等新兴网站不断进入市场的情况下做出的。许多新兴的公司正着手在数码影像领域建设社会网络和一些互动功能。沃尔玛和 Costco Wholesale 等仓储式零售公司正涉足印刷业务。

7. 环保产品正引起重视

随着电子产品的老化，环境保护意识正逐步提高，并上升为一个社会问题。CEA 作为业界的代表正在制定环保策略，例如，联邦和州政府购买环保设备的计划。业界都有推广环保产品的责任。

8. 市场细分消费群体

随着市场的发展，能否把不同消费人群区别出来成为在这个充斥着无限机会的数字时代判断经营者成败的重要标准。Forrester Research 调查显示，18～26 岁的年轻一代正以高于其他年龄段人群的速率将科技融入他们的生活当中。

另据 CEA 数据显示，女性在电子产品购买过程中正起着越来越明显的决策作用。Strategy Analytics 提出，了解人们如何利用互联网和网络服务也十分重要。一些公司根据年龄和收入将他们的顾客区别对待。了解顾客和他们的消费习惯，对于供应商和经销商取得竞争优势至关重要。

第二节 营 销 实 务

一、寻找目标市场

目标市场营销是构成现代市场营销学的一个重要内容，主要由表 5-7 所示的 3 部分内容构成。

表 5-7 目标市场营销的构成

序号	要素	内容
①	市场细分	企业根据顾客所需要的产品和市场营销组合将市场分为若干个不同的顾客群体
②	目标市场选择	企业在细分市场的基础上，根据企业实力和目标，判断和选定要进入的一个或多个子市场的行为
③	市场定位	在目标市场上为产品和具体的市场营销组合确定一个富有竞争优势地位的行为

在企业营销活动中，选择目标市场并对企业实施市场营销组合策略是一个极为重要的环节，如果目标市场选择不当或市场营销组合策略制定与实施不妥，那么企业营销将难逃失败的厄运。

1. 市场细分的依据

一个整体市场之所以可能细分为若干个子市场，主要是由于顾客需求存在着差异性。可以运用影响顾客需求和欲望的某些因素作为细分依据对市场细分。影响消费者市场需求的因素很多，其一般标准如表 5-8 所示。

表 5-8 市场细分的一般标准

细分标准	具体因素	应用举例
地理标准	按地理位置细分	如东部、中部、西部等。有的城市有自己的地方电视台，有的地方却没有，使得零售商很难把商业信息传给附近的消费者
	按人口多寡及密度细分	以人口密度分出城市、郊区、乡村市场。人口密度大的地区，市场容量大，反之市场容量小。如海尔最初在上海推出迷你洗衣机，就是考虑了人口因素
	按气候细分	自然气候不同影响消费者需求的反应。南北气候不同，对空调的需求就有很大的差别
人文标准	按年龄细分	可分为儿童市场、青年人市场、中年人市场和老年人市场。如爱国者推出了一款集亮丽外形和强大功能于一身的 MP3 随身听 F008，其独特、冷艳的造型满足了年轻一族对 MP3 产品的个性化需求
	按性别细分	划分为男性市场、女性市场。如高端手机客户细分男女，因为男士和女士在手机机型和功能的选择上都表现出很大的不同，女士手机以小巧、时尚为主，而拥有大功能的高品质摄像智能手机则成为男士的首选
	按收入细分	收入不同，直接影响着人们的消费需求和购买行为。如美国人按收入的多少将消费者分为 7 个阶层，且每个阶层的人对汽车、服装、家具等都有较大的不同偏好
	按职业及教育状况细分	职业和教育状况影响消费需求。如恒基商务通隐形手机，是针对社会精英阶层而生产的智能商务手机，除了拥有高精度数码相机、高清晰 MP4 电影播放以及海量存储、超大高精屏幕之外，最为核心的是具有的独一无二的"智能防盗、远程遥控、防止骚扰、资讯保密"4 大核心功能

续表

细分标准	具体因素	应用举例
心理标准	按生活方式细分	人们追求的生活方式不同，对商品的喜好和需求也不同。如时尚高端的消费群体，会尽快买到最新款的电子产品；而对价格敏感的消费群体，产品更替，产品价格下降时，选择时机购买性价比高的电子产品
	按利益追求细分	根据顾客从产品中追求的不同利益分类。如牙膏顾客所追求的利益有4个方面：经济、保健、美容和味道，而追求预防蛀牙的利益者多数是大家庭

2. 目标市场的选择

市场细分是选择目标市场的基础。市场细分后，企业由于内外部条件的制约，并非要把所有的细分市场都作为企业的目标市场，企业可根据产品的特性，对自身的生产、技术、资金等实力大小和竞争能力的分析，在众多的细分市场中，选择一个或几个有利于发挥企业优势，最具有吸引力，又能达到最佳或满意的经济效益的细分市场作为目标。

目标市场是企业为满足现实或潜在需求而开拓的和要进入的特定市场。企业的一切活动都是围绕目标市场进行的。

根据各个细分市场的独特性和公司自身的目标，共有3种目标市场策略可供选择，具体如表5-9所示。

表 5-9　　　　　　　　　　　　　目标市场策略

无差异市场策略	定义	只推出一种产品，采用单一的营销组合，力图吸引所有购买者的策略。整个市场设计生产单一产品，实行单一的市场营销方案和策略去迎合大多数的顾客
	适用范围	适用于市场上在一定时期内供不应求的产品和一些具有广泛需要且变化不大的日用品等。如早年福特汽车公司只生产和销售一个型号、一种颜色的T型汽车
	优点	节省费用，有利于产品以廉取胜
	缺点	难以适应不断变化着的市场需求，容易在激烈的市场竞争中失利
差异性市场策略	定义	建立在细分市场基础上，推出多种产品、分别采用不同的营销组合以吸引各种不同的消费者群体的策略
	适用范围	适用于挑选性较强的商品和市场供过于求的商品等。如各种家电产品
	优点	能够更好地满足不同消费者群体的需要，扩大产品销售的总量
	缺点	经营总费用较高，如增加产品改良成本、制造成本、管理费用、储存费用
密集性市场策略	定义	集中力量选取一个或少数几个细分市场为目标市场，采取一种或少数几种营销组合，以吸引特定的消费者群体的策略
	适用范围	适用于竞争性强的商品，特别适宜于中小企业采用。如山东九阳小家电有限公司以生产豆浆机而成功进入小家电市场
	优点	扬长避短，迅速开拓市场，有利于提高企业的竞争能力、节约费用、增加赢利
	缺点	市场风险较大，一旦目标市场未挑准，就会给企业带来巨大的损失

3. 市场定位的方法

企业确定目标市场后，对产品进行市场定位，这是产品的第一次定位，也称初次定位。一般新产品投入市场均属初次定位。企业产品的市场定位，不是一成不变的，随着市场情况的变化，产品尚需重新定位，即对产品进行二次或再次定位，不论是产品的初次定位还是重新定位，一般有表5-10所示的几种产品市场定位方法可供选择。

表5-10　　　　　　　　　　　产品市场定位的一般方法

策略	定义	适用情景	应用
比附定位	以竞争者品牌为参照物，依附竞争者定位	适用于市场挑战者，采用跟随策略的品牌	其目的是通过竞争提升自身的品牌价值与知名度。如使用"宁城老窖——塞外茅台"的广告诉求来定位
利益定位	指依据品牌向消费者提供的利益定位，并且这一利益点是其他品牌无法提供或没有说过的，独一无二的	产品能提供比竞争对手的产品更好、更特别的功效	可突出品牌的特点和优势，以便消费者选择商品。如摩托罗拉向目标消费者提供的利益是产品具有"小"、"薄"、"轻"的特点；而诺基亚则声称产品"无辐射"
市场空档定位	企业寻找市场上尚无人重视或未被竞争对手控制的位置，使自己推出的产品能适应这一潜在目标市场的需要的策略	市场上竞争者少，或还没有	如山东九阳电器研发生产豆浆机，很快在市场上获得了知名度
高档次定位	依据品牌与某类消费者的生活形态和生活方式的关联作为定位	该名牌的产品价格高昂，无法用单纯的物质价值来衡量	如 TCL 手机走高端路线，曾推出的蒙宝欧 S320 彩屏手机以华贵的外表和内在的优秀品质，成为手机中一颗耀眼的新星，独领风骚，其当时的"真钻品位，至尊豪迈"的高档次定位，尽显其豪华气派
性价比定位	即将质量和价格结合起来构筑品牌识别	产品确实具有质优价廉的特色，否则性价比优势就会不攻自破	如戴尔计算机采用直销模式，降低了成本，并将降低的成本让渡给顾客，因而戴尔计算机总是强调"物超所值，实惠之选"；奥克斯空调告诉消费者"让你付出更少，得到更多"都是性价比策略的应用
类别定位	就是与某些知名而又属司空见惯类型的产品进行明显的区分，或将自己的产品定位为与之不同的另类，这种定位也可称为与竞争者划定界线的定位	新品牌或新功能产品初上市	如在 PDA 行业里，商务通运用此定位，"手机、呼机、商务通一个都不能少"。给消费者一个清晰的定位，以致消费者认为 PDA 即商务通，商务通即 PDA

二、开展营销洽谈

营销洽谈是构成现代市场营销的一个关键环节，主要由表5-11所示的3部分内容构成。

表 5-11		营销洽谈的内容构成
序号	要素	内容
①	有效倾听	通过倾听探询顾客的购买动机，掌握顾客的需求偏好，捕捉营销时机，有针对性地推介商品
②	有效提问	通过提问深挖顾客关注的焦点，体味顾客的困难与不满，集中洽谈议题，与顾客进行深度沟通
③	促成交易	了解成交障碍，巧妙说服顾客，抓住交易时机，迅速促成交易

在营销活动中，为了促成交易，倾听和提问是反复进行的一项磋商活动，力争达成一致意见，方使交易成功。

1. 有效倾听

与顾客沟通是一个双向的、互动的过程，从营销人员一方面来说，他们需要通过陈述来向顾客传递相关信息，以达到说服顾客的目的。同时，营销人员也需要通过提问和倾听来接收来自顾客的信息，如果不能从顾客那里获得必要的信息，那么营销人员的整个营销导购活动都将事倍功半。

从顾客一方面来说，他们既需要在营销人员的介绍中获得产品或服务的相关信息，也需要通过接受营销人员的劝说来坚定购买的信心。同时，他们还需要通过一定的陈述来表达自己的需求和意见，甚至有时候，还需要向营销导购人员倾诉自己遇到的难题，以求得指导和帮助。

（1）有效倾听的作用

在整个营销导购的沟通过程中，顾客并不是被动地接受劝说和聆听介绍，他们也要表达自己的意见和要求，也需要得到沟通的另一方面——营销人员的认真倾听。对于营销导购人员来说，有效倾听在实际沟通中具有重要的作用。其作用如表 5-12 所示。

表 5-12		有效倾听在实际沟通中的作用
序号	作用	内容
①	获得相关信息	有效倾听可以使营销导购人员直接从顾客口中获得相关信息。在信息传递过程中，总会有或多或少的信息损耗或失真，经历的环节越多，传递的渠道越复杂，信息的损耗和失真程度就越大。所以，经历的环节越少，信息传递的渠道就越直接，人们获得的信息就越充分、越准确。在营销导购过程中，营销人员与顾客的信息传递是直接的，比较容易获得相关信息
②	体现对顾客的尊重和关心	营销人员认认真真地倾听客户谈话，除了可以满足他们表达内心想法的需求，也可以让他们在倾诉和被倾听中获得关爱和自信，同时也表示营销人员十分重视他们的需求和意见，并且正在努力满足他们的需求
③	创造和寻找成交时机	倾听当然并不是要求营销人员坐在那里单纯地听那么简单，营销人员的倾听是为达成交易而服务的。也就是为了交易的成功而倾听，而不是为了倾听而倾听。在倾听的过程中，可以通过顾客传达出的相关信息判断顾客的真正需求和关注的重点问题，然后就可以针对这些需要和问题寻找解决的办法，从而令顾客感到满足，最终实现成交。如果营销导购人员对顾客提出的相关信息置之不理或理解不够到位，那么这种倾听就不能算得上是有效倾听，自然也不可能利用听到的有效信息抓住成交的最佳时机

（2）引导和鼓励顾客开口讲话

认真有效的倾听的确可以为营销人员提供许多成功的机会，但这一切必须建立在顾客愿意表达和倾诉的基础之上。为此，营销导购人员必须学会引导和鼓励顾客谈话。

引导和鼓励顾客谈话的方式有很多，营销人员经常采用的方式有表 5-13 所示的几种。

表 5-13　　　　　　　　　　　　　引导和鼓励顾客谈话的方式

序号	方式	技巧	举例
①	巧妙提问	一般顾客常常不愿透露相关信息，这时如果仅靠营销人员一个人唱独角戏，那么这场沟通就会显得非常冷清和单调，这种缺乏互动的沟通通常都会归于无效。为了避免冷场并使整个沟通过程实现良好的互动，更为了以更好的提问来引导顾客敞开心扉。营销人员可以通过开放提问的方式使顾客更畅快地表达内心的需求，例如，用"为什么"、"什么"、"怎么样"、"如何"等疑问句来发问 顾客会根据营销人员的问题提出自己内心的想法。之后，营销人员就要针对顾客说出的问题寻求解决的途径。另外，营销人员还可以利用耐心询问等方式与顾客一起商量，以找到解决问题的最佳方式	例如，可问"您觉得这款产品怎么样？"，也可试探问"你想选择什么样的产品？"或问"您对此类产品具有哪些要求"？
②	准确核实	顾客在谈话过程中会透露出一定的信息，这些信息有些无关紧要，而有些则对整个沟通过程起着至关重要的作用。对于这些重要信息，营销人员应该在倾听的过程中进行准确核实。这样既可以避免遗漏或误解顾客意见，及时有效地找到解决问题的最佳办法，顾客也会因为找到了热心的听众而增加谈话的兴趣 值得营销人员注意的是，准确核实并不是简单的重复，它要讲究一定的技巧，否则就难以达到鼓励顾客谈话的目的	例如，当听到顾客对热水器的大小容积的陈述后，可以问道"您是想选择一款 8L 的燃气热水器，对吗？"以此来进行核实
③	及时回应	顾客在倾诉过程中需要得到营销人员的及时回应，如果营销人员不做任何回应，顾客就会觉得这种谈话非常无趣。必要的回应可以使顾客感到被支持和被认可，当顾客讲到要点或停顿的间隙，营销人员可以点头，适当给予回应，以激发顾客继续说下去的兴趣	顾客："除了黄色和白色，其他的颜色我都不太满意。" 营销员："噢，是吗？您觉得淡蓝色如何呢？" 顾客："也不错。"
④	总结归纳	营销导购人员应及时总结和归纳顾客观点，一方面可以向顾客表示一直在认真倾听的这一信息，另一方面，也可以保证没有误解或歪曲顾客的意见，从而更有效地找到解决问题的方法	例如，可问"您的意思是要求今天送货上门，并安装到位吗？" 例如，也可问"您喜欢更省电的那一款，是吗？"

（3）有效倾听的技巧

要想实现有效倾听并不简单。为了达到良好的沟通效果，营销导购人员必须不断地修炼倾听的技巧。有效倾听的技巧如表 5-14 所示。

表 5-14　　　　　　　　　　　　　　　有效倾听的技巧

序号	技巧	方法
①	集中精力专心倾听	集中精力专心倾听是有效倾听的基础，也是实现良好沟通的关键。要做到这一点，营销导购人员应该在与顾客沟通之前做好多方面的准备，如身体准备、心理准备、态度准备等。疲惫的身体、无精打采的神态以及消极的情绪等，都容易使倾听归于失败
②	不要随意打断谈话	随意打断顾客谈话会打击顾客说话的热情和积极性，如果顾客当时的情绪不佳，而其谈话又被打断，那无疑是火上浇油。所以，当顾客的谈话热情高涨时，营销导购人员给予必要的、简单的回应，如"噢"、"对"、"是吗"、"好的"等。 除此之外，营销导购人员最好不要随意插话或接话，更不要不顾顾客喜好另起话题。切忌"我们公司的产品绝对比你提到的产品好得多"、"你说的这个问题我们也遇到过，只不过我当时……"的语言出现 倾听的秘诀在于花 80% 的时间去听，给顾客 80% 的时间去讲，这个比例是至关重要的。实践表明，多数营销高手都是倾听的高手，他们沉默寡言，只在很关键的时刻才说上一两句话
③	谨慎反驳顾客观点	顾客在谈话过程中表达的某些观点可能有失偏颇，也可能不符合营销人员的口味，但要牢记：顾客永远都是上帝，他们很少愿意让营销人员直接批评或反驳他们的观点。如何对顾客的观点作出积极的反应，可以采取提问等方式改变顾客谈话的重点，引导顾客谈论更能促进销售的话题
④	肯定顾客谈话价值	在谈话时，即使是一个小小的价值，如果能得到肯定，内心也会很高兴，也会产生好感。那在谈话中要用心去寻找对方的价值并加以肯定 如顾客说"我现在特别忙，真的很忙"，导购人员应该说"像您这样的领导，管理这么多的人，真得很了不起" 又如同事上班迟到了，跟你说"今天真倒霉，又堵车"，你应该说"是，你家住得真是太远了，每天上班这么辛苦不容易" 在谈话中发现对方的价值，并加以肯定与赞美，这是获得对方好感的一大绝招
⑤	避免发生虚假反应	所谓避免虚假的反应，就是在对方没有表达完自己的意见和观点之前，不要说"我知道了"、"我明白了"、"我清楚了"等。这些空洞的回答，只能导致顾客认为你已经知道，就不再做进一步的解释，妨碍你进一步去听顾客的讲话 很多人都容易做出虚假的反应，在跟别人交流的时候，听电话的时间都说"嗯，我明白了，我知道了"，越这么说，顾客就越觉得没有必要再说了，因为你都已经清楚了，或者已不愿意再听了

（4）倾听的礼仪

在倾听过程中，营销导购人员应保持一定的礼仪，这样既显得自己有涵养、有素质，又表达了对顾客的尊重。通常在倾听过程中需要讲究表 5-15 所示的礼仪。

表 5-15　　　　　　　　　　　　　倾听过程中需要讲究的礼仪

序号	内容
①	保持视线，不东张西望
②	身体前倾，表情自然
③	耐心聆听顾客把话讲完
④	真正做到全神贯注
⑤	不要只做样子而心思分散
⑥	表示对顾客的意见感兴趣
⑦	重点问题用笔记录下来
⑧	插话时请求顾客允许，使用礼貌语言

2. 有效提问

营销洽谈的传统提问技巧偏重于如何去说，如何按自己的流程去做，这样往往以营销人员为主，没有充分估量到客户的感受。这里推介一种有效提问的方法，即 SPIN 提问，这种方法通过提问来引导客户，促使顾客完成其购买流程。

SPIN 提问技巧实际上是 4 种提问方式：

S——Situation Questions，即询问顾客现状问题；

P——Problem Questions，即了解顾客现在所遇到的问题和困难；

I——Implication Questions，即暗示或牵连性问题，它能够引出更多问题；

N——Need Payoff Questions，即告诉顾客关于价值的问题。

SPIN 提问具体方法，如表 5-16 所示。

表 5-16　　　　　　　　　　　　　SPIN 提问具体方法

序号	项目	要素	方法
①	S——询问现状问题	询问目的	顾客到来时，如果不知道对方处于什么状况，就要涉及询问现状。找出现状问题的目的，是为了了解顾客可能存在的不满和问题。因为顾客不可能主动告诉营销人员自己有什么不满或问题。营销人员只有去了解、去发现，才可能知道。而了解顾客现状的途径就是提问，通过提问来把握顾客的
		有效使用状况性询问要点	精简问题：有效地进行状况性询问，最关键的就是要精简问题。当顾客来临时，营销人员可能会有一系列若干个问题要询问，这些问题首先判断自己通过观察能否做出回答，确实无法回答的问题，再来询问顾客
			简洁描述状况性询问：简洁地描述状况性询问，尽量使问题具体化，便能帮助营销人员找准询问的方向
			正确自然地介入：有效地使用状况性询问，先要正确地、很自然地、顺理成章地介入潜在的问题。比如更多地了解行业的历史、需求客户的特征等

续表

序号	项目	要素	方法	
①	S——询问现状问题	选择合适的状况性询问	关心顾客所关心的东西	把握谈话的方向，就是要求营销人员关心顾客所关心的东西。事先对产品了解清楚，对消费者的需求动机有一定了解
			把握好谈话方向	谈话方向在营销中的作用至关重要。把握一个有效的谈话方向要求营销人员注意明显性问题点和隐藏性问题点。想了解与产品特征基本符合的状况时，就尽可能问一些与明显性问题点相关的问题，当觉得自己的状况询问已经基本了解顾客的状况，而顾客愿意与自己进一步沟通时，就须从顾客的回答中去探索隐藏性的问题点
		注意事项		找出现状问题相对容易，但营销人员往往对现状问题问得太多，易使顾客产生反感和抵触情绪。因而提问之前一定要有准备，只问那些必要的、最可能出现的状况问题
②	P——了解顾客遇到的困难和问题	目的		了解顾客遇到的困难和问题，就是通过询问发现顾客现在的困难和不满
		准备工作		在进行问题性询问的时候，要做大量的准备工作，营销人员力求使自己的思维过程与顾客的思维过程相一致，如将"产品的特性"转化为"论述这些特征是如何解决顾客问题的"，还如将问题性询问变成状况性询问，将顾客的真实状况与产品特征间建立一个潜在的桥梁，虽然还没有介绍产品特征，但是已经向产品特征迈进了一步，这些都是问题性询问的必备准备工作
		有效使用问题式询问的原则	让自己与顾客共同理解隐藏性需求	在使用问题性询问的时候，一定要在分辨出买方的困难或不满后，继续揭示并阐明。一定要用自己的表述和顾客的表述共同来阐明一件事情，并且要让自己和顾客共同来理解这种隐藏性需要。如可问"你是如何来理解我的提问的"，也可问"我们在这方面达成了共识"，这将带来信息的收获，也会带给顾客更多的信心
			连续问题也要简单且具有实效	一定要非常明确地掌握连续问题的方法，使其达到简单而且具有实用的效果。具体有：在哪儿、什么时候、谁、多长时间、如何发生等 同时，营销人员还应把状况性问题有效地转变成目的性询问的问题。如哪儿有困难、这种时候会有什么不便等
			不要直接确认抱怨和不满	使用间接或通过相互关联的过程来确认不满和抱怨时，不能指着顾客询问是否有这个困惑或者是否有那个困惑，不能像一个检察官一样审讯顾客。营销人员在成交之前，在顾客面前永远是被审视的对象，销售就意味着掏顾客的腰包，因而在询问时必须避免让顾客产生被人掏腰包的感觉

续表

序号	项目	要素		方法
②	P——了解顾客遇到的困难和问题	时机	低风险区	低风险区就是销售周期的初期，此时几乎任何问题性询问都可能不足以让顾客担心什么，但如果营销人员此时提出的问题性询问了销售产品服务以外的更细节的东西，那就容易使顾客产生一种防范心理。此时，营销人员可以提出一些重要的问题，以引起顾客更多的关心、兴趣，营销人员还可以提出一些对策
			高风险区	高风险区指的是不适于提出问题性询问的时间，如顾客最近完成的重大决策时间，影响决策的敏感区域，销售方的产品和服务不能解决问题的时候
		注意事项	提问困难问题要建立在现状问题的基础上	什么问题都问，容易导致顾客反感
		注意事项	询问困难问题只是推动顾客购买流程中的一个环节	营销人员所提的困难问题只是顾客的隐藏需求，不会直接导致购买行为
③	I——引出暗示性问题	目的	让顾客想象现有问题将带来的后果	只有意识到现在问题将带来的严重后果时，顾客才会觉得问题已经非常迫切，才希望得到解决
			引发更多的问题	当顾客了解到现有问题不只是一个单一问题，它还会引发很多更深层次的问题，并且会带来严重后果时，顾客就会觉得问题非常严重、非常迫切，必须立即采取措施解决它，那么顾客的隐藏需求就会转化成明显需求。也就是说只有当顾客愿意付诸行动去解决问题时，才会有兴趣询问能够解决此需求的产品，才会去看产品展示
		暗示性询问的对象		顾客可分为操作者、预算者和决策者3类。一般情况下，操作者关心的是整个产品的标准、技术性能、操作的精确性和售后服务等细节；而预算者主要负责平衡各种预算关系。所以询问最直接的暗示对象是决策者，询问结果可以帮助决策者看到隐藏在表面现象之后的真相，也可以帮助决策者进行决策
		暗示性询问的策划	关键点	一个暗示性询问必须有一个明确的指向，同时最好能引发另一个暗示性指向。几个暗示性询问必须指向同一个问题，一定要使顾客知道你真正能解决的是什么，以及究竟哪个是最重要的问题
			步骤	一是确定谈话方向，二是向顾客确认所提问题的重要性，三是做出暗示性询问计划，四是准备实际的暗示性询问的问题

续表

序号	项目	要素		方法
③	I——引出暗示性问题	暗示性询问的技巧	改变陈述暗示性询问的方法	不要让顾客总是听到相同的问话或相同类型的暗示，这样容易让顾客产生过多的警觉
			使用多变的不同类型的问题	在实际提问过程中，不能总是按照状况性询问、问题性询问、暗示性询问、需求确认询问这种固定的顺序，而要根据实际需求调整顺序，应采用多变的不同类型的提问方式
			将问题与第三者背景相联	与相关或不相关的背景联系，可以使顾客从营销人员的简单问话中不停地去联想，给顾客一个提示，去设想最终的结局
④	N——明确价值问题	目的		明确问题价值的目的是让顾客把注意力从问题转移到解决方案上，让顾客感觉到这种方案将给他带来好处，由此引导顾客把对现有问题的悲观转化为积极的、对新产品的渴望和憧憬。同时，明确价值问题还会给顾客提供一个自己说服自己的机会
		益处	帮助解决异议	使顾客从消极的对问题的投诉转化成积极的对新产品的憧憬，给顾客描述使用新产品后的美好和愉悦
			促进内部营销	当顾客一次次享受到新产品带来的好处时，会把这种感觉告诉同事、亲友，从而起到一个替营销人员做内部营销的作用
		需求确认模式	确认	帮助顾客确认营销人员的方案能够真正地帮助自己
			弄清	引导顾客弄清他所理解的概念与营销人员的概念是一致的
			扩大	引导顾客在购买产品所带来的主要效用以外，还产生了哪些功用，以帮助营销人员在以后向其他顾客营销中进行宣传
		需求确认时机	需求确认询问不要使用得太早	提出需求确认问题的时机与顾客意识时机一致，过早往往是无效的
			需求确认询问是指有限的询问	如果过多的使用需求确认询问暗示顾客，有时反而会导致顾客感觉糊涂，从而失去问题的重点
		克服反论		每一个需求确认询问都将会产生一个潜在的、不可预想的反论，营销导购员应注意克服

3. 促成交易

达成交易是指顾客接受营销导购人员的建议及演示，并且立即购买产品的行动过程，即顾客与营销人员所导购的产品商定具体的交易事项。只有成功地达成交易，才是真正成功的营销。达成交易的方式一般有签订供销合同和现款现货交易两种。促成交易是营销导购人员时时刻刻的奋斗目标。

（1）达成交易的障碍

在达成交易的最后阶段，营销导购人员往往会遇到的障碍如表 5-17 所示。

表 5-17　　　　　　　　　　　　　　达成交易的障碍

序号	障碍	具体说明
①	害怕被拒绝	达成交易或达成协议，一般营销人员很怕听到说"我不要"，也很怕听到顾客说"我考虑考虑"，更怕的是顾客说"你把资料留下来，我有机会再与你联系"，在达成协议时最怕的就是被拒绝
②	等待顾客开口	顾客一般不会说"我要买"，营销导购人员就是要想办法用什么方式让顾客开口，如何去观察应变甚至于怎么样努力，不要等顾客先开口
③	放弃继续努力	顾客说"我考虑一下"，就认为顾客放弃了，那就会前功尽弃。因此，在签订买卖合同，或者是现款现货的交易中，营销导购人员如抱着这种心理倾向，就会阻碍成交

（2）捕捉成交的信号

所谓成交信号，就是在顾客交谈中，营销导购人员应随时观察顾客的一举一动，要善于从顾客的运作、表情、活动推测出他的内心活动，特别是各种成交的欲望及成交的信息，以便及时提出成交事项，完成交易。

成交信号的常见表现如表 5-18 所示的几种。

表 5-18　　　　　　　　　　　　　　成交信号的常见表现

序号	成交信号	说明
①	寻找认同	顾客向周围的人问"你们看怎么样"、"怎么样，还可以吧"，这是在寻找认同，很明显他的心中已经认同了
②	杀价挑剔	顾客突然开始杀价，或对产品提毛病，这种看似反对论，其实是想做最后一搏，即使营销导购人员不给降价，不对产品的所谓"毛病"做更多的解释，顾客也会答应成交的
③	褒奖其他	顾客褒奖其他公司的同类产品，甚至列举产品的名称，这犹如"此地无银三百两"，既然别家产品如此好，为何又在这费尽周折呢
④	问及售后	顾客问及市场对产品的反映情况，制造厂家、产品的普及率及市场占有率，或问及付款方法、产品的折旧率以及保证期限，售后服务或维修状况等
⑤	委婉叹服	顾客直叹"真说不过你"、"实在拿你没办法"，这已经是比较委婉但心甘情愿地表示服输了
⑥	爱不释手	顾客不时翻翻有关资料，凝视产品，这是标准的爱不释手的姿态，这时顾客已非常中意此商品了

（3）促成交易的方法

促成交易是一项很讲技巧、很讲艺术、很讲策略的工作，要做到因人、因时、因事而异，虽然没有现成的、固定的方法，但也有一定的规律可循。

促成交易的常用对策及方法如表 5-19 所示。

表 5-19　　　　　　　　　　　　　　促使成交的常用对策及方法

序号	情况	对策	方法	说明
①	顾客说：我要考虑一下	时间就是金钱，机不可失，时不再来	询问法	通常在这种情况下，顾客对产品感兴趣，但没弄清某一细节，或者存在没有钱、没有决策权等难言之隐，这就是推托之词，因而要利用询问的方法将原因弄清楚
			假设法	就是假设马上成交，顾客可以得到什么好处，如不成交，可能会失去一些到手的利益，利用人的本性促成交易
			直接法	就是通过判断顾客的情况，直截了当地向顾客提出疑问
②	顾客说：太贵了	一分钱一分货，其实一点也不贵	比较法	可以与同类产品进行比较，也可与同价值的其他物品进行比较
			拆散法	就是将产品的几个组成部件拆开来，逐件解说，每件都不贵，合起来就更加实惠了
			平均法	就是将产品价格分摊到每月、每周、每天，然后将价格与价值比较，就显得不贵了
			赞美法	就是通过赞美使顾客心情愉悦地将购买动机付诸现实
③	顾客说：现在市场不景气	不景气时买入，景气时卖出	讨好法	就是通过间接夸奖购买者聪明、有智慧、是成功人士等，讨好顾客，达成交易
			化小法	就是将事情淡化，将大事化小来处理，这样会减少宏观环境对交易的影响
			例证法	就是举前人的例子，举成功人事例子，举身边的例子，举一个群体共同行为的例子，举流行的例子，举领导的例子，举偶像的例子，让顾客向往，产生冲动，马上购买
④	顾客说：能不能便宜点	价格是价值的体现，便宜没好货	得失法	就是通过列举买与不买的得与失来促成交易的行为。交易是一种投资，有得必有失，单纯以价格来进行购买决策是不全面的，还应考虑品质、服务、附加值等
			底牌法	就是通过亮出底牌（其实并非底牌），让顾客觉得这种价格在情理之中，买得不亏
			诚实法	就是诚实地告诉顾客，在这个世界上很少有机会花很少的钱买到最高品质的产品。这是真理，告诫顾客不要存有这种侥幸心理
⑤	顾客说：别的地方更便宜	服务有价，现在假货泛滥	分析法	就是通过分析产品的品质、价格、售后服务的特点来促成交易的方法。等顾客在这 3 个因素之间轮换进行分析时，要及时打消顾客的顾虑与疑问
			转向法	就是不说自己产品的优势，转向客观公正地说别的地方的弱势，并反复不停地说，摧毁顾客心理防线，以达成交易的方法
			提醒法	就是提醒顾客现在假货泛滥，不要贪图便宜而得不偿失

续表

序号	情况	对策	方法	说明
⑥	顾客说：没有预算	制度是死的，人是活的，没有条件创造条件	前瞻法	就是将产品可以带来的利益讲给顾客听，催促顾客进行预算，促其购买
			攻心法	就是分析产品不仅能够给购买者本身带来好处，而且还可以给周围的人带来好处，以促成交易的方法
⑦	顾客说：它真的值那么多钱吗	怀疑的背后就是肯定	投资法	就是告诉顾客做购买决策是一种投资决策，普通人很难对投资预期效果做出正确的评估，都是在使用或运用过程中逐渐体会、感受到产品或服务给自己带来的利益。既然是投资，就应该多估计以后、未来的价值
			反驳法	就是利用反驳，让顾客坚定自己的购买决策是正确的，从而促成交易
			肯定法	先肯定地说"值"，然后分析给顾客听，以打消顾客的顾虑。可以对比分析，可以拆散分析，还可以举例佐证

（4）促成交易的注意原则

方法是技巧，方法是捷径，但必须在一定的原则指导下实施。促成交易的注意原则如表5-20所示。

表5-20　　　　　　　　　　促成交易的注意原则

步骤	原则	说明
①	忌好高骛远	要一步一个脚印，凡做过的尽然留下痕迹，不要只想做大单、卖大件，否则会丧失很多市场和机会
②	忌妄想一次成交	促成交易是许多次努力再加上最后一次的努力，一次促成的机会是很少的。营销导购人员应秉持忠实的耕耘态度，勤奋积极的表现会让顾客感受到真诚，才能有所收获
③	忌强迫推销	强迫式的推销通常会令顾客落荒而逃，不可冒然采取强迫式推销方式。通常在营销前几个阶段采取柔性诱导的策略，到了最后促成时，才可以视情况、对象、条件采取稍强势的推销策略
④	忌急功近利	营销人员不要以自己的利益为依托，完全不向顾客提供应有的、适合的产品，而应以顾客的利益为重，千万不要急功近利，以免引起顾客的反感
⑤	忌错失良机	应在顾客对产品仍有相当热情时，积极地促成下来，不要使顾客还有犹豫后悔的机会，不要让顾客失去购买产品的动力，否则前功尽弃
⑥	忌轻易解约	解约对顾客来说，不管怎样都不划算。营销导购人员必须将其中的利害分析给顾客听，由顾客决定，切不可替顾客决策，以免日后横生枝节

三、制订招投标文件

1. 了解招标投标

（1）基本概念

招标投标是一种市场经济的商品经营方式，在国内外项目实施中已被广泛地采用。这种方式是在货物、工程和服务的采购行为中，招标人通过事先公布的采购和要求，吸引众多的投标人按照同等条件进行平等竞争，按照规定程序并组织技术、经济和法律等方面专家对众多的投标人进行综合评审，从中择优选定项目的中标人的行为过程。其实质是以较低的价格获得最优的货物、工程和服务。招投标的基本概念，如表5-21所示。

表5-21 招投标的基本概念

步骤	概念	说明
①	招标	招标是指招标人通过招标公告或投标邀请书等形式,招请具有法定条件和具有承建能力的投标人参与投标竞争
②	投标	投标是指经资格审查合格的投标人,按招标文件的规定填写投标文件,按招标条件编制投标报价,在招标文件限定的时间送达招标单位
③	开标	开标是指到了投标人提交投标文件的截止时间,招标人（或招标代理机构）依据招标文件和招标公告规定的时间和地点,在有投标人和监督机构代表出席的情况下,当众公开开启投标人提交的投标文件,公开宣布投标人名称、投标价格及投标文件中的有关主要内容的过程
④	评标	评标是指招标人依法组建的评标委员会按照招标文件规定的评标标准和方法,对投标方件进行审查、评审和比较,提出书面评标报告,推荐合格的1～3名中标候选人
⑤	中标	中标是指招标人根据评标委员会提出的书面评标报告,在推荐的中标候选人中确定中标人的过程
⑥	授标	授标是指招标人对经公示无异议的中标人发出中标通知书,接受其投标文件和投标报价
⑦	签定合同	签订合同是指中标通知书发出后30天之内,招标人与中标人就招标文件和投标文件中存在的问题进行谈判,并签订合同书。至此就完成了招标投标的全过程

（2）招标、投标当事人

招标、投标当事人包括招标人、投标人和招标代理机构。具体如表5-22所示。

表5-22 招标、投标当事人分类

步骤	当事人	说明
①	招标人	招标人是依照招标投标的法律、法规提出招标项目、进行招标的法人或者其他组织
②	投标人	投标人是响应招标、参加投标竞争的法人或者其他组织
③	招标代理机构	招标代理机构是依法设立、从事招标代理业务并提供相关服务的社会中介组织

（3）招标投标的类型

招标投标分为货物招标投标、工程招标投标、服务招标投标3种类型，如表5-23所示。

表 5-23   招标投标的类型

步骤	类型	说明
①	货物招标投标	货物招标投标是指对各种各样的物品，包括原材料、产品、设备、电能和固态、液态、气态物体等，以及相关附带服务的招标投标过程
②	工程招标投标	工程招标投标是指对工业、水利、交通、民航、铁路、信息产业、房屋建筑和市政基础设施等各类工程建设项目，包括各类土木工程建造、设备建造安装、管道线路制造敷设、装饰装修等，以及相关附带服务的招标投标过程
③	服务招标投标	服务招标投标是指除货物和工程以外的任何采购对象（如咨询评估、物业管理、金融保险、医疗、劳务、广告等）的招标投标过程

（4）招投标的基本特性

招投标的基本特性如表 5-24 所示。

表 5-24   招投标的基本特性

步骤	特性	说明
①	组织性	招标投标是一种有组织、有计划的商业交易活动，它的进行过程，必须按照招标文件的规定，在地点、时间内，按照规定的规则、办法和程序进行，有着高度的组织性
②	公开性	进行招标活动的信息公开，开标的程序公开，评标的标准和程序公开，中标的结果公开
③	公平性和公正性	对待各方投标者一视同仁，招标方不得有任何歧视某一个投标者的行为。开标过程实行公开公证方式。严格的保密原则和科学的评标办法，保证评标过程的公正性。与投标人有利害关系的人员不得作为评标委员会成员。招标的组织性与公开性则是招标过程中公平、公正竞争的又一重要保证
④	一次性	招标与投标的交易行为，不同于一般商品交换，也不同于公开询价与谈判交易。招标投标过程中，投标人没有讨价还价的权利是招标投标的又一个显著特征。投标人参加投标，只能应邀进行一次性秘密报价，是"一口价"。投标文件递交后，不得撤回或进行实质性条款的修改
⑤	规范性	按照目前通用做法，招标投标程序已相对成熟与规范，不论是工程施工招标，还是有关货物或服务采购招标，都要按照"编制招标文件→发布招标公告→投标→开标→评标→签订合同"这一相对规范和成熟的程序进行

（5）招标方式

《中华人民共和国招标投标法》明确规定招定分为公开招标和邀请招标两种方式，取消了议标这种招标方式。具体如表 5-25 所示。

表 5-25   招标方式

步骤	方式	说明
①	公开招标	公开招标又称无限竞争性竞争招标，是指招标人以招标公告的方式邀请不特定的法人或者其他组织投标
②	邀请招标	邀请招标又称有限竞争性招标，是指招标人以投标邀请书的方式邀请特定的法人或其他组织投标

（6）招标组织形式

招标分为招标人自行组织招标和招标人委托招标代理机构代理招标两种组织形式，具体如表 5-26 所示。

表 5-26　　　　　　　　　　　　　　　　　招标组织形式

步骤	特性	说明
①	自行招标	具有编制招标方件和组织评标能力的招标人，自行办理招标事宜，组织招标投标活动
②	委托招标	招标人自行选择具有相应资质的招标代理机构，委托其办理招标事宜，开展招标投标活动；不具有编制招标文件和组织评标能力的招标人，必须委托具有相应资质的招标代理机构办理招标事宜

2. 编制标书

（1）基本概念

标书是整个招标最重要的一环。标书就像剧本，是电影、话剧的灵魂。标书必须表达出使用单位的全部意愿，不能有疏漏。标书也是投标商投标编制投标书的依据，投标商必须对标书的内容进行实质性的响应，否则被判定为无效标（按废弃标处理）。标书同样也是评标最重要的依据。

按招标的范围可分为国际招标书和国内招标书。国际招标书要求两种版本，按国际惯例以英文版本为准。考虑到我国企业的外文水平，标书中常常特别说明，当中英文版本产生差异时以中文为准。

按招标的标的物划分，又可分为 3 大类：货物、工程、服务。根据具体标的物的不同还可以进一步细分。如工程类进一步可分施工工程、装饰工程、水利工程、道路工程、化学工程……每一种具体工程的标书内容差异非常大。货物标书也一样，简单货物如粮食、石油；复杂的货物如机床、计算机网络。标书的差异也非常大。

（2）编制标书的原则

编制标书的原则如表 5-27 所示。

表 5-27　　　　　　　　　　　　　　　　　编制标书的原则

序号	原则	说明
①	全面反映使用单位需求	招标将面对的使用单位对自己的工程、项目、货物了解程度的差异非常大。再加上项目的复杂程度大，招标机构就要针对使用单位状况、项目复杂情况，组织好使用单位、设计、专家编制好标书，做到全面反映使用单位需求
②	科学合理	技术要求商务条件必须依据充分切合实际；技术要求根据可行性报告、技术经济分析确立，不能盲目提高标准、提高设备精度、房屋装修标准等，否则会带来功能浪费
③	公平竞争（不含歧视性条款）	招标的原则是公开、公平、公正，只有公平、公开才能吸引真正感性趣、有竞争力的投标厂商竞争，通过竞争达到采购目的，才能真正维护使用单位利益、维护国家利益。作为招标机构编制、审定标书，审定标书中是否含歧视性条款是最重要的工作。作为政府招标管理部门，监督部门、监督部门管理监督招标工作，其中最重要的任务也审查标书中是否存有歧视性条款，这是保证招标是否公平、公正的关键原则

序号	原则	说明
④	维护本企业商业秘密及国家利益	招标书编制要注意维护使用单位的商业秘密，如给联想公司招 8 条计算机生产线（为了保护联想公司计算机制造技术秘密而变换图纸），也不得损害国家利益和社会公众利益，如噪声污染必须达标，为了维护国家安全给广电部招宽带网项目分包时就非常注意这个问题

（3）招标书的内容

一般正规的国内竞争性招标书的格式的基本结构包括招标邀请函、投标须知、投标人资格、招标文件、投标文件、评标、授予合同、合同条款等内容。但在有些小的项目中，招标书的内容只包含其中的部分内容，但招标邀请函、投标须知、投标人资格、招投标文件是必须具备的。具体如表 5-28 所示。

表 5-28　　　　　　　　　　　　招标书的内容

序号	内容	说明
①	招标邀请函	招标邀请函是投标人向招标人做出的一个参与投标的致函，主要内容和格式由招标方提出。招标邀请函简要介绍招标单位名称、招标项目名称及内容、招标形式、售标、投标、开标时间地点、承办联系人姓名地址电话等
②	投标须知	投标须知是向投标人告之关于投标的商务注意事项，是使投标方清楚了解投标的注意事项，投标须知中包含以下内容：项目名称、用户名称、投标书数量、投标地址、截标日期、投标保证金、投标有效期和评标的考虑因素等
③	投标人资格	招标方为了保证项目的顺利实施，往往会根据实际情况，对参与投标的单位有一定的要求，如注册资金、企业资质、业绩、企业规模、财务报表等
④	招标文件	招标文是整个招标文件包含的内容
⑤	投标文件	投标文件是投标方参与投标递交的文件。对投标文件的格式和内容，招标方会在招标文件中明确规定。对招标方要求提交的内容，投标方不能漏交。招标文件通常包括技术方案、技术和商务内容的点对点应答、投标人资格证明文件，以及投标方认为有必要说明的其他补充内容等
⑥	评标	评标是每个招标项目会根据实际情况，选择不同的评标方式，组织专家参加评标。常见的评标方式有最低价中标法、综合评标法
⑦	授予合同	招标方按照招投标程序，确定最后的中标人，发出中标通知书，然后授予合同。对符合授予合同的中标人，提出履行合同的要求
⑧	合同条款	合同条款是本招标项目的合同条款

（4）投标书的内容

投标书分为商务部分和技术部分，有些投标要求分为商务标书和技术标书。

商务投标书由如表 5-29 所示几个部分构成。

表 5-29 商务投标书的内容

序号	内容	说明
①	投标的主体内容（按邀标书格式）	评标专家在现场进行评标，需要阅读大量的文字，这个时候一定要严格按照邀标书的格式进行，必要的时候要专门以不同纸张或者标签的形式进行部分区分，以便于专家在不同服务商之间进行对比
②	投标报价及产品清单	如果邀标书给定了投标报价单，按照标准报价单进行填写，如果没有，需要仔细进行设计。一个好的报价单有助于专家进行对比和筛选，也有利于服务商进行价格谈判。比如，比较细致合理的报价就不容易被价格谈判的时候大幅度降价。另外，如果报价单比较复杂和篇幅长，需要对各部分报价进行小结、需要有一个明晰的各部分报价总计。报价单要注意核算，不要计算错误和重复、缺项，尤其是用 Excle 进行自动计算的时候，一定要用另外的办法验算
③	资质证明	仔细注意邀标书要求的资质证明，另外,可能的竞争对手可能提供的用户报告、资质、案例等要仔细对待；尽可能提供高于邀标文件的资质；对于联合投标，需要提供双方或者多方的资质，对于要求具有"本地服务队伍"要求的，需要提供证据文件；对于设计的产品，要提供必要的证书和文件；对于使用关联公司（例如集团公司）的资质，要特别注意法律一致性的要求
④	项目团队介绍	项目团队的介绍要实事求是，不一定非要公司高管介入项目过程；对于团队中人员资历的介绍，要注意角色分工、年龄搭配和资质要求；要突出团队成员类似项目的成功经验
⑤	公司简介	公司简介要针对性地进行缩写或者改写，将与项目密切相关的内容突出出来
⑥	公司售后服务体系及培训体系简介	一般这一条比较容易和技术表述中的相应部分混淆，要非常注意放在哪个部分，如果商务部分和技术部分都需要，侧重点各是什么；往往评分标准中都有这一条，因此，应该仔细描述自己公司的项目管理、售后服务和培训体系，要符合用户的标书要求，还要符合主流的国际、国内标准
⑦	设备简介	设备简介要将设备的案例、使用情况、证书等进行提交
⑧	行业典型（成功）应用案例	成功案例中要特别注意将类似的项目经验放在比较前面的位置
⑨	一切对本次投标有利的资料	有些单位会提交获奖证书、专利、知识产权证书、横向和纵向课题承担证明等与项目关联的证明信息

技术投标书由如表 5-30 所示的几个部分构成。

表 5-30 技术投标书的内容

序号	内容	说明
①	标书摘要说明	摘要说明不仅仅是各个部分的概括，更应该是投标方体现自己思想的首页阐述，应该花很大的精力去重视的，也是争取专家非常重要的地方
②	背景介绍	项目背景要从行业、用户基本情况等方面论述和解释项目的必要性及考虑，这是体现标书针对性非常重要的地方

序号	内容	说明
③	主要设计标书	项目的设计是标书的主要部分,考虑到专家未必对所牵涉的标书的技术非常清楚,这一部分的逻辑关系非常重要,应该从技术方向、产品方向、产品选型、性能价格比较等多方面进行逻辑论述,站在中立的立场上为甲方选择适合的解决方案的"示意"非常重要
④	项目实施计划	项目实施计划要可行、符合要求。这也是经常的打分点,实施计划尽量使用专业工具(比如 project),项目管理的体系架构要非常清晰,比如 ISO9000、CMM 等,标书要求的资质要和项目实施的技术体系相吻合,如资质特别要求 CMM,项目管理的计划就应该根据 CMM 来进行计划
⑤	风险控制和质量控制计划	风险控制措施要实在,质量体系要清晰和符合邀标书要求
⑥	售后服务计划	售后服务计划往往是评分点,应该尽可满足邀标要求;对于重要的服务承诺和期限,应该以黑体或者表格的形式突出出来
⑦	产品介绍	产品介绍应该放在不突出的地方,如附录;产品的重要性能可以提前或者突出;必要的时候,可以将厂家的产品说明彩页裁减放进标书装订

3. 招投标策略

招标投标是公平而又残酷的竞争,是实力、信誉、经验等多方面综合能力的比拼,任何细小的疏忽都会使投标商与夺标无缘。在招投标中,应注意如表 5-31 所示的策略。

表 5-31　　　　　　　　　　　　　　　　招投标的策略

序号	策略	说明
①	字斟句酌	招投标的第一个程序就是编制招标文件,在这个环节上,采购单位最重要的就是按照自己的实质性要求和条件切实编制招标文件。还有一个重要的环节就是招标、投标双方都要注意标书中的实质性要求和条件。一般情况下,投标人都会认真研究招标文件中的技术要求,根据自己产品的情况,在技术方面较好地响应招标文件的实质性要求
②	内外双修	标书编制出来以后,接下来就是发布招标公告。在这个阶段,一定要修炼好"内功"和"外功"。修"外功"是指在信息发布和采集阶段,一定要注意外部信息来源。企业及时准确地获得信息,这是企业参加投标的前提。修炼"内功"是增加企业和产品的知名度,与采购中心或采购频繁的实体建立较为密切的联系,使他们对你的产品有一定了解
③	后发制人	接下来就是发售招标文件和投标。从招标文件开始发出到投标人提交招标文件之间有较长的一段时间,这段时间对于企业是非常重要的。有经验的企业,会在递交投标文件的前夕,根据竞争对手和投标现场的情况,最终确定投标报价和折扣率,现场填写商务方面的文件
④	丢车保帅	接下来的程序就是开标。到了这一阶段,企业虽然没有机会对标书进行更改,但是还可以撤除某些意向,考虑丢车保帅的最后时机

续表

序号	策略	说明
⑤	精雕细刻	评标委员会评标、招标人定标是非常关键的程序。投标文件是唯一的评标证据，编制一本高质量的投标文件是企业在竞争中能否获胜的关键。要想编制一本高质量的投标文件就要精雕细刻。投标人应该根据招标的项目特点，抽调有关人员，组成投标小组。在编制招标文件的时候，投标人一定要确保投标文件完全响应招标文件的所有实质性要求和条件
⑥	信誉为本	招投标的最后就是用书面形式通知中标人和所有落标人，以及招标人和中标人签订合同。一般公司中标在于信誉，而信誉往往体现在企业的报价、供货和售后服务等方面。报价方面主要是不能恶性竞价；供货方面就是要求企业一定要按照合同办事；售后服务更是各企业竞争的重要方面

第三节　讨论与总结（习题）

一、案例——市场细分

金正 DVD 精耕细作细分市场得实效

很多企业在进入一个全新行业或竞争领域时，往往会面临诸多棘手的问题：作为新进的"年轻选手"，面对残酷的市场竞争，一来没有知名度，二来没有强大的品牌支持，甚至没有足够的推广资金作后盾。该如何用自身稚嫩的身躯去击打众多对手剽悍的体格？硬拼，还是软拼？如何在早已风云四起，列强争霸的市场中后来居上，掠得一席之地？这确实是一道题，但要生存，还得要做！尽管现实严峻，但办法总比困难多！

"真金"之火已经点燃，金正品牌的知名度借着历史人物和熊熊烈火迅速提高，为金正品牌进行地面市场推广提供了强有力的支持。为此，"金正"火上浇油，迅速跟进并进行市场推广。该如何进行有效市场推广呢？这又是一道现实的难题。显然，全国"天女散花"、"一盘棋"的强攻是绝对行不通的，因为国内的市场一地一策，十分复杂；况且当时"金正"也没有雄厚的实力将战线拉到如此的长。鉴于此，"金正"提出"精耕细作"的概念，即将全国市场进行区域细分切块吃，吃下一个区域市场则建立一个革命根据地，然后沉下去深耕，打造样板市场模块，并形成操作模式逐步复制推广。

接下来，"金正"将全国市场划分为几个区域市场，并将其进行等级划分，先对重点市场进行样板打造，形成操作模式。对区域市场的"精耕细作"，重点强调区域市场网络的细分和管理、物流管理（货源、窜货等管理）、价格管理、信息流管理、终端售点形象规范管理及促销员终端行为管理等。然而，"金正"在全国推行"精耕细作"工程时遇到很大的难题，即在区域总代理这个层面遇到了非常大的阻力，就是说这些总代理发现在做区域市场细分的时候，需要增加很大的投入，故不愿意去做，致使工作较难开展。面对这种局面，"金正"是如何解决的呢？首先以江苏市场为试点入手。

江苏是一个什么样的市场呢？江苏的总人口在全国排在第 5 位，为华东重点区域市场。"金正"先去找江苏总代理谈推行"精耕细作"市场细分工程的重要性，双方沟通得较好，比较认同的想法是愿意在全国其他区域市场都不愿意做的时候来做试点。于是，就在江苏开始打造一个样板工程，具体做法如下。

首先是将区域市场（江苏省）细分到以南京为核心的 14 个子市场，包括常州、苏州、无锡、徐州、连云港、淮安、盐城、扬州、南通等，分得很细。市场分割完的同时制订了一整套对二级代理的评估办法，要求什么人可以做二级代理，条件是什么，有多少资金，有多少个自控的终端，有什么样的营销队伍，有没有运输工具等。其实还可在区域终端下再细分，可以细分出很多管理办法。

其次是细分之后，在不同的区域，如无锡，要锁定目标竞争对手是哪些，最主要的竞争对手是谁，排在前 5 位的竞争对手是谁等。其实每个地区的竞争对手会有所不同，但整个江苏市场，金正面临的竞争对手不外乎步步高、新科、万利达、厦新等，但这些品牌在江苏地区各个市场的发育也是很不平衡的。

最后是在分割完后的各个地区市场分别锁定竞争对手，再和下面的二级代理做终端网络大摸底，这种摸底几乎是对县级、乡镇级市场里卖影碟机的终端做了一次扫街式的调查。

做完之后，金正有多少个网点就一目了然了，其中有多少个网点是复合的，即既卖金正的货也卖步步高或新科的，基本上非常清楚了；而且这些网点有哪些是主推金正产品，有哪些是摆了金正产品但不主推的，也了解得非常清楚了。这也是对整个渠道网络整体资源的调查，包括在各个地区具有影响力的前几个代理商大户都是谁，这些大户跟金正的关系如何，竞争对手跟他们的关系是什么样等，也都摸得非常清楚；同时也了解清楚了各竞争对手在区域市场跟终端经销商之间沟通的规律，他们多长时间会去市场一次，多长时间跟他们电话沟通，沟通的内容大概是什么，终端的代理商对各厂家的情感和评判是哪些对各个品牌的评价是哪些等都比较清楚。

通过第 3 个细分阶段，资料就非常集中地汇总到江苏总部。接着做产品细分，在各个地区根据主要竞争对手产品的分布，确定金正哪些机型是作为"战斗机"的，哪款产品是针对步步高的，哪款产品是用来打市场的等，都细分得非常清楚。

接着做功能细分，同样是同质化的产品，最终还是能找出不同的差异的。做这个细分的目的是要提炼出非常具冲击力的、有促销卖点的功能，同时与对手主力产品的功能做对比，分出我有他没有的，他有我没有的，或是我比他好的，并专门成立一个小组来做解剖分析。

然后是做价格细分，以形成一个价格组合价位，如利润产品是哪几款，应该怎么去卖；要走量的、要"打仗"的产品放在哪一价位等。

做完这些以后，就进行终端攻坚战，接着推行"五星级网络"工程，把所有网点进行划分，一星级是黑星终端，不卖金正产品还说金正坏话的终端；二星级终端是没有金正产品但不说金正坏话的终端，他会说"我这不卖金正，你到别的地方问问去"；三星级终端是有金正产品但不主推而主推竞争对手的终端；四星级终端是有其他品牌但主推金正的终端；五星级终端是全部都卖金正的终端。通过这样区分总结后，就要求区域经理消灭黑星，提升二星、三星终端，把四星改造为五星，要求五星终端要成为样板店。这样，就使得金正品牌在江苏区域市场表现得非常生动化，大大提升了金正品牌的内涵。

通过推行这个"精耕细作"市场细分工程：一是使得金正在江苏市场的份额达到了总份

额的 40%以上，在南京市场则在 50%以上份额；二是金正在江苏市场的网络终端从 128 家上升到了 538 家；三是江苏市场销售额在金正全国代理商排行榜中长期位居前两名。紧接着，通过对在江苏市场细分的总结，形成一套完整推广组合模式体系，在全国其他市场进行梯级逐步复制推广，使得金正在全国市场的销量有了爆发性的提升，整体业绩由原来的行业排名第 11 上升到前 4 名。这就是对区域市场精耕细作的直接成果体现。

请结合案例讨论：

① 金正 DVD 销售为何采取市场细分的策略？

② 案例中，金正 DVD 依据哪些标准进行了市场细分？

二、案例——客户沟通

服务新手刘丽导购 MP4 处理投诉的教训

刘丽从一所职业院校毕业应聘到一家大型数码产品卖场，成为了一名营销导购员。

一位顾客来到刘丽当班的卖场，看中了一款面市不久的新款 MP4 播放机。顾客是为自己上中学的儿子买来学英语的，他拿不准是否适合中学生用，便咨询营销导购员刘丽。

顾客：我想买这样的一款 MP4，主要是供上中学的儿子练习英语听力使用，刚刚试听了，虽然没有质量问题，但不知道儿子中不中意这样的款式，随机附装的英语内容是否适合中学生学习，如果他不同意，是否可以退换呢？

刘丽知道其中的内容与中学英语教材并不配套，但见对方要买，赶紧回答。

刘丽：这就是适合中学生使用的。

营销导购人员的回答应该与产品的功能严格一致，方显道德营销，而刘丽恰存在产品策略中的道德问题。

顾客：是与中学英语教材配套的吗？

刘丽：绝对是的。

卖场不应该有"绝对"这个词的存在，就是确实是真的，也应避免使用，而刘丽却说出了这一忌语。

顾客：万一我儿子要是不同意，是否可以退换呢？

刘丽：如果您儿子不同意的话，一个星期内可以拿回来退换。

当顾客回到家，儿子看了这样款式的 MP4，并进行了试听和观赏，发现随机附装的英语内容与他目前所学的不相符合，不便于练习听力，就建议退货。

于是顾客在第三天就拿着 MP4 非常气愤地来找到了刘丽。

根据规定，这位顾客有 3 种选择：一是退货，二是换一台新的，三是由卖场更新 MP4 的随机英语内容。

然而，出于面子的考虑，这位顾客没有直截了当地提出退货，而是反复强调不再信任这种品牌的 MP4，买回去也不放心。

由于顾客对一个营销导购人员一句话的不信任，而导致对这个营销导购员本人的不信任，进而对该卖场的不信任，发展到对该品牌所有产品的不信任。

由于顾客没有陈述自己的真实要求，刘丽又坚持免费由卖场更新 MP4 的随机英语内容，最后双方形成了僵局。

顾客反复强调的话语中一般会存在"弦外之音"，而营销导购人员刘丽由于缺乏经验而没有了解到顾客的真正意愿。其实，如果听出来了，应该按顾客的希望给予退货，事情很快就能得到解决。

顾客越来越生气，于是找到了卖场的客户经理李文处进行投诉。

一个投诉事件如果没有得到及时有效的处理，将会导致顾客产生更大的不满，并升级投诉。

客户经理李文亲自接待了这位顾客，请顾客到接待室，呈上一杯水，请其坐下来慢慢谈，并做了书面记录。等顾客将事情全部叙述完毕，将要表达的情绪统统发泄出来后，李文对事件进行了提纲挈领地重复，并诚心诚意地代表卖场向顾客道歉，最后按顾客要求进行了退货，使得顾客满意而归。

这显示了客户经理李文在处理投诉中倾听、道歉、解决问题 3 个步骤中的有礼有节。

请结合案例讨论：

① 案例中刘丽在处理顾客投诉中存在哪几个方面的问题？

② 客户经理李文是怎样有礼有节地妥善处理了顾客投诉？

三、项目考核

以小组为单位完成任务，以学生个人为单位实行考核。

	案例讨论			招标文件或市场细分报告的撰写			得分
	自评	同学评	教师评	自评	同学评	教师评	
学生 1							
学生 2							
学生 3							
学生 4							
学生 5							

说明：

① 每个人的总分为 100 分

② 每人每项为 50 分制，计分标准为：参加讨论但不积极计 1～15 分，积极讨论但未制订方案计 16～30 分，积极讨论但方案不完善计 31～40 分，积极讨论且方案较完善计 41～50 分

③ 采用分层打分制，建议权重计为：自评分占 0.2，同学评分占 0.3，教师评分占 0.5，然后加权算出每位同学的综合成绩

参 考 文 献

［1］菲利普·科特勒，洪瑞云，梁绍明，陈振忠．市场营销管理（亚洲版·上下册）[M]．北京：中国人民大学出版社，2003．

［2］埃策尔，沃克，斯坦顿著．张平淡，牛海鹏译．新时代的市场营销（第13版）[M]．北京：企业管理出版社，2004．

［3］韩德昌．市场营销基础[M]．北京：中国财政经济出版社，2005．

［4］高振生．市场营销学[M]．北京：中国劳动社会保障出版社，2000．

［5］杨如顺．市场营销学[M]．北京：中国商业出版社，2007．

［6］滕宝红．营销人员培训手册[M]．广州：广东经济出版社，2007．

［7］赵智锋．电子电器产品营销实务[M]．北京：人民邮电出版社，2008．

［8］李学明．数字媒体技术基础[M]．北京：北京邮电大学出版社，2008．

［9］董璐．数字时代的传媒动力学[M]．北京：北京大学出版社，2010．

［10］[美]肯特·沃泰姆 伊恩·芬威克，译者：台湾奥美互动营销公司．奥美的数字营销观点——新媒体与数字营销指南[M]．北京：中信出版社，2009．